Professionelles Bewerben

Duden

Professionelles Bewerben

Von der Jobsuche bis zur Zusage

Von Hans-Georg Willmann und Judith Engst

Dudenverlag
Berlin

Alle Musterdokumente aus diesem Buch können Sie kostenlos
herunterladen und ganz einfach selbst bearbeiten.
So gehts:
- Besuchen Sie https://shop.duden.de/Professionelles-Bewerben
- Registrieren Sie sich einmalig als Kundin oder Kunde.
- Laden Sie die Dateien einfach auf Ihren Computer.
Fertig!

Impressum

Redaktionelle Leitung Susanne Klar
Lektorat Dr. Hildegard Hogen
Herstellung Maike Häßler
Layout und Satz Britta Dieterle, Berlin
Umschlaggestaltung 2issue, München
Umschlagabbildung Shutterstock, F8 studio

www.duden.de
www.cornelsen.de

1. Auflage, 3. Druck 2023

Druck AZ Druck und Datentechnik GmbH, Kempten

ISBN 978-3-411-73375-0
Auch als E-Book erhältlich unter: ISBN 978-3-411-913107

PEFC-zertifiziert
Dieses Produkt
stammt aus
nachhaltig
bewirtschafteten
PEFC Wäldern und
kontrollierten Quellen
PEFC/04-31-2260   www.pefc.de

INHALT

Bewerben
heute

Wenn Sie zu diesem Buch gegriffen haben, stehen Sie vermutlich vor dem Berufseinstieg oder einer beruflichen Veränderung und Sie wollen sich bewerben. Dieses Buch zeigt Ihnen, wie Sie dabei professionell und erfolgreich vorgehen. Das Prozedere ist heute anders als gestern – denn die Digitalisierung ist nicht nur im Arbeitsalltag auf dem Vormarsch, sondern auch in der Personalauswahl. Erfahren Sie auf den ersten Seiten, wie Sie im Bewerbungsprozess Ihre Chancen steigern.

Es gibt Hunderttausende offene Stellen in Deutschland und viel ist vom Fachkräftemangel die Rede. Liegt die neue Stelle nur einen Mausklick entfernt? Warum finden nicht alle Stellensuchenden eine neue Arbeit? Das Verhältnis von offenen Stellen einerseits und Bewerberinnen und Bewerbern andererseits ist statistisch so ausgewogen wie lange nicht mehr. Dennoch kommen immer noch zwei Arbeitslose auf eine offene Stelle. Von einem generellen Arbeitskräfte- und Fachkräftemangel kann man also nicht sprechen.

DIE RAHMENBEDINGUNGEN

Für die meisten Berufsfelder können sich Arbeitgeber ihre Mitarbeiter und Mitarbeiterinnen unter einer großen Zahl von Bewerberinnen und Bewerbern auswählen. Deshalb führt eine schnelle, wenig durchdachte Bewerbung kaum zur gewünschten Anstellung. Um sich professionell zu bewerben, ist es zunächst wichtig, den Arbeitsmarkt zu verstehen, die Auswirkungen der Digitalisierung zu kennen und zu wissen, wie die Personalauswahl heute funktioniert.

Der Arbeitsmarkt

Unternehmen, Organisationen und der öffentliche Dienst brauchen Mitarbeiterinnen und Mitarbeiter. Das ist die gute Nachricht. Deshalb suchen Arbeitgeber nach geeigneten Bewerberinnen und Bewerbern. Das machen sie, indem sie z. B. Stellenanzeigen schalten. Der Arbeitsmarkt funktioniert genauso wie der Gütermarkt. Die Nachfrage der Arbeitgeber nach Arbeitskraft und das Angebot der Bewerberinnen und Bewerber an Arbeitskraft treffen zusammen. Dabei spielt das Zahlenverhältnis zwischen Angebot und Nachfrage für die Personalauswahl eine entscheidende Rolle.

Gibt es zu viele Bewerberinnen und Bewerber, fällt den Personalverantwortlichen die Auswahl schwer. Sie müssen sich überlegen, wie sie schnell und kostengünstig die besten herausfiltern können. Ihre Sorge ist sozusagen, im Heuhaufen der vielen Bewerbungen nicht die Stecknadel zu finden. Aber auch wenn es zu wenige Kandidatinnen oder Kandidaten gibt, fällt den Personalverantwortlichen die Anwerbung neuer Mitarbeiter und Mitarbeiterinnen schwer, weil sie in Konkurrenz stehen zu anderen Personalverantwortlichen, denen es ebenso ergeht. Sie müssen sich mehr anstrengen, um die geeigneten anzusprechen. In einigen Branchen (z. B. in der Gesundheitsbranche), in einigen Berufsfeldern (z. B. in der Pflege und im Handwerk) und in einigen Regionen (v. a. in ländlichen Gebieten) lassen sich die offenen Stellen nur schwer besetzen. Hier sind die Arbeitgeber in einer schwächeren und die Bewerberinnen bzw. Bewerber in einer stärkeren Position. Aber das gilt nicht überall.

In vielen Berufen und Branchen gibt es aktuell insgesamt genügend Arbeitskräfte, und das wird in absehbarer Zeit wohl auch so bleiben. Das ist die schlechte Nachricht für Bewerberinnen und Bewerber. Zwar wird der demografische Wandel die Zahl der Menschen im erwerbs-fähigen Alter zwischen 20 und 67 Jahren schrumpfen lassen, sodass sich bei gleichbleibender Zahl an Arbeitsplätzen die Chancen der Bewerber und Bewerberinnen eigentlich erhöhen sollten. Doch gleich-zeitig wird die fortschreitende Digitalisierung Arbeitsplätze in unge-fähr demselben Ausmaß verschwinden lassen.

 **Bewerbungen gut vorbereiten**

Die meisten Arbeitgeber erhalten mehr Bewerbungen, als offene Stellen zu besetzen sind, und können sich aus einem großen Angebot die passendsten Bewerbungen aussuchen. Selbst wenn Sie zu begehr-ten Berufsgruppen wie Ingenieurinnen und Ingenieuren oder Pflege-kräften zählen, liegt Ihre neue Stelle nicht unbedingt einfach nur einen Mausklick entfernt.

Ihre Bewerbung muss aussagekräftig und ansprechend sein. Sie muss den gewünschten digitalen Anforderungen entsprechen, sonst ist es auch für eine Pflegekraft oder einen Ingenieur schwer, über-haupt zu einem Vorstellungsgespräch eingeladen zu werden. Falls Sie sich schon längere Zeit erfolglos bewerben, sollten Sie zudem Ihr Bewerbungsziel überdenken. In welchen Regionen Deutschlands und in welchen Branchen bewerben Sie sich? Flexibilität kann Ihre Chancen steigern.

Der digitale Wandel

Die fortschreitende Digitalisierung wird in den nächsten Jahren viele Arbeitsplätze verschwinden lassen. In den Produktionshallen deutscher Unternehmen trifft man schon seit längerer Zeit mehr Roboter als Menschen. Auch in den Büros vieler Firmen schreiten die Digitalisierung und Automatisierung voran. Ob Onlinebanking, Onlinetageszeitung oder Onlineshopping – für viele Arbeitsprozesse gibt es heute Programme, die schnell, effizient zu bedienen sind; viele davon kostenlos. Wenige IT-Spezialisten ersetzen die vielen Arbeitskräfte, die früher für aufwendige Arbeitsprozesse nötig waren. Auch in hoch qualifizierten Berufen, etwa in der Rechtsberatung oder Medizin, sind einige Arbeitsprozesse digitalisiert. So werden z.B. einfache rechtliche Sachverhalte schon heute automatisiert dargelegt. Rechtsportale ersparen einer bestimmten Klientel in einigen Fällen bereits den Gang zu einer Anwaltskanzlei. In der medizinischen Diagnostik ersetzen Computer und ausgeklügelte Softwareprogramme zunehmend den Arztbesuch. Angst muss dieser digitale Wandel trotzdem nicht machen, denn wo einerseits Arbeitsplätze verschwinden, entstehen andererseits wieder neue Tätigkeiten. Aber als Bewerberin oder Bewerber sind Sie aufgefordert, zumindest in Ihrem Berufsfeld mit den technischen Entwicklungen Schritt zu halten. Offenheit für Veränderung und Lernbereitschaft sind heute besonders wichtige Eigenschaften bei der Suche eines neuen Arbeitsplatzes. Auch die Personalarbeit wird zunehmend digitalisiert, was bedeutet: Als Bewerberin oder Bewerber müssen Sie über Computer- und Internetkenntnisse verfügen, damit Sie sich überhaupt bewerben können.

Fähigkeiten auf dem neuesten Stand halten

Die Stellenanzeige in der Zeitung z.B. ist ein Auslaufmodell, ebenfalls die Bewerbungsmappe in schönem Glanzkarton, die per Post versendet wird. Onlinebewerbungen sind zum Standard geworden – per E-Mail versendet bzw. auf einem Bewerbungsportal oder im E-Recruiting-System hochgeladen. In manchen Branchen werden die Bewerbungsunterlagen zunächst per automatischem Screening vorausgewählt.
Anschließend müssen sich die Bewerberinnen und Bewerber bestimmten Onlinetests unterziehen. Der nächste Schritt zur Vollauto-

matisierung ist nicht mehr weit. Heute schon können Vorstellungsgespräche von einem Chatbot, also einem textbasierten Dialogsystem,
durchgeführt werden – neutral und mit erstaunlich hoher Genauigkeit.
Die Personalauswahl verändert sich also, die Bewerbungswege verändern sich und die Bewerbungsunterlagen verändern sich. Bewerber
und Bewerberinnen sind genötigt, mit der digitalen Technik Schritt zu
halten. Wer unsicher ist, ob er oder sie den Anforderungen tatsächlich
gewachsen ist, sollte das eigene Bewerbungs-Know-how auf den
Prüfstand stellen, damit klar wird, ob Defizite auszugleichen sind.
Wenn ja, dann heißt es, die Herausforderungen mit Offenheit und
Lernbereitschaft anzugehen.

Die Personalauswahl

Um die Bewerbungschancen zu steigern, lohnt ein Blick hinter die
Kulissen der Personalabteilungen: Die Suche und die Auswahl von
Mitarbeiterinnen und Mitarbeitern macht viel Arbeit. Anforderungs-
profile sind zu definieren, Stellenausschreibungen zu formulieren,
Bewerbungen zu verwalten und in mehreren Schritten eine über-
schaubare Zahl auszuwählen, Bewerber und Bewerberinnen zu Gesprächen einzuladen und schließlich Arbeitsverträge zu verhandeln
und auszufertigen.
Dabei geht es für Arbeitgeber um mehr, als die meisten Bewerber und
Bewerberinnen ahnen. Denn eine falsche Entscheidung ist sehr teuer.
Mitarbeiter und Mitarbeiterinnen, deren Leistung nicht stimmt, und
die schon in der Probezeit wieder entlassen werden müssen, verursachen Arbeitsaufwand bei der Einarbeitung durch Vorgesetzte und
Kollegen sowie einen hohen Verwaltungsaufwand in der Personalabteilung. Die Entscheidung für oder gegen eine bestimmte Kandidatin oder einen bestimmten Kandidaten ist für Personalverantwortliche also sehr riskant.

Ob die Stelle einer medizinischen Fachangestellten, eines kaufmänni-
schen Sachbearbeiters oder einer Maschinenbauingenieurin besetzt
werden soll, ob ein kleines Unternehmen, ein Mittelständler oder ein
Konzern neue Mitarbeiterinnen und Mitarbeiter sucht: Immer sind fünf
Arbeitsschritte zu durchlaufen.

1. Die Definition des Anforderungsprofils

Das Anforderungsprofil wird im Austausch zwischen Fachabteilung und Personalabteilung festgelegt. Zuerst wird geklärt, welche Aufgaben die neue Mitarbeiterin oder der neue Mitarbeiter zu übernehmen hat. Dann wird festgelegt, welche Qualifikationen, Fähigkeiten, Kenntnisse und Erfahrungen mitzubringen sind. Außerdem werden persönliche Eigenschaften definiert, die wichtig sind, damit auch die Persönlichkeit der oder des Neuen zum Unternehmen, ins Team und zur Position passt.

2. Die Stellenausschreibung

Im zweiten Schritt wird die Ausschreibung erstellt, damit die Personalabteilung auf die Suche nach geeigneten Bewerberinnen und Bewerbern gehen kann. Viele Stellen werden intern ausgeschrieben; oft werden auch Mitarbeiter gefragt, ob sie geeignete Stellensuchende kennen. Außerdem werden extern Stellenanzeigen geschaltet. Zudem werden viele offene Stellen auch bei der Agentur für Arbeit gemeldet. Jetzt kommen Sie als Bewerberin oder Bewerber ins Spiel.

Die Mehrzahl aller Unternehmen nutzt drei Rekrutierungswege, um Stellenanzeigen zu schalten. Der erste ist der Weg über die Online-Jobbörsen (z. B. www.stepstone.de, www.monster.de, www.indeed.de), soziale Karrierenetzwerke wie LinkedIn (www.linkedin.com) und Xing (www.xing.com) sowie die eigene Unternehmenshomepage. Auch die Onlineportale von Tages- und Wochenzeitungen sowie von Fachzeitschriften werden genutzt. Dazu kommt die Jobbörse der Arbeitsagentur (https://jobboerse.arbeitsagentur.de). Gehen Sie genauso vor. Beschreiten Sie bei der Stellensuche mehrere Wege. Falls ein Weg doch nicht zum Ziel führt, dann tut es vielleicht ein anderer.

3. Die Vorauswahl

Nun werden die Bewerbungen gefiltert, die heute zu mehr als 90 Prozent via Internet bei Unternehmen eingehen. Diese Arbeit übernimmt in zunehmendem Maße der Computer. Spezielle Softwareprogramme analysieren die Übereinstimmung der Anforderungen mit den Profilen der Bewerberinnen und Bewerber. Übrig bleiben diejenigen Bewerbungen mit der höchsten Übereinstimmung. Nur die entsprechenden Kandidatinnen und Kandidaten sind im Auswahlprozess einen Schritt weiter. Alle anderen erhalten automatisch eine Absage.

Die Vorauswahl wird immer häufiger digitalisiert und vollautomatisiert durchgeführt. Das geht schneller, ist kostengünstiger und objektiver als die Prüfung durch einen Menschen. Spezielle Software kann relevante Daten systematisch auswerten. Selbst die schriftliche Kommunikation wird heute elektronisch analysiert. Deshalb müssen Sie bei Ihren Bewerbungen – ob per E-Mail, Jobbörse oder E-Recruiting-System – darauf achten, allen digitalen Anforderungen gerecht zu werden. Sonst gelangt Ihre Bewerbung gar nicht erst bis zu einem oder einer Personalverantwortlichen.

4. Die eigentliche Auswahl

Hat die Personalabteilung eine überschaubare Anzahl infrage kommender Kandidaten vorausgewählt, folgen als nächstes unterschiedliche Auswahlverfahren. Dabei kommt es auf die Position an, die zu besetzen ist. Bei Führungskräften wird mehr Aufwand betrieben als bei Positionen auf Sachbearbeiter- oder Facharbeiterebene. Aber auch die Art und Größe des Arbeitgebers spielt eine Rolle. Konzerne und große Mittelständler genauso wie kommunale Behörden führen umfangreichere Auswahlverfahren durch als kleine Unternehmen.
Zur weiteren Auswahl können folgende Verfahren eingesetzt werden:
- Onlinetest zu den intellektuellen Fähigkeiten, fachlichen Kenntnissen, Berufserfahrungen und persönlichen Eigenschaften
- Telefoninterview oder Videocall zur Klärung weiterer relevanter Fragen
- Vorstellungsgespräch in den Räumen des Arbeitgebers zur eigentlichen Kandidatenauswahl

Da das Risiko einer Fehlentscheidung groß ist, betreiben Unternehmen bei der Kandidatenauswahl im persönlichen Vorstellungsgespräch besonders viel Aufwand. Mit verschiedenen Personalauswahlinstrumenten wird geprüft, ob eine Kandidatin oder ein Kandidat tatsächlich gut zur Position passt. Das Vorstellungsgespräch ist dabei immer noch das klassische Auswahlinstrument.
Für manche Positionen werden auch Assessment-Center mit psychologischen Tests durchgeführt.

5. Die Einstellung

Ist eine geeignete Person gefunden und die Einstellungsentscheidung getroffen, wird ihr ein Arbeitsvertrag angeboten. Wenn auch sie sich für das Unternehmen und die Arbeitsstelle entscheidet, kommt es zur

Einstellung. Dann bereitet der Arbeitgeber den Eintritt und die Integration der neuen Mitarbeiterin oder des neuen Mitarbeiters vor. Innerhalb der Probezeit überprüfen Personalabteilung und Vorgesetzte dann, ob sie bei der Personalauswahl eine gute Entscheidung getroffen haben.

Die Regeln der Personalauswahl

Mitarbeiter zu finden und einzustellen, verursacht viel Arbeit und birgt immer das Risiko einer Fehlentscheidung. Um Kosten, Zeit und Aufwand zu sparen und um das Risiko von Fehlentscheidungen zu minimieren, gehen Personalentscheider nach bestimmten Regeln vor, wenn sie eine Stelle besetzen. Wer diese Regeln kennt, kann seine Chancen auf eine neue Stelle steigern.

1. Arbeitgeber wollen Kosten, Zeit und Arbeit sparen
Arbeitgeber betreiben möglichst wenig Aufwand, um Sie zu finden. Generell ist es ihnen am liebsten, wenn Sie als Bewerberin oder Bewerber die Initiative ergreifen, d.h., Sie sollten nach Stellenausschreibungen suchen oder sich initiativ bewerben und nicht darauf warten, bis Sie von Unternehmen z.B. via Xing oder LinkedIn kontaktiert werden. Das gilt besonders für große und bekannte Unternehmen wie Siemens, Lufthansa, Daimler oder Google, die jährlich Hunderttausende Bewerbungen erhalten. Arbeitgeber strengen sich nur dann mehr an,

 **Bessere Chancen bei Mittelständlern**

Bekannte Großunternehmen wie Lufthansa, Apple, Siemens, Porsche oder Daimler erhalten pro Jahr Hunderttausende Bewerbungen – sie können sich über einen Mangel an Bewerberinnen und Bewerbern nicht beklagen. Dagegen suchen viele mittelständische Unternehmen in ländlicher Region, die *Hidden Champions* Deutschlands, händeringend nach qualifizierten Fach- und Führungskräften. Prüfen Sie, ob kleine und mittelständische Unternehmen im ländlichen Raum als Arbeitgeber für Sie infrage kommen. Ergreifen Sie die Initiative. Suchen Sie gezielt bei diesen Unternehmen nach Stellen und bewerben Sie sich dort.

geeignete Bewerberinnen und Bewerber zu finden, wenn sie durch einen Engpass dazu gezwungen sind.

2. **Arbeitgeber wollen kein Risiko eingehen**
Eine Fehlentscheidung kostet den Arbeitgeber viel Geld. Deshalb unternehmen Personalverantwortliche alles, um das Risiko einer Fehlbesetzung zu minimieren. Dazu nutzen sie alle Hinweise, die sie finden können. Es zählt nicht nur die vergangene Leistung, zusammengefasst in einem starren Lebenslauf. Sobald Personalverantwortliche den Vor- und Nachnamen eines Kandidaten kennen, wird alles geprüft, was eine Bewerberin oder ein Bewerber tut oder lässt bzw. in der Vergangenheit getan oder gelassen hat. Die Spuren im Internet sind schließlich leicht zu finden.

3. **Das Internet liefert mehr Information als der Lebenslauf**
Die Zeiten sind vorbei, in denen Bewerberinnen und Bewerber die Kontrolle darüber hatten, was ein möglicher Arbeitgeber über sie erfährt. Da mögen die entsprechenden Informationen im Lebenslauf noch so sorgsam zusammengestellt worden sein – Studien belegen, dass zwei Drittel aller Personaler den Namen von Bewerbern im Internet suchen – Datenschutz hin oder her. Die Fülle an Informationen, die viele heute bei Xing, LinkedIn, Facebook, Twitter, Instagram, TikTok & Co. ins Netz stellen, ist einfach zu verlockend.

Tipp **Geben Sie Ihren Namen in eine Suchmaschine ein**
Was passiert, wenn Sie Ihren Vor- und Nachnamen und Ihren Wohnort in eine Suchmaschine (z. B. Google) eingeben? Nichts? Dann gehören Sie zu den wenigen Menschen, die bislang keine digitalen Spuren im Netz hinterlassen haben. Das mag auf der einen Seite gut sein. Andererseits könnten Sie das Internet durchaus nutzen, um ein eigenes Karriereprofil, etwa bei Xing oder LinkedIn anzulegen. Erhalten Sie bei der Internetsuche nach Ihrem Namen zahlreiche Treffer, sollten Sie prüfen, inwieweit diese allgemein zugänglichen und auffindbaren Informationen für Ihren Bewerbungsprozess hilfreich oder schädlich sind. Im Zweifel sollten Sie schädliche Informationen aus dem Netz entfernen bzw. entfernen lassen (↗ S. 30).

4. Die Auswahl erfolgt nach dem Ausschlussprinzip

Der erste Blick der Personalentscheider zielt immer darauf, wer aussortiert werden kann. Ziel ist es, den Stapel an Bewerbungen auf eine handhabbare Größe zu reduzieren, um Arbeit zu sparen und um das Risiko zu verringern. Personalauswahl folgt leider nicht dem Prinzip: »Finde den, den du einstellen willst.« Vielmehr lautet das Motto: »Finde die, die du eliminieren kannst.« Das Anliegen besteht nicht etwa darin, Gespräche mit möglichst vielen Bewerberinnen und Bewerber zu führen, sondern unliebsame Bewerbungen auszusortieren und die passenden Kandidaten auszuwählen.

Wechseln Sie die Perspektive!

Unterstützen Sie die Personalverantwortlichen! Damit steigern Sie Ihre Chance auf eine Einladung zum Vorstellungsgespräch und auf einen Arbeitsvertrag. Dafür wechseln Sie am besten einmal die Perspektive: Denken Sie nicht an Ihre Absenderperspektive, sondern an die Empfängerperspektive. Was brauchen die Personalverantwortlichen? Und dann stellen Sie alle Ihre Informationen so ansprechend und aussagekräftig wie möglich zusammen, gestalten sie so übersichtlich, dass sie auf einen Blick zu erfassen sind und senden alles zügig in der gewünschten Form.

Die Erfolgsfaktoren von Bewerbungen

Bewerberinnen und Bewerber müssen sich ständig an eine zunehmend digitalisierte und sich rasch ändernde Welt anpassen. Wer sich heute professionell und erfolgreich bewerben will, braucht:

- Computerkenntnisse
- Lernbereitschaft
- Eigeninitiative
- Veränderungsbereitschaft
- ein konkretes Bewerbungsziel

Computerkenntnisse

Selbst wenn der eigene Beruf nicht direkt etwas mit Technik und IT zu tun zu haben scheint, sind Computerkenntnisse heute wichtig. Das hat zwei Gründe: Erstens spielt sich der Stellenbesetzungs- bzw. Bewerbungsprozess in nahezu allen Unternehmen heute digital ab. Zweitens müssen auch Verkäuferinnen, Pflegekräfte, Lkw-Fahrer, Erzieherinnen und Gärtner mit dem Computer arbeiten. Das gilt inzwischen für Arbeitnehmer und Arbeitnehmerinnen in fast allen Arbeitsbereichen. Zu den Basis-Computerkenntnissen für den Bewerbungsprozess zählen:

- Kenntnisse über das Internet, die Internetrecherche und über Online-Jobbörsen. Je nach Berufsbild ist auch Know-how über die sozialen Karrierenetzwerke wie Xing und LinkedIn erforderlich.
- Fähigkeiten im Umgang mit E-Mail-Programmen.
- Fähigkeiten im Umgang mit Textverarbeitungsprogrammen.
- Fähigkeiten im Umgang mit Software zur Erstellung von PDF-Dateien.
- Fähigkeiten im Umgang mit Software zum Scannen von Nachweisen wie Zeugnissen und Zertifikaten.

 **Computerkenntnisse aneignen**

Glücklicherweise sind Softwareprogramme mehr und mehr selbsterklärend und ihre Handhabung wird dadurch immer einfacher. Wenn es Ihnen dennoch schwerfällt, im Internet Stellenanzeigen zu finden, den Lebenslauf in einem Textverarbeitungsprogramm, z. B. in Word, zu erstellen, eine PDF-Datei daraus zu erzeugen, die Zeugnisse einzuscannen und die gesamte Bewerbung per E-Mail zu versenden oder auf einem Onlinebewerbungsportal hochzuladen, gibt es drei Möglichkeiten: Sie können sich von Freunden helfen lassen, einen Bewerbungsservice beauftragen oder sich die fehlenden Computerkenntnisse aneignen. Dazu genügt ein Volkshochschulkurs oder eine Einweisung durch Bekannte bzw. Freunde, die Ihnen zumindest das Nötigste zeigen können. Das spart viel Zeit und Geld und erhöht Ihre Chancen bei der Bewerbung. Denn wenn Sie am Computer fit sind, können Sie schneller reagieren.

Lernbereitschaft

»Wann haben Sie Ihre letzte Fortbildung besucht und was haben Sie dabei gelernt?« Diese Frage wird in vielen Vorstellungsgesprächen gestellt und soll klären, wie lernbereit und lernfähig Bewerberinnen und Bewerber sind. Die Bereitschaft und die Fähigkeit zu lernen waren schon immer wichtige Voraussetzungen für Erfolg in der Arbeitswelt. In der digitalen Arbeitswelt, in der sich die Dinge schneller als je zuvor verändern, nimmt die Bedeutung des Lernens zu.

Ständige Weiterbildung heißt nicht zwangsläufig, dass Sie lange und teure Kurse absolvieren müssen. Oft genügt schon, die Fremdsprachen- (meist Englisch) und EDV-Kenntnisse (meist MS Office: Word, Excel, PowerPoint) auf dem Laufenden zu halten oder in regelmäßigen Abständen an einem passenden Workshop teilzunehmen, z. B. zum Thema Kundenkommunikation, Erste Hilfe oder Zeitmanagement. Auch der Besuch eines Volkshochschulkurses, und sei es nur zu einem neuen Hobby wie Bogenschießen, signalisiert einem potenziellen Arbeitgeber Lernbereitschaft.

 **Einstellung prüfen**

Lernfähigkeit ist Einstellungssache. Prüfen Sie, inwieweit Sie an den Veränderungen in Ihrem Berufsfeld interessiert sind. Was hat sich in den vergangenen drei Jahren bei Ihrer Arbeit inhaltlich oder technisch verändert? Gibt es ein neues Softwareprogramm? Haben Sie neue Vorgesetzte? Gibt es zusätzliche Aufgaben zu bearbeiten? Welche neuen Fähigkeiten mussten Sie sich dafür aneignen? Haben Sie lediglich neue Arbeitsprozesse und Abläufe kennengelernt? Mussten Sie sich eine andere Kommunikationsform mit neuen Vorgesetzten aneignen oder neue Funktionen einer Software? Haben Sie die Offenheit, Neues zu lernen? Da sich nicht alle Arbeitgeber um die Weiterentwicklung ihrer Mitarbeiterinnen und Mitarbeiter kümmern, sollten Sie unbedingt selbst im Blick behalten, inwieweit Ihr Fähigkeitenprofil – Ihr *skillset* – auf dem neuesten Stand ist. Denken Sie darüber nach, wie Sie Ihre Lernbereitschaft und Lernfähigkeit signalisieren können.

Eigeninitiative

Ob beim Bewerben oder bei der Arbeit – Unternehmen bevorzugen Bewerberinnen und Bewerber bzw. Mitarbeiterinnen und Mitarbeiter, die Einsatz und Eigeninitiative zeigen. Dazu gehört die engagierte Suche nach passenden Stellenanzeigen genauso wie der Anruf in der Personalabteilung zur Klärung wichtiger Fragen. Arbeitgeber schätzen es auch, wenn sich Bewerber und Bewerberinnen viel Mühe geben, ihre Bewerbungsunterlagen passgenau, aussagekräftig und den digitalen Anforderungen entsprechend zu erstellen.

Eigeninitiative und Einsatz gehören auch zur Vorbereitung auf ein Vorstellungsgespräch. »Was wissen Sie bereits über unser Unternehmen? Stellen Sie sich uns mit Bezug zur ausgeschriebenen Position einmal vor! Welche besonderen Fähigkeiten bringen Sie für die ausgeschriebene Position/unser Unternehmen mit?« Das sind nur einige Fragen, auf die unvorbereitete Bewerberinnen und Bewerber nicht überzeugend antworten können.

 **Nehmen Sie sich Zeit!**

Überlegen Sie einmal, wie viel Zeit Sie in Ihre Bewerbungen investieren. Ist es genug? Mit Ihren Bewerbungen wollen Sie eine Arbeitsstelle für die nächsten Jahre finden. Und nun überlegen Sie einmal, wie viel Zeit Sie z.B. in die jährliche Urlaubsplanung investieren. Hier geht es nur um die Planung und Organisation von ein paar Wochen. Nehmen Sie sich die Zeit, die Sie für wirklich aussagekräftige, individuell auf die einzelnen potenziellen Arbeitgeber zugeschnittene Bewerbungen brauchen. So steigern Sie Ihre Bewerbungschancen.

Veränderungsbereitschaft

Die Digitalisierung verändert die Arbeitswelt sehr viel schneller als alles bisher Dagewesene. Dazu kommt die fortschreitende Globalisierung. Arbeitsprozesse laufen über Computer softwareunterstützt ab – beispielsweise die automatische Rechnungserstellung. Arbeitgeber können ortsunabhängiger arbeiten – und z.B. Softwareentwickler in Indien oder Callcenter-Agenten in Polen einsetzen.

Mitarbeiter benötigen zusätzliche Fähigkeiten – beispielsweise Computer- und Sprachkenntnisse. Der rasante Wandel fordert von den Belegschaften ein hohes Maß an Offenheit für Veränderung: Offenheit gegenüber neuen Arbeitsaufgaben und Arbeitsabläufen, Offenheit gegenüber neuen Kolleginnen und Kollegen aus anderen Generationen und Kulturen und Offenheit für den Umgang mit neuer Technologie. »Wie gehen Sie mit Veränderungen um?«, »Woran erkennen wir, dass Sie sich auf eine neue Branche und auf ein neues Aufgabenfeld einstellen können?« – Fragen dieser Art werden im Vorstellungsgespräch gestellt, um zu prüfen, inwieweit eine Bewerberin oder ein Bewerber bereit und fähig zur Veränderung ist.

 **Veränderungsbereitschaft prüfen**

Der schnelle Wandel vieler Berufs- und Arbeitsfelder erfordert vielleicht, die eigenen Bewerbungsziele zu überdenken und auch einen Branchen- oder Aufgabenwechsel in Betracht zu ziehen. Sollte das bei Ihnen der Fall sein, überlegen Sie, wie Sie Ihre Veränderungsbereitschaft und -fähigkeit überzeugend in Ihren Bewerbungsunterlagen und in einem Vorstellungsgespräch darstellen.

Bewerbungsziel

Ohne ein konkretes Bewerbungsziel vor Augen laufen Sie Gefahr, die Orientierung zu verlieren. Vielleicht haben Sie längst ein Bewerbungsziel, es ist Ihnen aber nur noch nicht bewusst. Vielleicht fehlt es Ihnen auch tatsächlich. Klären Sie, welche Arbeitsstellen für Sie infrage kommen und welche definitiv nicht. Das erspart Ihnen den Frust, der sich ergibt, wenn Sie auf Stellenanzeigen nur halbherzig – z. B. zu spät oder zu nachlässig – reagieren und deshalb keinen Erfolg haben. Sie wollen etwas. Machen Sie sich bewusst, was das ist.

Jedes Bewerbungsziel – eine bestimmte neue Arbeitsstelle – entsteht aus der Berücksichtigung mehrerer Aspekte: der Region, der Branche, des Arbeitgebertyps, der Position und der Aufgaben (des Berufsfelds), des Arbeitsortes, der Arbeitszeit, des Gehalts und der Entwicklungsperspektiven. Nutzen Sie als Orientierungshilfe die folgenden Fragen:

- **Region:** In welcher Region suche ich eine Arbeitsstelle und welche Strecken bin ich bereit zu pendeln?
- **Branche:** Welche Branchen interessieren mich, in welchen Branchen habe ich bereits Erfahrung?
- **Arbeitgeber:** Welche Art Arbeitgeber interessieren mich? Unternehmen (z. B. Kleinunternehmen, Mittelstand, Konzern, Handwerk, produzierendes Gewerbe, Dienstleistung, Handel)? Organisationen (z. B. Stiftungen, Verbände, Gesellschaften)? Der öffentliche Dienst (z. B. Behörden, Schulen, Museen)? Die Kirchen? Wo habe ich bereits Erfahrung?
- **Position:** Welche Positionen interessieren mich und in welchen habe ich bereits Erfahrung?
- **Aufgaben:** Welche Aufgaben interessieren mich und bei welchen Aufgaben habe ich bereits Erfahrung?
- **Arbeitsort:** Wo wollen Sie arbeiten? Im Einzelbüro? Im Großraumbüro? Im Ladengeschäft? In einer Produktionshalle oder Werkstatt? Oder projekt- und auftragsbezogen beim Kunden?
- **Arbeitszeit:** Möchten Sie in Voll- oder Teilzeit arbeiten? Kommen für Sie Schichtdienste infrage? Wie flexibel sollte Ihre Arbeitszeit sein? Sind starre Arbeitszeiten für Sie machbar oder bevorzugen Sie Gleitzeit?
- **Entwicklungsperspektiven:** Wünschen Sie sich Aufstiegsmöglichkeiten? Streben Sie bestimmte Fortbildungsziele an?

Gehen Sie systematisch vor. Überlegen Sie, welcher der Punkte Region, Branche, Arbeitgeber, Position, Aufgabe, Arbeitsort, Arbeitszeit und Entwicklungsperspektiven für Sie Priorität hat. Das ist bei vielen die Region, weil sie aus familiären oder anderen persönlichen Gründen einen Umzug scheuen oder gar nicht realisieren können. Sobald Sie Ihre Region und mit ihr auch Ihren Mobilitätsradius definiert haben, legen Sie sich eine Unternehmensliste an. Recherchieren Sie dafür innerhalb Ihres Mobilitätsradius nach potenziellen Arbeitgebern. Das können Sie mit einer Internet-Suche machen. Geben Sie in die Suchmaschine einfach den Begriff »Unternehmen« und den Ort oder die Region ein, wo Sie nach Arbeit suchen, z. B.: »Unternehmen Ortenaukreis« oder »Unternehmen Hanau«.
Für andere ist die Arbeitszeit ausschlaggebend, weil sie nur in Teilzeit arbeiten können oder wollen. Beachten Sie das bei Ihrer Stellen-

recherche und suchen Sie in Online-Jobbörsen gezielt nach Stellen, die Ihren Arbeitszeitwünschen entsprechen. Wer zeitlich und räumlich flexibel ist, dürfte es auch bei den weiteren Aspekten sein: der Branche, dem Arbeitgeber, der Position, den Aufgaben, dem Arbeitsort und den Entwicklungsperspektiven.

Mit Flexibilität gegenüber einzelnen dieser Aspekte können die eigenen Chancen deutlich steigen. In manchen Branchen und Berufsfeldern fallen Arbeitsplätze weg, z. B. in der Finanzbranche bei Banken oder in der Verlagsbranche bei Zeitungen. Fragen Sie sich: Muss es unbedingt ein Arbeitsplatz am Wohnort sein? Gibt es verwandte Branchen mit einem größeren Angebot offener Stellen? Welche branchen- und aufgabenunabhängigen Schlüsselqualifikationen lassen sich auch außerhalb des bisherigen Berufs- und Aufgabenfelds branchenübergreifend einsetzen?

Beispiel   **Jan F.** Der Ingenieur für Oberflächentechnik, 46 Jahre, hat seinen Arbeitsplatz nach der Fusion seines Arbeitgebers mit einem US-Konzern und der Verlagerung des Produktionsstandorts nach Indien verloren. 37 Bewerbungen in größeren Unternehmen im näheren Umkreis seines Wohnorts bleiben erfolglos. Jan F. überlegt, seinen Suchradius zu vergrößern und sich auch bei mittelständischen Unternehmen auf dem Land zu bewerben. So kommt er zu zwei Vorstellungsterminen und schließlich zu einem Arbeitsvertrag. Sein Arbeitsweg ist nun zwar deutlich länger und er arbeitet in einem wenig bekannten, kleineren, mittelständischen Unternehmen, aber er konnte seine Position als Teamleiter und seinen Aufgabenbereich beibehalten und auch ein vergleichbares Gehalt realisieren.

Beispiel   **Carina F.** Die 28-Jährige hat gerade ihr Masterstudium in Biologie abgeschlossen. Während des Studiums hat sie ein Praktikum im Bereich Landschaftspflege absolviert, doch all ihre Versuche, in einer Naturschutzbehörde unterzukommen, sind fehlgeschlagen. Nun überlegt sie, ob sie mit ihren profunden Kenntnissen zu Schutzgebieten, nachhaltiger Landwirtschaft und entsprechenden Fördermitteln nicht auch in einem Landwirtschaftsamt arbeiten könnte. Ihre Bewerbung im Landratsamt des benachbarten Landkreises hat Erfolg und sie wird eingestellt.

Bewerben heute

Beispiel **Marlene M.** Die Bankkauffrau, 38 Jahre, ist in Teilzeit (60 %) im Kundenservice in einer Bank (am Schalter) tätig. Nach einer Umstrukturierung verliert sie ihren Arbeitsplatz. Zahlreiche Bewerbungen bei anderen Banken am Ort und im näheren Umkreis bleiben erfolglos. Marlene M. überlegt, sich auch außerhalb der Finanzbranche zu bewerben. Dafür prüft sie, welche Schlüsselqualifikationen sie anbieten kann und welche Möglichkeiten es gibt. Im Schalterdienst hat sie gelernt, geduldig zuzuhören, sich verständlich auszudrücken, ihren Kunden komplizierte Sachverhalte verständlich zu erklären, Kunden freundlich zu beraten, schnell und richtig zu rechnen, Abläufe gründlich zu analysieren, Notwendiges zuverlässig zu organisieren und den Computer zu bedienen. All das ist auch außerhalb der Finanzbranche gefragt. Marlene M. bewirbt sich auf Stellenanzeigen im Vertriebsinnendienst und im Kundenmanagement in der Versicherungs-, Telekommunikations- und Onlinehandels-Branche. Sie führt drei Vorstellungsgespräche, erhält zwei Angebote und entscheidet sich für eine Teilzeitstelle bei einem Telekommunikationsunternehmen ganz in der Nähe ihres Wohnorts.

Checkliste

Bewerbungs-Know-how

- Sind Sie fit am Computer – bei der Nutzung von Internet, E-Mail und Textverarbeitung?
- Kennen Sie die besten Online-Jobbörsen und können Sie diese auch bedienen?
- Was passiert, wenn Sie Ihren Vor- und Nachnamen in eine Suchmaschine (v. a. in Google) eingeben? Wissen Sie, was das Internet über Ihren Lebenslauf preisgibt? Was das für Sie bedeutet?
- Kennen Sie Xing und LinkedIn und nutzen Sie diese sozialen Netzwerke aktiv?
- Haben Sie Erfahrungen mit Onlineportalen und E-Recruiting-Systemen?
- Wissen Sie, wie digitale Bewerbungsunterlagen heute aussehen?
- Haben Sie schon Vorstellungsgespräche per Telefon oder Videocall (Zoom, Microsoft Teams etc.) geführt?

Suchen und gefunden werden

Für erfolgreiche Bewerbungen brauchen Sie das Internet. Es ist für Bewerberinnen und Bewerber bei der Jobsuche genauso nützlich wie für Arbeitgeber bei der Mitarbeitersuche. Nicht nur die Arbeitswelt, auch die Personalauswahl wird agiler, das heißt beweglicher, flexibler, transparenter und schneller. Erfahren Sie auf den nächsten Seiten, wie Sie diese Entwicklung nutzen können, um Ihre Bewerbungschancen zu steigern.

»Über den Upload-Button können Sie Ihre Unterlagen (Lebenslauf etc.) einfach hochladen.« Stellensuche per Mausklick. Bewerben per Mausklick. Bewerbungserfolg per Mausklick? Stellensuche und Bewerbung sind heute einfach. Durch die Digitalisierung ist es möglich, jederzeit und überall binnen weniger Sekunden weltweit auf Stellenangebote zuzugreifen und innerhalb weniger Minuten eine Bewerbung zu senden. Das ist einerseits ein großer Vorteil; birgt andererseits aber auch gewisse Risiken. Denn Arbeitgeber können nicht nur in Sekundenschnelle aus vielen Bewerberprofilen diejenigen herausfiltern, die mit ihren Anforderungsprofilen am besten übereinstimmen, sie können auch innerhalb kurzer Zeit die Onlinepräsenz der Bewerberinnen und Bewerber prüfen.

DIE MÖGLICHKEITEN

Welche Suchergebnisse Arbeitgeber erhalten, die online nach Ihrem Namen recherchiert haben, das sollten Sie nicht dem Zufall überlassen. Und Sie sollten die Schlagwörter kennen, mit denen Arbeitgeber in ihren Stellenanzeigen nach Ihnen suchen. Außerdem sollten Sie Ihr persönliches Netzwerk nutzen und die Kunst des Pitchens beherrschen – das Zusammenfassen Ihrer Qualifikationen und Ziele in wenigen Sätzen.

Die eigene Onlinepräsenz

Vorbei sind die Zeiten, in denen Sie durch einen sorgfältig erstellten Lebenslauf kontrollieren konnten, was ein potenzieller Arbeitgeber über Sie erfährt: Der Lebenslauf wird heute durch das Internet ergänzt. Zwei Drittel aller Personalverantwortlichen in Unternehmen – egal ob im Weltkonzern, im mittelständischen Unternehmen oder in der kleinen Boutique in der Innenstadt – suchen nach dem Namen von Bewerbern im Internet. Auch die Person, die Sie einstellen soll, hat einen Computer mit Internetzugang und kann auf Knopfdruck Informationen über Sie einholen. Die Suchmaschinen finden alle Informationen, die Sie selbst oder andere über Sie bei den sozialen Netzwer-

ken Xing, LinkedIn, Facebook, Twitter, Instagram & Co. ins Netz gestellt
haben. Das kann Vor-, aber auch Nachteile haben. Setzen Sie sich mit
Ihrer Onlinepräsenz auseinander und klären Sie dazu zunächst die
wichtigsten Fragen:

- Was passiert, wenn Sie Ihren Vor- und Nachnamen und zusätzlich
  Ihren Wohnort in eine Suchmaschine (z. B. Google) eingeben?
- Wissen Sie, was Sie tun können, wenn bei Facebook & Co. schäd-
  liche Informationen über Sie auffindbar sind?
- Kennen Sie Xing und LinkedIn und nutzen Sie diese Netzwerke
  effektiv für Ihre Bewerbung?

… im Internet

Wissen Sie, welche Fotos von Ihnen im Internet kursieren und welche
persönlichen Informationen über Sie online zu finden sind? Prüfen
Sie das! Geben Sie dazu Ihren Namen in eine Suchmaschine ein und
prüfen Sie, ob die Ergebnisse vorzeigbar sind. Und verwenden Sie
dabei auch Google als Suchmaschine. Auch wenn Sie wie viele
Menschen Google nicht sympathisch finden, weil der Konzern eine
ungeheure Marktmacht hat oder einen zweifelhaften Datenschutz
betreibt – Sie müssen damit rechnen, dass nach Ihnen mit Google
gesucht wird.

Finden Sie zahlreiche Treffer zu Ihrer Person, sollten Sie prüfen, inwieweit die allgemein zugänglichen und leicht auffindbaren Informationen für Ihren Bewerbungsprozess hilfreich oder schädlich sind. Finden
Personalverantwortliche bei einer Onlinesuche zu Ihrem Namen die
folgenden Informationen, ist das für Sie hilfreich:

- ein aktuelles Xing- und/oder LinkedIn-Profil mit einem aussage-
  kräftigen Foto, mit Angaben zu Ihren beruflichen Stationen, zu
  Aus- und Weiterbildungen, Mitgliedschafen in Berufsverbänden
  und Vereinen und zu Ihren besonderen Fähigkeiten
- fachlich interessante, berufsbezogene Posts (Beiträge) auf
  LinkedIn, Xing oder auch bei Facebook, Instagram und Twitter
- Beiträge, die Ihr aktueller oder ein früherer Arbeitgeber veröffentlicht hat und die Sie als gute, zuverlässige und leistungsorientierte
  Arbeitskraft ausweisen
- Beiträge über Ihre schulischen oder beruflichen Auszeichnungen
  und Preise

- Beiträge über Ihre sportlichen Erfolge und über Ihr soziales Engagement, z. B. über Ihre Teilnahme an einem Spendenmarathon in Ihrer Gemeinde oder Ihre Funktion als Vorstand oder Ausschussmitglied in einem Verein

Andere Informationen schaden Ihnen dagegen im Bewerbungsprozess, z. B.:

- extreme oder gar extremistische politische oder religiöse Meinungsäußerungen
- beleidigende oder abschätzig formulierte Negativbewertungen von Personen, Produkten oder Dienstleistern, die Sie unter eigenem Namen etwa in Bewertungsportalen hinterlassen haben
- illoyale Aussagen über den aktuellen oder über frühere Arbeitgeber, Vorgesetzte, Kollegen und Kolleginnen
- Inhalte, die auf Alkohol- oder Drogenmissbrauch hindeuten
- unangemessen freizügige private Fotos auf Facebook, Twitter, Instagram & Co.
- Rechtschreib- und Grammatikfehler in Xing- oder LinkedIn-Profilen
- unstimmige oder veraltete Xing- und LinkedIn-Profile

Haben Sie bei der Onlinesuche nach Ihrem Namen Fotos und Informationen von sich gefunden, die Ihnen im Bewerbungsprozess schaden würden? Dann können Sie die Löschung dieser Einträge bei Google veranlassen. Dazu können sie unter www.google.de einfach den Suchbegriff »Daten bei Google löschen« eingeben. Unter einem der aufgeführten Links finden Sie das Onlineformular »Antrag auf Entfernung von Suchergebnissen nach europäischem Datenschutzrecht«. Füllen Sie es aus und senden Sie es ab. Wichtig zu wissen: Google löscht nicht jeden Eintrag, sondern nur, wenn Sie eine nachvollziehbare Begründung liefern, z. B. weil Ihre Persönlichkeitsrechte verletzt werden oder der Eintrag rufschädigend ist.
Sie können auch einen professionellen Anbieter wie www.deinguterruf.de beauftragen, aus Ihrer Onlinepräsenz unliebsame Bilder und Texte zu tilgen. Das kostet allerdings Geld. Diese Investition lohnt sich aber, wenn Sie nur so zu einer bewerbungsgeeigneten Onlinepräsenz kommen.

… bei Xing und LinkedIn

Ein aussagekräftiges Profil bei einem der sozialen Karrierenetzwerke Xing oder LinkedIn kann Sie im Bewerbungsprozess entscheidend unterstützen, wenn es Ihrer Selbstpräsentation dient und dazu führt, dass Personalverantwortliche an Ihrer Berufserfahrung, Ihrer Qualifikation und Ihrer Persönlichkeit Interesse finden. In Deutschland wird das berufliche Netzwerk Xing von Arbeitgebern, Personalvermittlern und Zeitarbeitsfirmen am häufigsten frequentiert, auf dem internationalen Stellenmarkt spielt LinkedIn eine größere Rolle.

Wenn Sie noch kein eigenes Profil bei Xing oder LinkedIn haben, sollten Sie prüfen, ob das für Sie sinnvoll wäre: Haben Ihre Freunde, Ihre früheren, aber auch Ihre aktuellen Kolleginnen und Kollegen eines? Wenn ja, kann das für Sie auch hilfreich sein, denn sie können Ihnen Schützenhilfe bei der Einrichtung Ihres Profils geben und Sie mit anderen aus dem Netzwerk bekannt machen. Geben Sie außerdem bei Xing Namen von Unternehmen ein, bei denen Sie sich bewerben wollen. Sie sehen dann, welche von deren Mitarbeiterinnen und Mitarbeitern über ein Xing-Profil verfügen. Ähneln deren Qualifikationen den Ihren? Dann kann das für Sie ebenso nützlich sein, denn Sie können sich an gut aufbereiteten Profilen orientieren.

Mit einem einmal erstellten, vielleicht sogar nur halbherzig entwickelten Profil bei Xing oder LinkedIn ist es aber nicht getan. Sorgen Sie dafür, dass Ihre Angaben vollständig, aussagekräftig und aktuell, kurz: überzeugend sind! Beachten Sie v. a. die folgenden Punkte:

- **Ihr Foto:** Ohne Ihr Foto geht es nicht, denn die meisten Personalverantwortlichen klicken weiter, wenn sie auf Profile ohne Foto stoßen. Mit irgendeinem Foto geht es aber auch nicht, denn ein schlechtes Foto macht einen schlechten Eindruck. Private Handyfotos und Schnappschüsse sind tabu. Sie brauchen ein professionelles Foto von sehr, sehr guter Qualität, das nicht älter als ein Jahr ist. Gehen Sie keine Kompromisse ein. Tragen Sie angemessene (Business-)Kleidung und wählen Sie Farben, die Ihre Persönlichkeit unterstreichen. Gehen Sie nahe an die Kamera und schauen Sie direkt in die Linse. Das Foto sollte gut ausgeleuchtet sein und Ihr Gesicht mit einem freundlichen Lächeln zeigen. (↗ auch S. 68).

- **Ihre Stellenbezeichnung:** Dieses Feld in der Eingabemaske können Sie nutzen, um Ihre aktuelle (oder vorherige) Position einzutragen, z. B. »Kaufmännische Sachbearbeiterin« oder »Technischer Projektleiter«. Entspricht die Position nicht dem Aufgabenfeld, das Sie anstreben, geben Sie dahinter, durch einen Schrägstrich abgetrennt, einen Begriff ein, der Ihr Berufsziel oder den gewünschten Aufgabenbereich besser beschreibt, z. B. »…/Teamleiter Produktion« oder »…/Vertriebsinnendienst«.

- **Ihre Schlagwörter:** Die Begriffe, die Sie in allen Feldern, von »Ich biete« über »Ich suche« bis hin zu den »Interessen« eingeben, sollten Sie sorgfältig und mit Bedacht auswählen. Idealerweise sind es aussagekräftige Wörter, die für Arbeitgeber Signalwirkung haben und nach denen diese mithilfe von Suchmaschinen das Netz durchforsten. Die Begriffe, nach denen wirklich gesucht wird, finden Sie in den Stellenausschreibungen. Recherchieren Sie, welche Fähigkeiten und Erfahrungen für die von Ihnen angestrebte Position erforderlich sind und welche davon Sie bieten können. Verwenden Sie eins zu eins die Wortwahl der Arbeitgeber.

- **Ihre Angaben:** Achten Sie darauf, dass die Informationen, die Sie eingeben, vollständig und sinnvoll sind. Sie müssen der Wahrheit entsprechen und widerspruchsfrei sein. Alle Daten sollten aktuell sein, mit den Angaben in Ihrem Lebenslauf übereinstimmen und einer Nachfrage im Vorstellungsgespräch standhalten.

- **Ihre Privatsphäre:** Persönliches zu zeigen, kann durchaus hilfreich sein, etwa ehrenamtliches Engagement oder ein Hobby, das Rückschlüsse auf Ihre Qualifikationen oder Eigenschaften zulässt. Allzu private Informationen sind allerdings tabu. Urlaubserlebnisse, Details zu Ihrer letzten Geburtstagsparty und die jüngsten Streiche Ihrer Sprösslinge gehören nicht zu Ihrer beruflichen Selbstpräsentation und deshalb auch nicht in Ihr Xing- oder Ihr LinkedIn-Profil. Achten Sie auch darauf, wer welche Inhalte Ihrer Profile sehen darf. Den Schutz der Privatsphäre können Sie unter »Einstellungen« vornehmen.

So sorgen Sie dafür, dass Ihr Profil gefunden wird

Sie können sich sowohl bei Xing als auch bei LinkedIn mit beruflich relevanten und interessanten Gruppen vernetzen und regelmäßig aktuelle, für Ihr Berufsfeld relevante Beiträge (Posts) erstellen. Dadurch wird Ihr Profil bei Suchmaschinen höher gerankt und das steigert Ihren Online-Wirkungsgrad. Denn Arbeitgeber, Personalvermittler und Zeitarbeitsfirmen – bzw. deren Software – suchen per definierten Kriterien nach potenziellen Kandidatinnen und Kandidaten, und ihre Suchalgorithmen werden auf Profile mit höheren Aktivitätsraten aufmerksam. Profile ohne Aktivität dagegen erzeugen, wenn überhaupt, wesentlich weniger Wirkung.

Damit Personalverantwortliche Ihr Profil auch finden, sollten Sie sicherstellen, dass sie Ihr Profil ansehen und Ihnen Nachrichten schreiben können. Bei Xing müssen Sie dazu unter »Einstellungen → Privatsphäre → Profileinstellungen zwei Häkchen setzen. Einmal bei »Mein Portfolio ist sichtbar für: alle Mitglieder« und auch bei »Mein Profil darf in Suchmaschinen auffindbar sein«. Unter »Einstellungen → Privatsphäre → Allgemeine Einstellungen« sollten Sie ein Häkchen setzen bei »Nachrichten schreiben dürfen: alle Mitglieder« und bei »Meine Beiträge in öffentlichen Gruppen können in Suchmaschinen gefunden werden«. Auch bei LinkedIn können Sie unter »Einstellungen« Häkchen setzen, damit andere Ihr Profil sehen und Ihnen Nachrichten schreiben dürfen. Sich online bei den Karrierenetzwerken zurechtzufinden, kann Zeit kosten, auch wenn sie grundsätzlich sehr benutzerfreundlich aufgebaut sind. Beachten Sie dabei jedoch immer den wichtigsten aller Tipps in einem Bewerbungsprozess: Weniger ist mehr! Überfrachten Sie Ihr Onlineprofil nicht. Geben Sie nur so viele Informationen wie nötig und sinnvoll und so wenig wie möglich. Nötig ist die vollständige, chronologisch geordnete Liste aller Ihrer beruflichen Stationen, sinnvoll die Aufführung Ihrer Qualifikationen und Fähigkeiten, evtl. auch Ihrer Auszeichnungen und Mitgliedschaften. Verzichten Sie aber auf Details, die für einen potenziellen Arbeitgeber keine Relevanz haben.

… bei Facebook, Twitter, Instagram, TikTok & Co.

Wenn Sie privat Facebook, Twitter, Instagram, TikTok & Co. nutzen, sollten Sie prüfen, ob potenzielle Arbeitgeber bei einer Suchmaschinen-Suche nach Ihrem Namen dort schädliche Informationen über Sie finden. Unvorteilhafte Fotos und Inhalte sollten Sie löschen oder löschen lassen (↗ S. 30). Umgekehrt können Sie während Ihrer Bewerbungsphase aber auch bei den privaten Netzwerken nützliche und hilfreiche Informationen und Fotos posten. Liken Sie außerdem besonders Posts Ihrer Kontakte, die aus Sicht eines Arbeitgebers eine positive Wirkung haben können, z. B. Beiträge über neue technologische Entwicklungen, neue Produkte oder Dienstleistungen in Ihrem Berufsfeld, aber auch Posts über interessante, berufsbezogene Events wie Kongresse, Messen oder Vorträge.

Die Suche im Internet

Die klassische, gedruckte Stellenanzeige in Tageszeitungen und anderen Printmedien verliert mehr und mehr an Bedeutung. Über 90 Prozent aller Stellen werden heute online ausgeschrieben – meistens ausschließlich, manchmal auch ergänzend zu einer gedruckten Zeitungsanzeige. Als Bewerberin oder Bewerber finden Sie diese v. a. auf den Homepages der Unternehmen und in den mehr als 1000 Online-Jobbörsen, die es in Deutschland heute gibt. Wenn Sie über einen Computer und einen Internetzugang verfügen, einige Tipps beherzigen und so neugierig wie mutig loslegen, haben Sie die Möglichkeit, in Sekundenschnelle bundes- und weltweit sehr, sehr viele Stellenangebote zu finden. Das ist Fluch und Segen zugleich. Denn es gibt Tausende von Stellenanzeigen und es kann viele Stunden dauern, bis Sie die passenden Angebote herausgefiltert haben. Wissen Sie, wie Sie online in kurzer Zeit passende Stellenanzeigen finden? Kennen Sie diejenigen Jobbörsen, die für Ihr Berufsbild und für die angestrebte Stelle wichtig sind? Wissen Sie, wie Sie sie am besten nutzen? Wissen Sie, wie Sie Xing, LinkedIn und sogar Facebook zur Stellensuche einsetzen können?

Die Suche nach geeigneten Jobbörsen

Nutzen Sie eine Suchmaschine, um Zeit zu sparen. Haben Sie schon einmal den Begriff »Job« in Verbindung mit dem Berufsfeld, in dem Sie suchen (z. B. »Vertrieb«), und dem Ort, an dem Sie arbeiten wollen (z. B. »Lübeck«), eingegeben? Probieren Sie es aus! Unter den ersten zehn Suchergebnissen finden Sie die relevanten und besten Jobbörsen, die von Arbeitgebern genutzt werden, um offene Stellen z. B. im Berufsfeld Vertrieb im Raum Lübeck zu veröffentlichen. Dass Ihnen wirklich die wichtigsten Börsen angezeigt werden, das gewährleisten die Algorithmen. Denn die meistgenutzten und damit erfolgreichsten Jobbörsen landen in der Trefferliste immer ganz oben. Aktuell sind das für sehr viele Berufsfelder bundes-, europa- und weltweit die folgenden:

- www.stepstone.de ist eine der führenden Jobbörsen in Deutschland und Europa.
- www.indeed.de ist die weltweite Nummer eins der Jobbörsen und in 60 Ländern und 28 Sprachen verfügbar.
- www.monster.de ist ein Pionier unter den Jobbörsen und zählt nach wie vor zu den großen Anbietern.
- www.kimeta.de ist eine Meta-Jobsuchmaschine, die im Netz nach Stellenanzeigen sucht und dabei Jobbörsen, Karriereseiten, Personalberatungen und Stellenbörsen von Unternehmen erfasst. Kimeta erfasst und präsentiert wesentlich mehr Stellen als klassische Jobbörsen.
- www.jobworld.de, ebenfalls eine Meta-Jobsuchmaschine, durchsucht über 50 Jobbörsen, Zeitungen und Stellenmärkte gleichzeitig.

Mit Suchmaschinen können Sie aber noch mehr erreichen. Denn damit lassen sich sehr gezielt spezielle Jobbörsen für die unterschiedlichsten Positionen finden – ganz einfach, indem Sie die entsprechenden Begriffe eingeben. Suchen Sie z. B. nach einer Stelle für Berufseinsteiger, geben Sie einfach »Job« und »Berufseinsteiger« und wieder den gewünschten Ort oder die gewünschte Region ein. Ein Klick genügt und Sie erhalten die für Berufseinsteiger relevanten Jobbörsen. Dazu gehören z. B.:

- www.absolventa.de ist eine spezielle Jobbörse für Studenten, Absolventen und Berufseinsteiger. Zur gleichen Unternehmensgruppe zählen auch die Jobbörsen www.praktikum.info, www.azubi.de und www.trainee-gefluester.de.

- www.academics.de ist eine Jobbörse für Akademiker, in der vorwiegend Stellen im wissenschaftlichen Bereich und der öffentlichen Verwaltung ausgeschrieben sind.

Suchen Sie nach offenen Positionen z. B. im Bereich Grafik und Design, im Feld der erneuerbaren Energien, als Ingenieur/-in oder Naturwissenschaftler/-in oder im öffentlichen Dienst, dann geben Sie diese Begriffe einfach in in Ihre Suchmaschine ein. Also z. B. »Job«, »erneuerbare Energien« und wieder den Ort, an dem Sie suchen. Auf diese Weise erhalten Sie in Sekundenschnelle die speziellen Jobbörsen für dieses Arbeitsfeld bzw. für einzelne Branchen, z. B.:

- www.greenjobs.de ist eine Jobbörse für Umweltfachkräfte. Für alle, die in den grünen Branchen arbeiten wollen, ist greenjobs.de die Anlaufstelle im deutschsprachigen Raum schlechthin.
- https://dasauge.de zählt zu den beliebtesten Designportalen im Netz. Hier knüpfen Kreative Kontakte und finden offene Stellen im Kreativbereich.
- www.interamt.de ist das Stellenportal des öffentlichen Diensts in Deutschland. Hier werden bundesweit Positionen in der öffentlichen Verwaltung ausgeschrieben. Das österreichische Pendant dazu ist www.jobboerse.gv.at und für die Schweiz gilt https://verwaltungs-jobs.ch als lohnenswertes Stellenportal für alle Jobs im öffentlichen Dienst.
- www.jobvector.de ist eine Jobbörse für Naturwissenschaftler, Mediziner, Informatiker und Ingenieure.

Suchen Sie Stellenportale für Führungspositionen, geben Sie in Ihre Suchmaschine einfach ein: »Job«, »Führungsposition« oder »Management« und den Ort, an dem Sie arbeiten wollen. Die Ergebnisse haben Sie auf einen Klick vor Augen, z. B. www.experteer.de, ein kostenpflichtiges Stellenportal für Spitzenpositionen ab 60 000 € Jahresgehalt.

Suchen Sie einen Nebenjob in Ihrer Region, dann geben Sie in Ihre Suchmaschine einfach ein »Nebenjob« (oder »Aushilfsjob«, »Gelegenheitsjob«, »Minijob«), den Aufgabenbereich, in dem Sie arbeiten wollen, beispielsweise »Verkauf«, »Lager«, »Transport« oder »Büro« und

den Ort. Und schon erhalten Sie Treffer wie www.minijobs.info, www.aushilfsjobs.info, www.nebenjob.de und www.gelegenheitsjobs.de; das sind Stellenbörsen für Minijobs, Nebenjobs, Aushilfs- und Gelegenheitsjobs auf 450-€-Basis.
Das Prinzip ist also immer das gleiche: Geben Sie in Ihre Suchmaschine genau das ein, wonach Sie suchen: die Wörter, die Ihnen gerade in den Sinn kommen.

Sie können auch das – in Deutschland seit Mai 2019 aktive – Feature »Google for Jobs« für Ihre Stellensuche nutzen. Das ist weder ein neues Programm oder eine neue App noch eine neue Jobbörse oder Jobsuchmaschine. »Google for Jobs« basiert auf Algorithmen, die bei einer Jobsuche aus den Stellenangeboten im Netz die geeigneten Jobs direkt in Google-Ergebnissen darstellt. Google durchsucht dabei Karriereseiten von Unternehmen, Stellenbörsen und Karriereplatt-formen. Das ist nicht revolutionär. Die Algorithmen der Metasuch-maschinen machen nichts anderes. Allerdings lässt Google die Algo-rithmen nutzerorientiert programmieren, sodass eine Jobsuche mit »Google for Jobs« einfach und effizient ist. Die Vorteile: Sie finden alle offenen Stellen gebündelt und übersichtlich an einem Ort, doppelte Anzeigen werden erkannt und nur einmal gelistet, und Sie können Filter einsetzen.
Durch »Google for Jobs« finden Sie die Ergebnisse Ihrer Stellensuche in einem Kasten, der oberhalb der übrigen Suchergebnisse angezeigt wird. Sie können auswählen, auf welche Stellenportale (z. B. StepStone) sich Google beschränken soll. Auch haben Sie die Möglichkeit, be-stimmte Arbeitgeber auszuwählen.

Angesichts der überwältigenden Fülle an Jobbörsen sollten Sie sich schnell auf wenige beschränken: auf diejenigen, die zu Ihnen und Ihrem Berufsziel am allerbesten passen. Unterscheiden Sie drei Kategorien:
1. spezielle Jobbörsen für Ihre Berufsgruppe (z. B. für Ingenieure, Grafiker, Controller, Pflegekräfte oder Verwaltungsstellen),
2. allgemeine Jobbörsen wie stepstone.de, indeed.de oder auch monster.de,
3. Meta-Jobsuchmaschinen wie beispielsweise kimeta.de oder jobworld.de.

Suchen und gefunden werden

Schauen Sie sich am besten zwei bis drei der allgemeinen und zwei bis drei der speziellen Jobbörsen an, nehmen Sie eine Meta-Jobsuchmaschine dazu und probieren Sie ein wenig aus, mit welchen Sie am besten zurechtkommen. Dann wählen Sie lediglich *eine* Meta-Jobsuchmaschine, *eine* allgemeine Jobbörse und *eine* spezielle Jobbörse aus. Drei sind genug. Mehr brauchen Sie nicht. Und zusätzlich prüfen Sie, inwieweit »Google for Jobs« für Sie handhabbar und hilfreich ist.

 **Machen Sie es sich einfach!**

Über die individuell zusammengestellten Jobbörsen bzw. Meta-Jobsuchmaschen hinaus auch bei regionalen Jobbörsen wie meinestadt.de, bei Onlineportalen überregionaler und lokaler Tageszeitungen wie der Süddeutschen Zeitung, der Frankfurter Allgemeinen Zeitung, der Tageszeitung des eigenen Wohnortes sowie bei der Agentur für Arbeit (arbeitsagentur.de) zu recherchieren, bringt den meisten wenig. Denn die meisten Stellenangebote werden ohnehin in den großen Jobbörsen veröffentlicht, und auch Meta-Jobsuchmaschinen fördern sie zutage. Machen Sie es sich an dieser Stelle einfach!

Die Suche in Jobbörsen

Sobald Sie Ihre Jobbörsen gefunden haben, geht es darum, sie richtig und effektiv zu nutzen. Dazu brauchen Sie keine ausführliche Gebrauchsanleitung. Was Sie brauchen, ist ein wenig Mut, um beherzt loszulegen. Die meisten Jobbörsen sind recht simpel aufgebaut und erklären sich während der Nutzung von selbst. Führen Sie spontan eine erste kleine Online-Stellensuche durch. Rufen Sie z. B. www.indeed.de auf. Sie sehen, dass in der einfachen Eingabemaske der Jobbörsen lediglich nach »Job« und »Ort« gefragt wird. Bei der erweiterten Suche können Sie die Zahl der Ergebnisse durch Angaben zu weiteren Jobfaktoren eingrenzen:

- zum gewünschten Arbeitsbeginn,
- zur Arbeitszeit,
- zur Anstellungsart,
- zur Position (Berufsanfänger, Berufserfahrene),
- zur Branche,

- zur Betriebsgröße (Anzahl der Mitarbeiter)
- und auch zum evtl. Umfang der Führungsverantwortung.

Geben Sie Ihren Wunscharbeitsort und beim Eingabefeld »Job« Suchbegriffe zu Ihrer Berufsbezeichnung ein, z. B. »Verkäufer«, »Lagerist«,
»Key Account Manager«, »Kaufmännischer Sachbearbeiter«, »Controller«, »Qualitätsmanager«. Verwenden Sie dabei immer die männ-
liche Form.

Und los geht es. In aller Regel finden Sie bei der aktuellen Arbeits-
marktsituation viele Stellenangebote in Ihrer Region und Sie haben
mit der Herausforderung zu kämpfen, aus dem Überangebot diejenige
Stelle zu finden, die am besten zu Ihnen passt. Gehen Sie dabei strukturiert und systematisch vor. Nutzen Sie die erweiterte Suche. Geben
Sie hier weitere Details zu Ihrer angestrebten Stelle an, beispielsweise
ob Sie eine Position für Berufseinsteiger oder eine Position für berufserfahrene Arbeitskräfte suchen, und in welchen Branchen Sie suchen.
Setzen Sie sich immer ein Zeitlimit und ein Ziel, damit Sie nicht sinnlos
herumstöbern und nicht viele Stunden vergeuden. Sie können sich
z. B. auf eine Stunde Recherche beschränken mit dem Ziel, drei Stellenanzeigen zu finden, auf die Sie sich bewerben wollen.

Sollten Sie für Ihr Berufsfeld wenige oder vielleicht sogar gar keine
Stellenausschreibungen finden, können Sie Ihre Suchbegriffe im
Eingabefeld »Job« variieren. Suchen Sie dann statt nach Ihrer Berufs-
bezeichnung z. B. nach den folgenden Begriffen:

- **Berufsfeld:** z. B. »Verwaltung«, »Customer Service«, »Marketing«,
  »IT«, »Pflege«, »Einkauf«, »Verkauf«, »Vertrieb«, »Erziehung«,
- **Qualifikation:** z. B. »Industriekaufmann«, »Krankenpfleger«,
  »Erzieher«, »Maschinenbauingenieur«, »Mechatroniker«, »Kondi-
  tor (m/w/d)«,
- **Fähigkeiten:** z. B. »verkaufen«, »übersetzen«, »analysieren«, »ver-
  handeln«, »beraten«,
- **Methodenkenntnisse:** z. B. »SAP«, »CAD«, »Scrum Master«, »ITIL«,
  »Six Sigma«, »Kundenkommunikation«, »HOAI«, »Lean Manage-
  ment«,
- **Branchen:** z. B. »Automobil«, »Gesundheit«, »Handel«, »Energie«,
  »Dienstleistung«, »Versicherungen«.

Suchen und
gefunden werden

Selbstverständlich können Sie in der erweiterten Suche auch den Suchradius um Ihren Zielort erweitern und in anderen Regionen Deutschlands nach Arbeitsplätzen suchen. Sie haben außerdem die Möglichkeit, sich die zu Ihren Sucheingaben passenden Stellenangebote per E-Mail zusenden zu lassen.

 **Mit unpassenden Treffern umgehen**
Unpassende und v. a. veraltete Suchergebnisse sind ärgerlich. Falls Sie unsicher sind, ob ein Stellenangebot noch aktuell ist, rufen Sie in der Personalabteilung an und fragen Sie nach. Möglicherweise ersparen Sie sich selbst und anderen damit viel Arbeit. Erhalten Sie durch die E-Mail-Benachrichtigung einer Jobbörse zahlreiche unpassende Stellen oder Anfragen unpassender Arbeitgeber, präzisieren Sie Ihre Angaben in der Suchmaske. Verwenden Sie dabei immer die Schlagwörter, die in Ihrer Branche und in Ihrem Berufsfeld gebräuchlich sind. Nutzen Sie die Wörter, die auch Arbeitgeber in den Stellenausschreibungen verwenden.

Entwickeln Sie eine Suchstrategie. Notieren Sie bei jeder einzelnen Suche und bei jeder einzelnen Stellenanzeige Schlagwörter zu den geforderten Qualifikationen und Fähigkeiten, Kenntnissen und Eigenschaften, die in den verschiedenen Branchen, bei den unterschiedlichen Unternehmen und auf den jeweiligen Positionen mit ihren zahlreichen genannten Aufgaben gefragt sind. So können Sie bei Ihrer Suche nach und nach immer präziser die gleichen Begriffe verwenden, die auch Arbeitgeber einsetzen, um neue Mitarbeiterinnen und Mitarbeiter zu finden. Außerdem helfen Ihnen diese Schlagwörter weiter, wenn Sie sich bei den Jobbörsen einen Jobagenten – eine automatische Suche – einrichten wollen und wenn Sie dort Ihr Profil anlegen und Ihren Lebenslauf hochladen wollen. Selbstverständlich können und sollten Sie die recherchierten Schlagwörter unbedingt auch in Ihrem Onlineprofil bei Xing oder LinkedIn verwenden.

Jobagenten: In den meisten Jobbörsen und auf den meisten Onlineportalen können Sie einen Jobagenten einrichten. Dazu geben Sie Ihre

Suchkriterien ein und erteilen die Erlaubnis, dass Ihnen passende Stellenangebote an Ihre E-Mail-Adresse gesendet werden dürfen. Die automatische Benachrichtigung spart Ihnen Zeit und Arbeit. Wie gut die Stellenangebote zu Ihren Vorstellungen passen, hängt davon ab, wie präzise Sie Ihre Suchkriterien definiert haben. Entscheidend sind die Schlagwörter, nach denen Sie suchen. Deshalb sollten Sie immer zuerst ein wenig Zeit investieren, um verschiedene Schlagwörter auszuprobieren, bevor Sie Ihren Jobagenten einrichten. Verwenden Sie auch hier die Schlagwörter, die die Arbeitgeber in der gewünschten Branche bzw. für die gewünschte Position und Tätigkeit verwenden.

Bewerberprofil anlegen: In vielen Jobbörsen können Sie ein eigenes Bewerberprofil anlegen und dazu den Lebenslauf hochladen. Darauf können dann Arbeitgeber, Personalvermittler und Headhunter zugreifen und sich mit Ihnen in Verbindung setzen, vorausgesetzt, Sie haben Ihre Kontaktdaten hinterlegt und Ihr Einverständnis zur Kontaktaufnahme gegeben. Prüfen Sie, inwieweit diese zusätzliche Funktion für Sie sinnvoll ist. Gerade in Branchen und Berufsfeldern, in denen Arbeitgeber tendenziell Schwierigkeiten haben, passende Mitarbeiterinnen und Mitarbeiter zu finden, lohnt es sich, etwa in der Automobil- und in der IT-Branche, die stets nach qualifizierten Informatikern und Ingenieuren suchen. Headhunter, Personalverantwortliche und auch Führungskräfte dieser Branchen suchen offensiv im Internet nach passenden Bewerberinnen und Bewerbern mit einem vielversprechenden Profil. Ihre Chancen, kontaktiert zu werden, steigen, wenn Sie präzise Angaben machen und die Schlagwörter der Arbeitgeber verwenden.

Die Suche bei Xing, LinkedIn und Facebook

Für die Stellensuche bei Xing und LinkedIn reicht die kostenlose Basismitgliedschaft aus. Damit können Sie Stellenanzeigen anschauen, Kontakt zu potenziellen Arbeitgebern, Personalvermittlern und Headhuntern aufnehmen und sich direkt per Mausklick bewerben. Eine kostenpflichtige Premiummitgliedschaft gibt Ihnen darüber hinaus Einblicke, wer auf Ihr Profil zugegriffen hat. Außerdem erhalten Sie als Premiummitglied mehr Informationen über andere Netzwerkmitglieder, darunter selbstverständlich auch Personalverantwortliche,

Personalvermittler und Headhunter. Aber prüfen Sie, inwieweit Sie diese Informationen auch anderweitig kostenlos im Netz finden und nutzen können. Sich professionell zu bewerben, erfordert zwar viel Zeit und Konzentration, aber es muss nicht unbedingt Geld kosten.

Um bei Xing Stellen zu finden, loggen Sie sich ein und klicken auf das Symbol für Stellensuche (»Bürostuhl«) in der linken Navigationszeile. Schon sind Sie auf der Eingabemaske »Jobs, die zum Leben passen«: Hier können Sie wie in jeder anderen Jobbörse eingeben, was (welchen Job) und wo (an welchem Ort) Sie suchen. Auch bei LinkedIn klicken Sie, sobald Sie eingeloggt sind, einfach auf das Symbol für freie Stellen (»Aktentasche«) in der oberen Navigationszeile. Dann werden Sie auf die Stellensuchseite geleitet, die wie jede andere Jobbörse danach fragt, was (welche Stelle) Sie wo (an welchem Ort) suchen. Einen Vorteil hat die Stellensuche auf Xing und/oder LinkedIn: Sie können sich direkt über diese Karrierenetzwerke bei potenziellen Arbeitgebern bewerben. Außerdem können sich Arbeitgeber, die auf Mitarbeitersuche sind, Ihre Onlinepräsenz anschauen.

 **Das Internet nutzen**

Nicht nur Sie nutzen das Internet (für Ihre Onlinepräsenz und um Stellenanzeigen zu finden). Auch Arbeitgeber, Personaler und Fachabteilungsleiter nutzen es (um sich zu präsentieren). Sehr viele nützliche Informationen über einen potenziellen Arbeitgeber und seine Mitarbeiter gewinnen Sie, indem auch Sie die Namen von Unternehmen und Organisationen per Suchmaschine suchen. Sie werden z. B. recht schnell auf die Seite www.kununu.com stoßen. Das ist ein Onlineportal, auf dem Mitarbeiterinnen und Mitarbeiter sowie Bewerberinnen und Bewerber Arbeitgeber bewerten. Sie finden aber auch zahlreiche Xing- und LinkedIn-Profile von Ansprechpartnerinnen und -partnern in den Unternehmen, bei denen Sie sich vielleicht bewerben wollen.

Selbst Facebook als privates soziales Netzwerk lässt sich für die Stellensuche nutzen. Der einfachste Weg, eine Jobsuche zu starten besteht darin, in der oberen Navigationszeile auf das Fragezeichen (»Schnellhilfe«) zu klicken und den Begriff »Jobs« einzugeben. Sie erhalten sofort hilfreiche Treffer, wie Sie von interessanten Jobs via Auto-Benachrichtigung erfahren, wie Sie Stellenanzeigen finden und mehr. Folgen Sie einfach den sehr gut verständlichen Anleitungen und erstellen Sie ein für Sie passendes Suchraster. Wie immer, wenn Sie online agieren, sollten Sie vorsichtig mit der Preisgabe persönlicher Informationen sein und sich jederzeit loyal gegenüber Dritten zeigen – v. a. gegenüber (ehemaligen) Arbeitgebern.

Nutzen Sie am Anfang Ihres Bewerbungsprozesses neben der Suche per Jobbörse auch Xing, LinkedIn und Facebook als Instrumente der Stellensuche. Finden Sie hier keine oder kaum andere Stellenanzeigen als dort, vergeuden Sie keine Zeit und konzentrieren Sie sich auf die Jobbörsen, die Ihnen die besten Ergebnisse liefern. Denn es geht nicht darum, möglichst viele Quellen zu nutzen, sondern mit möglichst geringem Zeitaufwand möglichst viele passende Stellenanzeigen zu finden.

Checkliste
Online-Stellensuche und Onlineprofil

○ Haben Sie Ihre Onlinepräsenz geprüft und schädliche Inhalte geändert oder gelöscht bzw. löschen lassen?
○ Haben Sie ein Profil bei Xing und/oder LinkedIn angelegt?
○ Haben Sie die für Sie relevanten Jobbörsen gefunden und Ihre drei wichtigsten identifiziert?
○ Haben Sie Ihre Suchkriterien für passende Stellenanzeigen zusammengestellt?

Suchen und gefunden werden

Stellenanzeigen auswählen

Die Stellenanzeige ist nach wie vor das klassische Instrument der Mitarbeitersuche. Das gilt ebenso für kleine Firmen wie für Weltkonzerne, Start-ups und Behörden. Auch kommt es nicht darauf an, welchen Rekrutierungsweg der potenzielle Arbeitgeber wählt – E-Mail, Onlineportal oder E-Recruiting-System: In aller Regel führt der Weg über eine Stellenanzeige. Deshalb müssen Sie lernen, wie Stellenanzeigen zu decodieren sind. Erst wenn Sie das können, wissen Sie, ob sich Ihre Bewerbung lohnt.

Stellenanzeigen decodieren

Eine Stellenanzeige enthält viele Informationen für Bewerberinnen und Bewerber, v. a. über:

1. das Unternehmen bzw. die Organisation oder Behörde und den Arbeitsort – und damit über die Branche sowie das Geschäftsfeld,
2. die Position – und die damit verbundenen Aufgaben sowie die damit einhergehende Verantwortung,
3. die Anforderungskriterien – und damit über die gewünschten fachlichen Fähigkeiten, die persönlichen Eigenschaften sowie die Einsatzbereitschaft, die Sie mitbringen müssen oder sollten,
4. den gewünschten Einstellungstermin und eine eventuelle Stellenbefristung,
5. die Bewerbungsfrist, die gewünschten Bewerbungswege und den geforderten Inhalt Ihrer Bewerbungsunterlagen.

Manchmal, z. B. bei Stellenausschreibungen des öffentlichen Diensts, erfahren Sie auch etwas über die Gehalts- oder Tarifstufe. Anhand dieser Angaben können Sie einschätzen, ob der ausgeschriebene Arbeitsplatz dem entspricht, wonach Sie suchen, und ob Sie den Anforderungen gewachsen sind. Vier Leitfragen helfen Ihnen bei der Einschätzung:

- Was wünscht sich der Arbeitgeber von mir?
- Was davon habe ich zu bieten?
- Was wünsche ich mir vom Arbeitgeber?
- Was davon hat der Arbeitgeber zu bieten?

Viele Bewerberinnen und Bewerber suchen nach einem optimalen Arbeitgeber, der alles nur erdenklich Wünschenswerte bietet: ein Spitzengehalt, einen kurzen Arbeitsweg, Gleitzeit, Homeoffice-Angebote, die Zugehörigkeit zu einer Topbranche, gute Zukunftsperspektiven, ein spannendes Aufgabenfeld, eine verantwortungsvolle Führungsposition und selbstverständlich einen guten Chef und nette Kollegen. Das ist legitim, denn auch viele Arbeitgeber beschreiben in ihren Stellenanzeigen eine Art Wunschprofil und suchen nach einem idealen Bewerber oder einer idealen Bewerberin: Studium mit Prädikatsexamen, Auslands- und langjährige Berufserfahrung, vier Sprachen und am liebsten in der digitalen Welt zu Hause, Teamfähigkeit, Belastbarkeit, Flexibilität, Tatkraft, Dynamik und möglichst wenig Ansprüche an Gehalt, Arbeitszeiten und Arbeitsumfeld.

Prüfen Sie, inwieweit Ihre Wünsche und Forderungen realistisch sind. Lassen Sie sich von Anforderungsprofilen in Stellenanzeigen nicht abschrecken, die nach der idealen Besetzung suchen. Ein Faktencheck lohnt sich. Lesen Sie Stellenanzeigen systematisch. Beachten Sie zuerst den Unterschied zwischen Muss-Anforderungen und Kann-Anforderungen. Die Muss-Anforderungen erkennen Sie anhand von Formulierungen, die deutlich machen, dass sie unabdingbar sind, z. B.:

- »**Sie verfügen über** ein Studium der Rechtswissenschaften.«
- »**Sie haben mindestens** drei, besser fünf Jahre Berufserfahrung in der genannten Position vorzuweisen.«
- »Verhandlungssichere Englischkenntnisse **setzen wir voraus.**«
- »Ein Führerschein der Klasse B ist **zwingend erforderlich.**«
- »**Vorausgesetzt wird** die Bereitschaft zu umfangreichen Dienstreisen (mind. 60 % der Arbeitszeit).«

Werden Qualifikationen, Fähigkeiten, Kenntnisse, Erfahrungen und Ihre Bereitschaft z. B. zu Dienstreisen zwingend gefordert oder vorausgesetzt, sollten Sie diese Kriterien erfüllen. Die Kann-Anforderungen sind hingegen weicher. Sie erkennen sie an Formulierungen wie z. B.:

- »**Idealerweise** verfügen Sie über Kenntnisse weiterer europäischer Verkehrssprachen.«
- »SAP-Kenntnisse sind **von Vorteil.**«
- »**Wünschenswert** ist eine hohe Affinität zur IT-Branche.«

Über die Kann-Anforderungen können Sie mit dem potenziellen Arbeitgeber reden. Auch wenn Sie nicht alle Kriterien erfüllen, kann sich Ihre Bewerbung lohnen. Personalverantwortliche sind nachsichtiger, als Bewerberinnen und Bewerber denken. Fast die Hälfte aller Arbeitgeber zieht auch Kandidatinnen oder Kandidaten in Betracht, die nicht alle angegebenen Qualifikationen mitbringen.

Um die eigenen Chancen auf die angestrebte Stelle realistisch einzuschätzen, fragen Sie sich bei den Muss- und Kann-Anforderungen:

- **Erfahrung:** Prüfen Sie jede einzelne der genannten Aufgaben daraufhin, wann und wo Sie sie genau wie beschrieben oder ähnlich schon einmal erfüllt haben und was Sie daran besonders interessiert.
- **Alternativen:** Prüfen Sie für jede Anforderung, die Sie nicht oder nur teilweise erfüllen, ob Sie diese vielleicht durch andere Kenntnisse oder Fähigkeiten ausgleichen können.

Sollten Sie eine beschriebene Aufgabe noch nie ausgeführt haben oder eine Anforderung nicht erfüllen, sollten Sie sich fragen, wodurch Sie diese Defizite kompensieren können. Beantworten Sie dazu drei Fragen: Inwieweit verfügen Sie über

- **übertragbare Fähigkeiten** wie hohe Lernbereitschaft und schnelle Auffassungsgabe, die es Ihnen ermöglichen, schnell neue Aufgaben zu übernehmen? Bei Controlling-Aufgaben geht es beispielsweise auch um ein gutes Zahlenverständnis, bei Führungsaufgaben um die Fähigkeit, Menschen bei ihren Aufgaben zu coachen und sie zu motivieren sowie Teams zu leiten.
- **Potenzial,** um beispielsweise eine Fremdsprache schnell zu reaktivieren (Sprachtalent, gepaart mit guten Sprachfähigkeiten in der Vergangenheit) oder um eine neue Software schnell zu verstehen (IT-Affinität, gepaart mit generell guten Computerkenntnissen)?
- **Selbstvertrauen,** Aufgaben in Angriff zu nehmen, die Sie noch nie zuvor erledigt haben bzw. für die Sie nicht alle Voraussetzungen mitbringen?

Danach entscheiden Sie, ob Ihre Bewerbung sinnvoll ist. Wenn Ihnen weitere Informationen fehlen, dann rufen Sie den potenziellen Arbeitgeber an und klären Sie im Gespräch, ob Ihre Bewerbung für beide Seiten sinnvoll scheint. Rufen Sie wirklich an! Es ist allemal besser, in einem kurzen persönlichen Telefonat herauszufinden, inwieweit eine Arbeitsstelle zu Ihrem Profil passt, als sich gar nicht erst zu bewerben oder Zeit mit einer sinnlosen Bewerbung zu vergeuden.

Studieren Sie in den folgenden Stellenanzeigen oder in einer Stellenanzeige Ihrer Wahl die Formulierungen für Muss- und Kann-Anforderungen und die Aufgaben und fragen Sie sich, wie Sie eventuelle Defizite ausgleichen würden.

Suchen und
gefunden werden

(1) ### Institut für Artenschutz

Wir sind das führende Institut für Artenschutz in Österreich mit Sitz in …
Eine Trainee-Stelle bei uns ist ein spannender Einstieg in die vielfältige Arbeit in der
Naturschutzplanung und -forschung.
Wir suchen für den Zeitraum vom … bis … eine/-n motivierte/-n

Trainee

im Bereich Artenschutz und Naturschutzplanung

(2) **Die Stelle beinhaltet**
- eine intensive Einarbeitung in die Erfassung von Fledermäusen (Netzfänge,
  Telemetrie, Aufnahme und Analyse von Fledermausrufen),
- das Kennenlernen von Freiland-Methoden zur Erfassung weiterer Artengruppen
  (z. B. Kleinsäuger, Amphibien, Reptilien, Vögel),
- Mitarbeit bei der Sicherung und Auswertung der im Feld erhobenen Daten (u. a.
  mithilfe von GIS-Systemen),
- Unterstützung beim Verfassen von Berichten (spezielle artenschutzrechtliche
  Prüfungen, FFH-Prüfungen) und bei der Aufbereitung von Forschungsergebnissen.

(3) **Wir erwarten**
- ein abgeschlossenes Studium im Bereich der Biologie, Landschaftsökologie,
  Forstwissenschaft oder eines verwandten Studiengangs,
- Interesse an der praktischen Arbeit im Artenschutz,
- die Fähigkeit zum wissenschaftlichen Arbeiten,
- körperliche Belastbarkeit (häufige Nachtarbeit, teilweise in schwierigem Gelände),
- Bereitschaft zur Wochenendarbeit und zu mehrtägigen auswärtigen
  Arbeitsblöcken,
- Teamfähigkeit und Flexibilität auch in stressigen Arbeitsphasen,
- Kfz-Führerschein,
- Erfahrungen in den genannten Aufgabenbereichen (von Vorteil).

(4) Die Stelle umfasst 40 Wochenstunden bei angemessener Vergütung, die auch die
Lebenshaltungskosten in … gut abdeckt. Die Verlängerung um bis zu sechs Monate ist
möglich, die Übernahme in ein längerfristiges Anstellungsverhältnis im Anschluss an
die Trainee-Ausbildung nicht ausgeschlossen. Die Stelle ist ideal für Berufseinsteiger,
die sich für den weiteren Berufsweg im Bereich Tierökologie und Artenschutz
qualifizieren wollen.

(5) Haben wir Ihr Interesse geweckt? Dann freuen wir uns auf Ihre aussagekräftige
Bewerbung! Bitte schicken sie sie bis TT.MM.JJJJ per E-Mail als Gesamtdatei im PDF-
Format an Frau Schulze, hr@unternehmen.de.

Suchen und
gefunden werden

Erläuterungen zur Stellenanzeige »Trainee«

1 Angaben zum Arbeitgeber, zum Arbeitsort und zur Position, zum Einstellungstermin und zur Befristung
Interessenten sollten klären, ob das den eigenen Vorstellungen entspricht und inwieweit sie fachlich und persönlich in das Unternehmens- und Aufgabenfeld passen.

2 Erläuterungen zum Aufgabenbereich
Interessenten sollten realistisch einschätzen, inwieweit ihnen der Aufgabenbereich liegt, ob sie bereits ähnliche Aufgaben übernommen haben, welche fachlichen Fähigkeiten und persönlichen Eigenschaften Sie einbringen können.

3 Anforderungen (Qualifikationen, Fähigkeiten, Kenntnisse und Einsatzbereitschaft)
Interessenten sollten diese Anforderungen mit den eigenen Qualifikationen, Fähigkeiten, Kenntnissen und der Einsatzbereitschaft, die sie mitbringen, abgleichen. Hohe Belastbarkeit, Bereitschaft zu Wochenend- und Nachtarbeit, Teamfähigkeit und Kfz-Führerschein sind als Muss-Anforderungen beschrieben, Erfahrungen in den Aufgabenbereichen dagegen lediglich »von Vorteil«, also Kann-Anforderungen.

4 Arbeitszeit und die Möglichkeit zur Verlängerung der Befristung
Wie darüber informiert wird, lässt Interessenten vermuten, dass die Übernahme in ein Anstellungsverhältnis bei entsprechender Eignung durchaus wahrscheinlich ist.

5 Bewerbungsweg und Bewerbungsschluss
Interessenten sind ausdrücklich aufgefordert, die Bewerbung per E-Mail mit nur einer einzigen PDF-Datei im Anhang zu senden.

Technischer Projektleiter (m/w/d)
Bereich Produktentwicklung

Beyersystems AG

Wir sind … und suchen zum nächstmöglichen Zeitpunkt einen Technischen Projektleiter (m/w/d) im Bereich Produktentwicklung an unserem Standort in Zwickau.

Ihre Aufgaben
- Sie übernehmen die technische Projektleitung für unsere Projekte in den Bereichen Software- und Hardwareentwicklung für unsere innovativen Produkte Fahrzeugdiagnose sowie KFZ-Werkstattausrüstung oder moderne Client-Server-Architekturen.
- Sie steuern und führen erfolgreich Projektteams.
- Sie planen und führen Anforderungsanalysen und Aufwandsabschätzungen durch.
- Sie sind für das Requirements-Engineering sowie für die Organisation von Qualitätsmaßnahmen verantwortlich.

Ihre Qualifikationen
- Abgeschlossenes Studium der Fachrichtung Elektrotechnik, Nachrichtentechnik, Informatik oder ähnliche Ausbildung mit relevanter Berufserfahrung
- Expertise in der Projektleitung von mechatronischen Projekten mit Software-, Hardware- und Konstruktionsentwicklung sowie im Anforderungsmanagement, idealerweise im Automotive-Bereich
- Fundierte Kenntnisse in den Bereichen Softwarearchitektur, Datenbanken und Embedded-Applikationen
- Sicherer Umgang mit Projektplanungstools, vorzugsweise MS Project
- Kommunikationsstärke und eigenverantwortliche, qualitative und kreative Arbeitsweise
- Sehr gute Deutsch- und Englischkenntnisse in Wort und Schrift

Unser Angebot
- Umfangreiche Karriere- und Weiterbildungsmöglichkeiten sowie flexible Arbeitszeiten
- Modernes Betriebsrestaurant, durch unsere Firma bezuschusst
- Betriebliche Altersvorsorge mit Zuschuss
- Kostenloses Obst, Wasser, Laufevents
- Beratung bei der Pflege Angehöriger
- Mitarbeitervergünstigungen

Ihre Bewerbung
Klingt das interessant? Dann bewerben Sie sich bis zum … online. Für Fragen zur Bewerbung steht Ihnen Herr Hingst unter der Telefonnummer 0123 456789 zur Verfügung. Wir freuen uns auf Ihre aussagekräftige Bewerbung!

Jetzt bewerben!

Erläuterungen zur Stellenanzeige »Technischer Projektleiter«

1 Aufgaben und Qualifikationsprofil

Sowohl bei den Aufgaben als auch beim Qualifikationsprofil geht es v. a. um Muss-Anforderungen, nur zwei Kann-Anforderungen sind genannt: »… idealerweise im Automotive-Bereich« und »… vorzugsweise MS Project«.

2 Ansprechpartner

Wenn in einer Stellenanzeige ein Ansprechpartner bzw. eine Ansprechpartnerin genannt ist, dann ist das als Aufforderung zu verstehen, eventuelle Fragen vorab zu klären. Der Vorteil: So lässt sich ein erster persönlicher Kontakt herstellen.

3 Bewerbungsweg

Der Bewerbungsweg zu dieser Stelle führt über ein Onlineformular. Per Klick auf »Jetzt bewerben« kommt man zu Eingabefeldern für die persönlichen Daten, den frühestmöglichen Eintrittstermin, in der Regel auch die Gehaltsvorstellung und zu einem Uploadbereich, wo die vorbereiteten Unterlagen (Lebenslauf, Anschreiben, Nachweise) hochgeladen werden können.

Suchen und
gefunden werden

Stellenanzeige »Sachbearbeiter«

Sachbearbeiter (m/w/d) Finanzbuchhaltung, ID: 138074

Festanstellung   Rechnungswesen/Finanzen   Großraum Hamburg

SWV Personaldienstleistungen

(1)

Im Jahr ... wurden wir zum 12. Mal als Personaldienstleister als einer von „Deutschlands besten Arbeitgebern" ausgezeichnet, 5-mal hintereinander auf dem Podium. Profitieren Sie von unserem Know-how und lernen Sie einen der erfolgreichsten deutschen Personaldienstleister kennen! Mehr über uns unter www.swv-Personaldienstleistungen.de.

Sie sind flexibel, haben einige Jahre Erfahrung in der Buchhaltung und sind auf der Suche nach einer neuen Herausforderung? In der Finanzbuchhaltung bei unserem Kunden im Großraum Hamburg bietet sich diese interessante Perspektive im Rahmen der Arbeitnehmerüberlassung.

Ihre Aufgaben

- Als Kreditorenbuchhalter sind Sie mit dem kompletten Prozess der Prüfung, Kontierung und Buchung von Eingangsrechnungen betraut.
- Zudem kümmern Sie sich um die Reisekostenabrechnung und übernehmen Tätigkeiten im Rechnungswesen.
- Die Unterstützung der Hauptbuchhaltung durch vorbereitende Arbeiten für Jahresabschlüsse zählt ebenso zu Ihrem Aufgabengebiet.
- Die aktive Mitarbeit bei der Optimierung von Arbeitsabläufen in der Kreditorenbuchhaltung rundet Ihr abwechslungsreiches Tätigkeitsgebiet ab.

(2) **Ihr Profil**

- Nach abgeschlossener kaufmännischer Ausbildung haben Sie mehrjährige Berufserfahrung in der Finanzbuchhaltung eines international agierenden Unternehmens gesammelt.
- Zudem verfügen Sie über gute MS-Office-Kenntnisse (v. a. Excel) sowie gute SAP-(FI)-Kenntnisse.
- Ebenfalls bringen Sie sehr gute Deutsch- und gute Englischkenntnisse mit.
- Eine selbstständige und strukturierte Arbeitsweise rundet Ihr Profil ab.

Ihr Kontakt	Musterweg 88
Fantasie-Personaldienstleistungen	22222 Hamburg
Frau Svenja Claudius	Telefon +49 40 123456
hr@unternehmen.com	www.Fantasie-Personaldienstleistungen.de

(3)   Jetzt auf Bewerben klicken! Bewerbungsfrist: TT.MM.JJJJ

Erläuterungen zur Stellenanzeige »Sachbearbeiter«

1 Hinweis auf Zeitarbeit
Die Stellenanzeige stammt nicht direkt vom Arbeitgeber, sondern von
einem Personaldienstleister, der im Auftrag Bewerber sucht, anstellt
und im Rahmen der Arbeitnehmerüberlassung bei einem Dritten
beschäftigt.

2 Aufgaben und Profil
Die Aufgabenbeschreibung sowie das geforderte Profil sind klar und
zwingend formuliert. Hier gibt es keine Kann-Kriterien. Bei Zweifeln,
ob Ihre Bewerbung sinnvoll ist – z. B., weil Ihnen die Aufgaben zwar
vertraut sind, Sie diese aber noch nicht in einem international agierenden Unternehmen erledigt haben –, sollten Sie zum Telefon greifen
und die genannte Ansprechpartnerin anrufen.

3 Bewerbungsweg
Der Bewerbungsweg zu dieser Stelle führt über ein E-Recruiting-
System. Per Klick auf »Bewerben« kommt man zu Eingabefeldern für
die persönlichen Daten, alle Lebenslaufdaten, die Qualifikation, die
Fähigkeiten und Kenntnisse, den aktuellen Status, den frühestmög-
lichen Eintrittstermin und die Gehaltsvorstellungen. Der Inhalt des
Anschreibens wird in ein Freitextfeld getippt. Hochgeladen werden
lediglich die Nachweise.

Suchen und
gefunden werden

Die Suche über das eigene Netzwerk

Das Internet ist gut. Ein persönliches Netzwerk ist aber auch nicht zu verachten. Arbeitgeber rekrutieren geeignete Mitarbeiterinnen und Mitarbeiter angesichts von Kostendruck, Zeitmangel und Risiko nicht nur online auf dem externen Arbeitsmarkt, sondern sie suchen auch intern. Veröffentlichte Stellenausschreibungen finden Sie in den Jobbörsen per Suchmaschinensuche. Interne Stellenausschreibungen sind Ihnen hingegen nicht zugänglich, denn Sie haben ja keinen Zugang zum firmeninternen Intranet und zu den Aushängen am Schwarzen Brett. Hier kommen Ihre persönlichen Kontakte ins Spiel. Es lohnt sich, Bekannten zu erzählen, dass Sie eine neue Arbeitsstelle suchen und wie diese möglichst aussehen soll. Fast jede dritte Stelle in Unternehmen wird über persönliche Beziehungen vermittelt. »Mitarbeiter werben Mitarbeiter« oder »informelle Empfehlung« nennt sich das: »Du suchst einen Job? Frag doch mal bei uns nach. Wir stellen gerade ein.« Deshalb gilt: Wer eine Arbeitsstelle sucht, ob Berufseinsteiger oder Jobwechsler, sollte dies möglichst vielen seiner vertrauenswürdigen Kontakte erzählen: Freundinnen und Freunden sowie Bekannten, (Ex-)Kolleginnen und Kollegen, ehemaligen Vorgesetzten und, und, und …

Schicken Sie einer ehemaligen Kollegin oder dem Freund eines Freundes eine E-Mail, beschreiben Sie kurz, was Sie können und wonach Sie suchen, und fragen Sie nach einem Tipp, wo Sie sich bewerben könnten. Bitten Sie Ihre Ex-Chefin, Studienfreunde oder Bekannte darum, sich umzuhören. In manchen Branchen und für manche Positionen auf höheren Leitungsebenen sind Kontakte sogar oft die einzige Eintrittskarte. Wirtschaftswissenschaftler haben einen Begriff für dieses Phänomen geprägt. Sie nennen es »soziales Kapital«. Der Begriff steht für die Netzwerke von Menschen und Institutionen, die uns umgeben, die uns mit den richtigen Leuten verbinden und die sicherstellen, dass wir wertvolle Informationen erhalten und Chancen nicht verpassen.

Unser soziales Kapital hat einen hohen wirtschaftlichen Wert. Das bedeutet nicht, dass Ihre bisherigen beruflichen Erfolge, Ihre Bewerbungsunterlagen oder die Selbstpräsentation im Vorstellungsgespräch unwichtig wären. Selbstverständlich sind diese Dinge wichtig. Aber Ihr soziales Kapital kann die Voraussetzung dafür sein, dass Sie überhaupt ins Spiel kommen. Wenn Sie Ihre Bewerbungsunterlagen über einen Kontakt in die Personalabteilung eines Unternehmens geben, dann kommen Sie leichter ins Spiel, dann nehmen z. B. fehlende Voraussetzungen, Lücken im Lebenslauf oder andere Dinge zunächst eine untergeordnete Rolle ein.

Das Netzwerk pflegen

Pflegen Sie Ihr persönliches Netzwerk! Wenn Sie jetzt gerade denken, »Oh, Mist. Ich habe überhaupt keins«, dann lassen Sie sich beruhigen: Jeder hat eins! Einen mehr oder weniger großen Familien-, Freundes-, (Ex-)Kollegen- und Bekanntenkreis. Jeder kennt Menschen aus dem Arbeits- und Privatleben, die wiederum andere Menschen kennen, die wiederum andere Menschen kennen usw. Auf Anhieb erinnern wir uns oft nur nicht an sie.

Bei einem persönlichen Netzwerk geht es gar nicht darum, sich häufig in Businesskreisen aufzuhalten und die Geschäftsführer der Top-Unternehmen persönlich zu kennen – auch wenn das selbstverständlich nicht schadet. Es geht vielmehr um die Überlegung, wen Sie seit wann woher und wie gut kennen und wer Ihnen weiterhelfen kann. Erstellen Sie sich eine Übersicht der Menschen, mit denen Sie persönlich in Kontakt sind oder waren: seit wann sie sie kennen, woher, wie gut, was sie aktuell machen, wie der beste Weg für die Kontaktaufnahme aussieht, und notieren Sie gleich auch deren Kontaktdaten.

Sie werden staunen, wie viele Namen Ihnen einfallen und was sich mit einem persönlichen Netzwerk – egal wie groß oder klein es ist – bewegen lässt. Ein Stein bringt oft den anderen ins Rollen. Ein Kontakt führt häufig zum nächsten. Sobald Sie über eine Person aus Ihrem Netzwerk einen konkreten Kontakt zu einem Unternehmen haben, können Sie sich auf diese Person beziehen und Ihre Bewerbungsunterlagen initiativ einsenden.

Der Weg über eine persönliche Empfehlung aus dem eigenen Netzwerk führt oft zum Erfolg. Warum? Was uns vertraut ist, was uns empfohlen wird, gibt uns Sicherheit; was uns fremd ist, macht uns Angst. Arbeitgeber scheuen das hohe Risiko einer Fehlbesetzung. Wird ein

Suchen und gefunden werden

Bewerber eingestellt und es klappt nicht mit ihm, kostet das den Arbeitgeber viel Geld.

Deshalb wollen Personalverantwortliche auf Nummer sicher gehen. Und deshalb besetzen Arbeitgeber Stellen, wann immer möglich, mit jemandem, den sie persönlich kennen und einschätzen können. Wo das nicht möglich ist, orientieren sie sich an Empfehlungen aus ihrem Umfeld. Erst dann schauen sie sich eingehende Bewerbungen an.

Die Kunst des Pitchens

Wir leben in einer dynamischen, geradezu reizüberfluteten Welt, in der ständig um Aufmerksamkeit gebuhlt wird. Personalverantwortliche in Unternehmen haben kaum die Zeit für lange schriftliche oder verbale Ausführungen. Deshalb ist es für Bewerberinnen und Bewerber so wichtig, die individuellen Berufsziele und Fähigkeiten sowie die eigene Persönlichkeit kurz, knapp und präzise beschreiben zu können und v. a. das prominent zu platzieren, was andere Menschen zuerst wahrnehmen sollen. Das nennt man pitchen: die Kunst, Zuhörerinnen oder Zuhörer bzw. Leserinnen oder Leser in wenigen Sätzen von sich zu überzeugen. Im gesamten Bewerbungsprozess können und müssen Sie dreifach pitchen:

- **Digital:** Ihre Onlinepräsenz – alles, was Personalverantwortliche online über Sie finden, wenn sie nach Ihrem Namen im Internet gesucht haben – ist Ihr digitaler Pitch. Idealerweise ergibt sich anhand einiger kurzer Aussagen über Ihre Berufsziele, Fähigkeiten und Ihre Persönlichkeit schon ein erster Eindruck. Digital pitchen Sie in Ihren Profilen bei Xing, LinkedIn, den Jobbörsen und in sozialen Netzwerken wie Facebook.
- **Verbal:** Ihr persönliches Auftreten in unterschiedlichen Gesprächen ist Ihr verbaler Pitch. Immer wenn Sie mit Personalverantwortlichen oder auch mit Menschen aus Ihrem Netzwerk zusammentreffen und auf die Frage nach ihren beruflichen Ambitionen antworten, pitchen Sie verbal: am Telefon, auf Jobmessen, bei beruflichen Anlässen und selbstverständlich im persönlichen Vorstellungsgespräch und im Videocall.
- **Schriftlich:** Ihre Bewerbungsunterlagen sind Ihr schriftlicher Pitch. Alles, was ein Personalverantwortlicher von Ihnen in schriftlicher

Form erhält, sei es per E-Mail oder über ein Onlineportal, sollte so gestaltet sein, dass die wichtigsten Punkte sofort ins Auge fallen. Dazu zählen besonders der Lebenslauf bzw. das Kurzprofil und das Anschreiben.

»Ich bin …, ich kann …, ich will …«
Verbal pitchen heißt, eine wichtige Person – in der Regel einen Personalverantwortlichen, eine Abteilungsleiterin oder auch Personen aus dem Bekanntenkreis – innerhalb von 20 bis 30 Sekunden davon zu überzeugen, dass es sich lohnt, Sie besser kennenzulernen. Ziel des verbalen Pitchens ist es also, Aufmerksamkeit auf sich zu ziehen. Das gelingt nur, wenn Ihr Gegenüber auf Anhieb einen Nutzen vermutet. Und Sie dann kennenlernen, mit Ihnen reden, sich mit Ihnen befassen will. Der ideale verbale Pitch im Bewerbungsprozess antwortet also immer auch auf die Frage, welchen Nutzen ein Arbeitgeber von Ihnen als Arbeitskraft hat.

»Warum lohnt es sich, Sie einzustellen?«, »Welche besonderen Vorteile bringen Sie dem Arbeitgeber?« Um diese Fragen zu beantworten, nähern Sie sich der Kernaussage am besten von zwei Seiten: von der Arbeitgeberseite und damit dem, wonach ein Arbeitgeber mit Schlagwörtern in einer Stellenausschreibung sucht. Und Sie gehen von sich selbst aus, von Ihrer Motivation, Ihren Fähigkeiten und dem, was Sie auszeichnet.

Ein guter Pitch entsteht nicht spontan. Er ist das Ergebnis einer bewussten Reflexion der eigenen Person, der eigenen Fähigkeiten und Wünsche. Nehmen Sie sich die Zeit, über die vermeintlich einfachen Ergänzungen von »Ich bin …, ich kann …, ich will …« intensiv nachzudenken. Und machen Sie sich dazu Notizen.
Zum »Ich bin« notieren Sie sich fünf bis zehn Adjektive als Antwort auf die folgenden drei Fragen:

1. Was macht meine Persönlichkeit aus? Zum Beispiel motiviert, zuverlässig, freundlich.
2. Welche Eigenschaften zeichnen mich aus? Zum Beispiel Belastbarkeit, Flexibilität, Durchsetzungsvermögen.
3. Wie bin ich und wie arbeite ich? Zum Beispiel ich bin/arbeite gründlich, selbstständig, strukturiert.

Denken Sie zunächst einmal ohne äußere Hilfe nach. Danach können Sie Ihre Arbeitszeugnisse oder Referenzschreiben konsultieren und Freundinnen und Freunde, Kolleginnen und Kollegen fragen, mit welchen Adjektiven Sie sie beschreiben würden.

Zum »Ich kann« notieren Sie sich fünf bis zehn Verben als Antwort auf die folgenden drei Fragen:

1. Was kann ich besonders gut? Zum Beispiel rechnen, organisieren, kommunizieren.
2. Welche Fähigkeiten zeichnen mich aus? Zum Beispiel führen, analysieren, programmieren zu können.
3. Welche Fähigkeiten setze ich täglich in meiner Arbeit ein? Zum Beispiel Buchhaltungsfähigkeiten, Problemlösungsfähigkeiten (logisches Denken), Einfühlungsvermögen.

Auch über diese Fragen denken Sie am besten zunächst ohne äußere Hilfe nach. Erst dann gehen Sie Ihre Arbeitszeugnisse oder Referenzschreiben auf passende Verben durch, und wenn Sie wollen, fragen Sie auch hierzu Freundinnen und Freunde, Kolleginnen und Kollegen, welche Fähigkeiten sie an Ihnen wahrnehmen. Zusätzlich können Sie überlegen, welche Aufgaben Sie in der Vergangenheit gut und erfolgreich bearbeitet haben und welche Ihrer Stärken Sie dafür eingesetzt haben.

Zum »Ich will« notieren Sie sich Stichworte zu Ihren Berufszielen. Was (welche Aufgaben) suchen Sie? Wo (an welchem Ort) und wie (unter welchen Arbeitsbedingungen) wollen Sie arbeiten?

1. Was (welche Aufgaben) suchen Sie? Zum Beispiel Sachbearbeitung, Assistenz, Teamleitung.
2. Wo (Arbeitgeber) und wie (Arbeitsbedingungen) wollen Sie arbeiten? Zum Beispiel Mittelständler in der verarbeitenden Industrie, Konzern im Telekommunikationsbereich, eine große kommunale Verwaltung (öffentlicher Dienst), im Umkreis von … Kilometern, in Vollzeit, bei einem Gehalt von …

Im nächsten Schritt wechseln Sie die Perspektive. Sie nehmen nun das in den Blick, wonach ein Arbeitgeber mit seinen Schlagwörtern in einer Stellenausschreibung sucht.

In den folgenden drei Stellenanzeigen sind die typischen Schlagwörter, nach denen Arbeitgeber suchen, markiert. Nach Wortarten unterschieden, sind es

- **Adjektive,** mit denen Arbeitgeber ihr Unternehmen beschreiben (z. B. innovativ, modern, traditionell, erfolgreich), mit welcher Einstellung die Aufgaben zu bearbeiten sind (z. B. motiviert, eigenverantwortlich, strukturiert) und wie der optimale Mitarbeitende sein sollte (z. B. teamfähig, flexibel, belastbar, kommunikativ, stressresistent),
- **Verben,** mit denen Arbeitgeber beschreiben, welche Aufgaben zu erledigen sind (z. B. führen, steuern, planen, organisieren, prüfen, berechnen, kontieren, buchen, analysieren, entwickeln, bedienen, reparieren, pflegen, erziehen, betreuen),
- **Substantive,** mit denen Arbeitgeber den Aufgabenbereich beschreiben (z. B. Software- und Hardwareentwicklung, Softwarearchitektur, Reisekostenabrechnung, Jahresabschlüsse, Naturschutzplanung und -forschung).

Recherchieren Sie nach interessanten Stellenanzeigen und suchen Sie nach vergleichbaren Schlagwörtern. Die Schlagwörter der Arbeitgeber in den Stellenanzeigen, die Sie interessant finden, gleichen Sie nun mit Ihren Stichworten ab, die Sie zu »Ich bin …, Ich kann … und Ich will …« notiert haben. Die Schnittmenge nutzen Sie im gesamten Bewerbungsprozess, um sich einem potenziellen Arbeitgeber vorzustellen – in Ihrem digitalen Pitch (Ihrer Onlinepräsenz), in Ihrem verbalen Pitch (in Gesprächen) und im schriftlichen Pitch (in Ihren Bewerbungsunterlagen). Behalten Sie dabei immer die beiden Leitfragen im Hinterkopf:

- Warum lohnt es sich, Sie kennenzulernen und Sie einzustellen?
- Welche besonderen Vorteile bringen Sie für eine Firma mit?

Sammeln Sie die Schlagwörter, mit denen Sie einen potenziellen Arbeitgeber von sich überzeugen können. Sie müssen im ersten Schritt keine Sätze ausformulieren.
In Ihren Onlineprofilen und den Bewerbungsunterlagen verwenden Sie sowieso nur Schlagwörter. Achten Sie aber darauf, dass die zentralen Aussagen Ihres Pitchs auch in Ihrem Xing- oder LinkedIn-Profil hervorstechen. Erst recht sollten sie im Anschreiben und Lebenslauf

Suchen und gefunden werden

prominent platziert sein und nicht inmitten von anderen, weniger relevanten Aussagen untergehen. Im Gespräch können Sie Ihre Sätze dann sehr kurz halten, z. B.: »Guten Tag, Frau [Ansprechpartnerin], mein Name ist Hirts, Alexander Hirts. Ihr Unternehmen und Ihre Stelle als Technischer Projektleiter interessieren mich sehr. Ich bin Elektrotechniker mit viel Berufserfahrung in der Projektleitung u. a. in der Automobilbranche. Außerdem habe ich eine Weiterbildung im Projektmanagement (PMI). Ich bringe eine hohe IT-Affinität und Qualitätsbewusstsein mit, bin durchsetzungs- und kommunikationsstark und übernehme gern Verantwortung. Klingt das interessant für Sie?«

Prüfen Sie jetzt noch einmal die Schlagwörter Ihrer Onlinepräsenz auf Ihre Aussagekraft. Ist Ihr digitaler Pitch überzeugend? Und üben Sie Ihren verbalen Pitch für die verschiedenen Gespräche, die Sie im Laufe Ihres Bewerbungsprozesses führen werden.

Institut für Artenschutz

Wir sind das führende Institut für Artenschutz in Österreich mit Sitz in …
Eine Trainee-Stelle bei uns ist ein spannender Einstieg in die vielfältige Arbeit in der
Naturschutzplanung und -forschung.
Wir suchen für den Zeitraum vom … bis … eine/-n motivierte/-n

Trainee

im Bereich Artenschutz und Naturschutzplanung

Die Stelle beinhaltet
* eine intensive Einarbeitung in die Erfassung von Fledermäusen (Netzfänge,
  Telemetrie, Aufnahme und Analyse von Fledermausrufen),
* das Kennenlernen von Freiland-Methoden zur Erfassung weiterer Artengruppen
  (z. B. Kleinsäuger, Amphibien, Reptilien, Vögel),
* Mitarbeit bei der Sicherung und Auswertung der im Feld erhobenen Daten (u. a.
  mithilfe von GIS-Systemen),
* Unterstützung beim Verfassen von Berichten (spezielle artenschutzrechtliche
  Prüfungen, FFH-Prüfungen) und bei der Aufbereitung von Forschungsergebnissen.

Wir erwarten
* ein abgeschlossenes Studium im Bereich der Biologie, Landschaftsökologie,
  Forstwissenschaft oder eines verwandten Studiengangs,
* Interesse an der praktischen Arbeit im Artenschutz,
* die Fähigkeit zum wissenschaftlichen Arbeiten,
* körperliche Belastbarkeit (häufige Nachtarbeit, teilweise in schwierigem Gelände),
* Bereitschaft zur Wochenendarbeit und zu mehrtägigen auswärtigen
  Arbeitsblöcken,
* Teamfähigkeit und Flexibilität auch in stressigen Arbeitsphasen,
* Kfz-Führerschein,
* Erfahrungen in den genannten Aufgabenbereichen (von Vorteil).

Die Stelle umfasst 40 Wochenstunden bei angemessener Vergütung, die auch die
Lebenshaltungskosten in … gut abdeckt. Die Verlängerung um bis zu sechs Monate ist
möglich, die Übernahme in ein längerfristiges Anstellungsverhältnis im Anschluss an
die Trainee-Ausbildung nicht ausgeschlossen. Die Stelle ist ideal für Berufseinsteiger,
die sich für den weiteren Berufsweg im Bereich Tierökologie und Artenschutz
qualifizieren wollen.

Haben wir Ihr Interesse geweckt? Dann freuen wir uns auf Ihre aussagekräftige
Bewerbung! Bitte schicken sie sie bis TT.MM.JJJJ per E-Mail als Gesamtdatei im PDF-
Format an Frau Schulze, hr@unternehmen.de.

Beispiel   Clara T.   Biologin M. Sc., habe mein Studium gerade erfolgreich abgeschlossen; langjähriges aktives Mitglied im Bund für Umwelt
und Naturschutz e. V.; bin aktiv in der Biotoppflege, Kartierung und im
Amphibienschutz; kann zupacken; bin belastbar; bin begeistert von
Artenschutz und Naturschutzplanung; Raumplanung und Schutzge-
bietskonzepte interessieren mich; strebe Promotion an; Traineestelle
sehr spannend zum Einstieg; bin zuverlässig, sorgfältig und flexibel.

Suchen und
gefunden werden

Technischer Projektleiter (m/w/d)

Bereich Produktentwicklung

Beyersystems AG

Wir sind … und suchen zum nächstmöglichen Zeitpunkt einen Technischen Projektleiter (m/w/d) im Bereich Produktentwicklung an unserem Standort in Zwickau.

Ihre Aufgaben
- Sie übernehmen die technische Projektleitung für unsere Projekte in den Bereichen Software- und Hardwareentwicklung für unsere innovativen Produkte Fahrzeug-diagnose sowie KFZ-Werkstattausrüstung oder moderne Client-Server-Architekturen.
- Sie steuern und führen erfolgreich Projektteams.
- Sie planen und führen Anforderungsanalysen und Aufwandsabschätzungen durch.
- Sie sind für das Requirements-Engineering sowie für die Organisation von Qualitäts-maßnahmen verantwortlich.

Ihre Qualifikationen
- Abgeschlossenes Studium der Fachrichtung Elektrotechnik, Nachrichtentechnik, Informatik oder ähnliche Ausbildung mit relevanter Berufserfahrung
- Expertise in der Projektleitung von mechatronischen Projekten mit Software-, Hardware- und Konstruktionsentwicklung sowie im Anforderungsmanagement, idealerweise im Automotive-Bereich
- Fundierte Kenntnisse in den Bereichen Softwarearchitektur, Datenbanken und Embedded-Applikationen
- Sicherer Umgang mit Projektplanungstools, vorzugsweise MS Project
- Kommunikationsstärke und eigenverantwortliche, qualitative und kreative Arbeitsweise
- Sehr gute Deutsch- und Englischkenntnisse in Wort und Schrift

Unser Angebot
- Umfangreiche Karriere- und Weiterbildungsmöglichkeiten sowie flexible Arbeitszeiten
- Modernes Betriebsrestaurant, durch unsere Firma bezuschusst
- Betriebliche Altersvorsorge mit Zuschuss
- Kostenloses Obst, Wasser, Laufevents
- Beratung bei der Pflege Angehöriger
- Mitarbeitervergünstigungen

Ihre Bewerbung
Klingt das interessant? Dann bewerben Sie sich bis zum … online. Für Fragen zur Bewer-bung steht Ihnen Herr Hingst unter der Telefonnummer 0123 456789 zur Verfügung. Wir freuen uns auf Ihre aussagekräftige Bewerbung!

Jetzt bewerben!

Beispiel   **Alexander H.** Elektrotechniker mit viel Berufserfahrung in der Projektleitung, u. a. in der Automobilbranche; Weiterbildung im Projektmanagement (PMI); hohe IT-Affinität; bin durchsetzungs- und kommunikationsstark; hohes Qualitätsbewusstsein; übernehme Verantwortung; habe gelernt, effizient zu führen; Unternehmen und Stelle interessieren mich sehr; ansprechende Beschreibung.

Stellenanzeige »Sachbearbeiter« mit Schlagwortsammlung für Pitch

Sachbearbeiter (m/w/d) Finanzbuchhaltung, ID: 138074

Festanstellung   Rechnungswesen/Finanzen   Großraum Hamburg

SWV Personaldienstleistungen

Im Jahr ... wurden wir zum 12. Mal als Personaldienstleister als einer von „Deutschlands besten Arbeitgebern" ausgezeichnet, 5-mal hintereinander auf dem Podium. Profitieren Sie von unserem Know-how und lernen Sie einen der erfolgreichsten deutschen Personaldienstleister kennen! Mehr über uns unter www.swv-Personaldienstleistungen.de.

Sie sind flexibel, haben einige Jahre Erfahrung in der Buchhaltung und sind auf der Suche nach einer neuen Herausforderung? In der Finanzbuchhaltung bei unserem Kunden im Großraum Hamburg bietet sich diese interessante Perspektive im Rahmen der Arbeitnehmerüberlassung.

Ihre Aufgaben
- Als Kreditorenbuchhalter sind Sie mit dem kompletten Prozess der Prüfung, Kontierung und Buchung von Eingangsrechnungen betraut.
- Zudem kümmern Sie sich um die Reisekostenabrechnung und übernehmen Tätigkeiten im Rechnungswesen.
- Die Unterstützung der Hauptbuchhaltung durch vorbereitende Arbeiten für Jahresabschlüsse zählt ebenso zu Ihrem Aufgabengebiet.
- Die aktive Mitarbeit bei der Optimierung von Arbeitsabläufen in der Kreditorenbuchhaltung rundet Ihr abwechslungsreiches Tätigkeitsgebiet ab.

Ihr Profil
- Nach abgeschlossener kaufmännischer Ausbildung haben Sie mehrjährige Berufserfahrung in der Finanzbuchhaltung eines international agierenden Unternehmens gesammelt.
- Zudem verfügen Sie über gute MS-Office-Kenntnisse (v. a. Excel) sowie gute SAP-(FI)-Kenntnisse.
- Ebenfalls bringen Sie sehr gute Deutsch- und gute Englischkenntnisse mit.
- Eine selbstständige und strukturierte Arbeitsweise rundet Ihr Profil ab.

Ihr Kontakt	Musterweg 88
Fantasie-Personaldienstleistungen	22222 Hamburg
Svenja Claudius	Telefon +49 40 123456
hr@unternehmen.com	www.Fantasie-Personaldienstleistungen.de

Jetzt auf Bewerben klicken! Bewerbungsfrist TT.MM.JJJJ

Beispiel   Julia S. Industriekauffrau; viele Weiterbildungen im Finanz- und Rechnungswesen; mehrjährige Berufserfahrung, auch in internationalem Unternehmen; kann gut mit Zahlen umgehen; arbeite strukturiert, selbstverantwortlich und denke mit; optimiere gern Abläufe; MS-Office- und SAP-Profi; Englisch kann ich gut; bin flexibel und habe Lust, für Sie zu arbeiten.

Suchen und gefunden werden

Die Bewerbungs-unterlagen

Auch in digitalen Zeiten

spielen die Bewerbungsunterlagen eine wichtige Rolle.
So wie die Stellenanzeige für Arbeitgeber nach wie vor
das klassische Instrument der Mitarbeitersuche darstellt, so sind Lebenslauf, Anschreiben und Nachweise
die Visitenkarte der Bewerberinnen und Bewerber.
Wie Sie Ihre Unterlagen digital so erstellen, dass
Sie zum Vorstellungsgespräch eingeladen werden,
das erfahren Sie auf den nächsten Seiten.

Viele Arbeitgeber klagen über Bewerbungen, die kaum oder gar nicht zu den ausgeschriebenen Stellen passen, über schlecht aufbereitete Bewerbungsunterlagen, die weder hinreichende Aussagekraft haben noch in Form und Handhabung den gängigen Standards entsprechen.

DER LEBENSLAUF

Bewerbungen haben nur dann Erfolg, wenn die Bewerbungsunterlagen passgenau und präzise aufbereitet sind, sodass Personalverantwortliche und Personalsoftware die entscheidenden Informationen erkennen und erfassen können.

Der Lebenslauf ist das Herzstück einer Bewerbung. Die meisten Personalverantwortlichen und die meisten Personalsoftware-Systeme filtern Bewerbungen, indem sie das Anforderungsprofil einer Stelle mit dem Qualifikationsprofil eines Bewerbers vergleichen. Dieses Qualifikationsprofil, also die Liste aller Schul-, Berufs- und Studienabschlüsse, der Weiterbildungen und Berufserfahrungen, der Fähigkeiten und Kenntnisse, liefert der Lebenslauf. Wenn eine Software oder eine Person aus der Personalabteilung Ihr Anschreiben überhaupt liest, dann will sie etwas über Ihre Motivation, über Ihre Persönlichkeit, über Ihren möglichen Eintrittstermin und Ihre Gehaltsvorstellungen erfahren.

Um Sie gleich vorweg zu beruhigen: Den perfekten Werdegang, abgebildet in einem Lebenslauf, gibt es nicht. Die Werdegänge nahezu aller Arbeitnehmerinnen und Arbeitnehmer weisen die eine oder andere Lücke auf. Häufig kommen auch recht kurze Anstellungsverhältnisse, Brüche, Neuanfänge, zu lange Schul- und Studienzeiten oder längere Phasen ohne Fortbildung vor. Auch fehlen mitunter notwendige und geforderte Kenntnisse. So ist das Leben, und solche Defizite sind normal und in der Regel auch nicht dramatisch. Bei der Beschreibung des Werdegangs in Ihrem Lebenslauf können Sie jedoch viele Punkte beachten, um Ihre Chancen auf eine Einladung zum Vorstellungsgespräch zu steigern:

- **Länge:** ein bis zwei Seiten, kurz und präzise.
- **Layout:** Übersichtlich und klar strukturiert. Alles muss auf den ersten Blick erkennbar und erfassbar sein.

Die Bewerbungs-unterlagen

- **Inhalt:** Alles aus dem Werdegang, das für die ausgeschriebene Stelle wichtig ist.
- **Formalien:** Die Rechtschreibung muss stimmen, Schriftart und Schriftgröße sowie die digitalen Anforderungen wie Dateiformat und Dateigröße.

Die Länge

Als Faustformel für den Lebenslauf gilt: So ausführlich wie nötig, aber so kurz wie möglich. Abhängig von der beruflichen Erfahrung kann der Lebenslauf zwei Seiten lang sein. Ein Deckblatt und eine dritte Seite, das zusätzliche Blatt mit Informationen über Ihre Persönlichkeit oder Ihr Lebensmotto, sind allenfalls dann ratsam, wenn sie zusätzliche Informationen enthalten, die für die Stelle wirklich relevant sind. Bis auf wenige Ausnahmen können Sie auf ein Deckblatt und sollten Sie auf eine dritte Seite verzichten. Weniger ist mehr!

Ein Deckblatt ist nur noch in Deutschland üblich und auch nur für spezielle Bewerbungen ratsam, z. B. in Branchen und für Positionen, bei denen es auf das Erscheinungsbild und auf den ersten Auftritt ankommt. Das können Stellen in der Tourismusbranche, in Hotels oder bei Fluglinien sein. Das können auch Stellen in der Medien-, Kosmetik- und Wellness-Branche sein. Hier können Sie ein ansprechendes Deckblatt gestalten. Achten Sie aber darauf, dass Sie nicht nur ein erstklassiges, professionelles Foto (vom Fotografen) und Ihre persönlichen Daten (Name, Anschrift, Kontaktdaten) darauf vermerken.
Eine kurze Zusammenfassung dessen, was Sie besonders auszeichnet (schriftlicher Mini-Pitch), wertet ein Deckblatt auf. Das kann eine Kernaussage zu Ihrer Person sein, die die Verbindung zur ausgeschriebenen Stelle herstellt, z. B.: »Als zuverlässige und freundliche Empfangsassistentin bin ich die Visitenkarte für Ihr Hotel.«
Das können aber auch drei bis vier Ihrer Kernkompetenzen sein:
- ausgeprägte Kunden- und Serviceorientierung
- freundliche und verbindliche Kommunikation
- Nervenstärke und gute Krisenbewältigung
- Englisch und Spanisch fließend in Wort und Schrift

Foto: ja oder nein?

Arbeitgebern ist es auch in Deutschland schon lange nicht mehr erlaubt, ein Bewerbungsfoto explizit zu fordern. Dennoch ist es hierzulande üblich, ein Bewerbungsfoto mitzuschicken. Wenn Sie das tun, dann achten Sie darauf, dass es ein erstklassiges, professionelles Foto ist. Die Frisur muss sitzen (gehen Sie vor Ihrem Fototermin zum Friseur). Sind Sie Brillenträger, dann sollte Ihr Brillengestell modern aussehen (eventuell lohnt sich der Gang zum Optiker). Die Kleidung muss zur angestrebten Position passen (überlegen Sie, ob Sie etwas Passendes erst noch kaufen müssen).

Orientieren Sie sich bei der Kleidung an den üblichen Standards, die in den verschiedenen Branchen, Berufs- und Aufgabenfeldern gelten. In der Banken- und Versicherungswelt herrschen andere Regeln als in der verarbeitenden Industrie, bei Start-ups oder im Gesundheitswesen. Generell gilt aber immer:

- Der Pflegezustand der Kleidung muss sehr gut sein.
- Die Kleidung muss gewaschen und gebügelt sein.
- Die Farben der Kleidung sollten zu Ihnen passen.

Vielleicht lohnt sich sogar eine Stilberatung. Sie wissen ja: Kleider machen Leute, und ein Bild sagt mehr als tausend Worte.

Lassen Sie sich von Ihrem Fotografen oder Ihrer Fotografin beraten, welches Format und welche Position Sie in ein günstiges Licht rücken. Ob Hoch- oder Querformat, ob sitzend oder stehend, ob farbig oder schwarz-weiß – wichtig ist, dass Sie auf dem Bild sehr gut ausgeleuchtet sind. Ein Fremder, der Sie noch nicht kennt, sollte durch das Bild einen guten ersten Eindruck von Ihnen bekommen.

Sie erhalten Ihr Bewerbungsfoto in elektronischer Form auf einem Datenträger. Die Größe bestimmen Sie später selbst, wenn Sie es digital in Ihren Lebenslauf einfügen. Ob Sie dabei eine Standardgröße von 4,5 × 6,5 Zentimetern wählen oder Ihr Foto etwas kleiner oder größer darstellen, hängt vom Platz in Ihrem Layout ab. Achten Sie allerdings darauf, dass es weder zu groß und protzig noch zu klein und unscheinbar wirkt. Der Empfänger muss Sie auf dem Bild gut erkennen können. Platzieren Sie das Foto im Lebenslauf rechts oben neben Ihren persönlichen Angaben. Falls Sie ein Deckblatt verwenden, fügen Sie es dort ein.

Muster Deckblatt »Bürokauffrau«

Freundliche, zuverlässige Bürokauffrau
als Empfangssekretärin für Ihren Wellnessbereich

Franziska Körner

geb. am TT.MM.JJJJ in Dresden
ungebunden, flexibel

Musterweg 51
00000 Dresden
Mobil: 0123 678910
E-Mail: f-koerner@mustermail.de

„Als Empfangssekretärin bin ich die Visitenkarte für Ihr Unternehmen."

Die Bewerbungs-
unterlagen

Ausnahme: dritte Seite

Eine dritte Seite ist nur ratsam, um einem Arbeitgeber Fakten aufzu-
listen, die für die Stelle relevant sind, aber im Lebenslauf keinen Platz
finden, z. B. eine Liste

- mehrerer Projekte, die Sie geleitet oder an denen Sie mitgearbeitet haben,
- wichtiger beruflicher Auslandseinsätze, die für den Arbeitgeber
  interessant sein können,
- Ihrer Publikationen und/oder Vorträge, die Sie gehalten haben.

Alle anderen Inhalte, z. B. zu Ihren Fähigkeiten, Ihren Aufgaben und
Ihren Erfolgen, aber auch Informationen zu Ihren Eigenschaften und
Ihrer Motivation gehören in den Lebenslauf bzw. das Anschreiben!

BEISPIEL DRITTE SEITE: PROJEKTLISTE

Projekte

Laufzeit	Projekt	Kunde	Funktion
MM.JJJJ–MM.JJJJ	Agile Transformation …	Versicherungsbranche	Projektleiter (14 MA)
MM.JJJJ–MM.JJJJ	Führungskräfte-Informationssystem	Finanzdienstleister	Co-Projektleiter (7 MA)
MM.JJJJ–MM.JJJJ	IT-Strategie	Telekommunikation	Projektberater
…			

BEISPIEL DRITTE SEITE: LISTE AUSLANDSEINSÄTZE

Projekte

Laufzeit	Land	Organisation, Aufgabe und Ziel	Funktion
MM.JJJJ–MM.JJJJ	Thailand	Textilindustrie	Projektmitarbeiter
MM.JJJJ–MM.JJJJ	USA	Automobilzulieferer	Trainee
MM.JJJJ–MM.JJJJ	USA	Univ. of California	Auslandssemester
…			

Die Bewerbungs-
unterlagen

Das Layout

Das Layout des Lebenslaufs muss übersichtlich sein! Alle Daten müssen für Personalverantwortliche oder ihre Personalsoftware schnell zu erkennen und zu erfassen sein. Eine klare Struktur und die richtigen Schlagwörter helfen dabei. Verwenden Sie die tabellarische Form. Die Möglichkeiten der einschlägigen Textverarbeitungsprogramme verführen viele Bewerber und Bewerberinnen zu ausgefallenen Gestaltungen. Aber eine schlichte, akkurate Bewerbung wird bessere Chancen haben als eine schrille.

Verzichten Sie deshalb auf Experimente und Extravaganzen im Layout Ihres Lebenslaufs und sorgen Sie dafür, dass Ihre Bewerbung anspruchsvoll wirkt, aber nicht auffällig. Denken Sie daran, dass der oder die Personalverantwortliche – genauso wie Personalsoftware – Ihren Lebenslauf schnell erfassen will und in erster Linie faktenbasiert prüfen wird. In unserer Kultur liest man von links oben nach rechts unten. Deshalb sollten Sie ganz klassisch die Jahreszahlen links platzieren und rechts davon die zugehörigen Inhalte. Wer Bewerberinnen und Bewerber auswählen muss, bekommt auf diese Weise schnell den Überblick und kann ebenso schnell Lücken oder Überschneidungen erkennen.

Übrigens lohnt es sich, für die Lebensdaten im Textverarbeitungsprogramm eine Tabelle anzulegen und dann die Rahmenlinien auszublenden. So gelingt es Ihnen mühelos, die Kalenderdaten exakt auf eine Höhe mit den zugehörigen Lebensabschnitten zu bringen, erspart Ihnen die aufwendige Platzierung von Inhalten mithilfe des Tabulators und erleichtert Ihnen die Aktualisierung und Anpassung an die Erfordernisse weiterer Bewerbungen.

Grafische Elemente sollten Sie, wenn überhaupt, sparsam verwenden. Sie können besonders wichtige Punkte, wie z. B. Ihre Abschlüsse, durch Fettdruck hervorheben. Sie können auch eine Kopfzeile einfügen oder Ihre Kontaktdaten mit einer anderen Schriftfarbe kenntlich machen. Mehr nicht.

Die Bewerbungs-
unterlagen

Der Aufbau

Bauen Sie Ihren Lebenslauf umgekehrt chronologisch auf. Beginnen Sie mit dem, was Sie aktuell machen, und nicht mit dem, was Sie vor vielen Jahren gemacht haben. Selbst als Berufseinsteigerin oder Berufseinsteiger sollten Sie den aktuellen Ausbildungs- oder Studienabschluss im Werdegang ganz oben darstellen. Um Personalverantwortlichen den schnellen Überblick über Ihren besonderen Nutzen für das Unternehmen zu geben, können Sie auch ein Kurzprofil mit Ihren Kernkompetenzen einfügen. Dieses setzen Sie am besten zwischen die Angaben zu Ihrer Person und die umgekehrt chronologische Auflistung Ihres Werdegangs.

Ein Lebenslauf beginnt immer mit den persönlichen Angaben oben links und eventuell einem Bewerbungsfoto oben rechts. Bei der Reihenfolge der weiteren Angaben sind Sie relativ frei. Allerdings gibt es besser und schlechter aufgebaute Lebensläufe. Standard – sowohl für Berufseinsteiger, Wiedereinsteiger bzw. -einsteigerinnen als auch für Bewerbungen aus Arbeitslosigkeit oder aus Festanstellung ist die folgende Reihenfolge:

- **Persönliche Angaben:** Vor- und Nachname, Geburtsdatum und Geburtsort, Staatsangehörigkeit, Kontaktdaten und evtl. ein Bewerbungsfoto oben rechts. Bewerberinnen und Bewerber mit einer Nicht-EU-Staatsbürgerschaft führen hier auch ihre Aufenthalts- und Arbeitserlaubnis auf.
- **Kurzprofil:** knapp und präzise diejenigen Qualifikationen, Kernkompetenzen, Kenntnisse, Erfahrungen, Erfolge, Auszeichnungen und weiteren Punkte, die für die Stelle besonders wichtig sind.
- **Berufliche Erfahrung:** alle beruflichen Stationen in umgekehrt chronologischer Reihenfolge, d. h. aktuelle Informationen zuerst. Zur beruflichen Erfahrung gehören auch Praktika, die v. a. für Berufseinsteiger und -einsteigerinnen wichtig sind sowie für alle, die in eine andere Branche oder ein anderes Berufsfeld wechseln wollen.
- **Fort- und Weiterbildungen:** alle relevanten Kurse, Seminare, Schulungen, Workshops, die in die Zeit nach der Ausbildung oder nach dem Studium fallen. Bei Fort- und Weiterbildungen, die schon einige Jahre zurückliegen, sollten Sie sich fragen, ob die Inhalte für die angestrebte Stelle wichtig sind oder nicht.

Falls nicht, können Sie sie ebenso weglassen wie Kurse zu inzwischen veralteter Software oder längst überholten Verfahren bzw. Methoden.

- **Ausbildung/Studium:** Ausbildungs- und Studienzeiten sowie v. a. die Abschlüsse.
- **Schulbildung:** der höchste Schulabschluss.
- **Besondere Kenntnisse:** Fach- und Methodenkenntnisse, Sprach- und EDV-Kenntnisse, sofern sie nicht im Kurzprofil aufgeführt wurden.
- **Ehrenämter:** Soziales Engagement zeugt von Verantwortungsbereitschaft und Gemeinsinn, z. B. Freiwilligenarbeit in der weltlichen oder kirchlichen Gemeinde oder in einem Verein.
- **Freizeit/Hobbys:** Freizeitaktivitäten, die etwas über Ihre Person aussagen, z. B. ein bestimmter Sport, der etwas über Ihre Fitness und Ihren Teamgeist aussagt.

Einige Kategorien können je nach Ausgangssituation entfallen oder auch umbenannt werden. Als Berufseinsteigerin oder Berufseinsteiger verfügen Sie noch nicht über einschlägige Berufserfahrungen. Aber vielleicht können Sie Nebenjobs oder Aufgaben aus Schule, Ausbildung oder Studium, womöglich sogar in der eigenen Familie angeben. Zu den Aufgaben in der eigenen Familie gehören beispielsweise die Altenpflege oder die Kinderbetreuung. All das können Sie dann in der Kategorie *Praktische Erfahrungen* aufführen.
Als Bewerberin oder Bewerber mit Berufserfahrung führen Sie nicht mehr den gesamten schulischen Werdegang auf und auch nicht alle studienbegleitenden Praktika, es sei denn, sie sind für diese Stelle relevant.

Lücken zwischen Schule und Ausbildung oder Studium, zwischen Berufsabschluss und Berufseinstieg oder zwischen einzelnen Anstellungsverhältnissen sollten Sie dann gesondert aufführen, wenn sie länger als drei Monate gedauert haben. Überlegen Sie sich, was Sie in dieser Zeit konkret gemacht haben und führen Sie das auf. Hilfreich ist alles, was Aktivität bezeugt, z. B. »Work and Travel in Neuseeland«, »Pflege eines Familienangehörigen«, »Vorbereitung auf einen wichtigen sportlichen Wettkampf«, »Renovierung des Familienhauses«, »Elternzeit«, »Auszeit für eine intensive Weiterbildung«. Ihre Angaben

Die Bewerbungs-
unterlagen

sollten der Wahrheit entsprechen und einer Nachfrage standhalten. Denn der oder die Personalverantwortliche wird Sie im Vorstellungsgespräch garantiert danach fragen.

Der Inhalt

Überlegen Sie vorab immer, was für das jeweilige Unternehmen und die gewünschte Stelle wichtig sein könnte. Dazu sollten Sie sich die Stellenausschreibung und die Unternehmenshomepage genau anschauen. Wenn in der Stellenausschreibung z. B. eine hohe IT-Affinität gefordert wird, sollten Sie dieses Schlagwort im Lebenslauf aufgreifen und darauf eingehen – am besten bereits am Anfang des Lebenslaufs in der Kategorie *Kurzprofil* oder unter *Stärken*.

Die Chronologie in Ihrem Lebenslauf muss vollständig sein, d. h. ein Personaler oder eine Personalerin muss erkennen, welche Stationen Sie von Ihrer Geburt bis zum heutigen Tag durchlaufen haben. Es muss klar ersichtlich sein, von wann bis wann Sie an welchem Ort was gemacht haben. Womit Sie diesen chronologischen Rahmen füllen, können und müssen Sie gezielt auswählen.

Fragen Sie sich beim Inhalt immer, was für die angestrebte Position wirklich wichtig ist. Führen Sie besonders die Aufgaben, Fähigkeiten, Kenntnisse und Erfolge auf, die den Schlagwörtern in der Stellenausschreibung entsprechen. Lassen Sie irrelevante Informationen ruhig weg, z. B. die Aufgaben einer Tätigkeit, die Sie längst nicht mehr ausüben oder anstreben.

Unterscheiden Sie zwischen Ihren Fähigkeiten, Ihren Aufgaben und Ihren Erfolgen. Fähigkeiten sind das, was es Ihnen ermöglicht, Aufgaben zu erledigen und Erfolge zu erzielen. Aufgaben sind das, was Sie bearbeitet haben oder bearbeiten. Erfolg ist das, was dabei herauskommt. Was die Erfolge angeht: Die sind nicht immer einfach zu benennen. Überlegen Sie: Mit welchen Aufgaben hat man Sie betraut und was haben Sie dabei erreicht? Welche Projekte haben Sie erfolgreich abgeschlossen, welche erfolgreichen Neuerungen eingeführt? Zu welchen Erfindungen oder Verbesserungen haben Sie beigetragen? Das müssen nicht unbedingt Produkte oder Dienstleistungen sein; es können auch Prozessoptimierungen sein.

Zudem spielen übertragbare Fähigkeiten eine besondere Rolle. Übertragbare Fähigkeiten sind branchen- und positionsunabhängig einsetzbar – das ist das Besondere an ihnen. Laut Umfragen suchen Arbeitgeber v. a. Mitarbeiterinnen und Mitarbeiter, die diese übertragbaren Fähigkeiten mitbringen:

- **Kommunikationsfähigkeit:** die Bereitschaft und Fähigkeit, mit verschiedenen Menschen in unterschiedlichen Situationen verbindlich, konstruktiv und zielführend zu sprechen – und das sowohl in Gruppen, im Vier-Augen-Gespräch als auch mittels digitaler Medien wie E-Mail, Videocall, Telefon oder Messengerdienst,
- **Selbst- und Zeitmanagement:** die Fähigkeit, sich selbst in turbulenten Zeiten effektiv und effizient zu steuern, sich zu fokussieren und sich nicht ablenken zu lassen,
- **Problemlösungsfähigkeit:** die Fähigkeit, einen kritischen Ist-Zustand (gegen Widerstände) in einen Soll-Zustand zu überführen – und zwar durch logisches Denken,
- **Organisationstalent:** die Fähigkeit, Dinge effektiv zu planen und zu organisieren, die dazu erforderlichen Ziele und Schritte zu definieren und Prioritäten zu setzen,
- **Lernfähigkeit:** die Bereitschaft und Fähigkeit, Ausbildungsinhalte eigenständig und langfristig aufzunehmen, logisch einzuordnen, zu verarbeiten und aus eigenen Fehlern zu lernen,
- **Technische Fähigkeiten:** technische Kenntnisse, das technische Verständnis und die Fähigkeit, technische Instrumente, Geräte, Maschinen und Anlagen zu bedienen sowie Informationstechnologie selbstständig und gezielt anzuwenden,
- **Kreativität:** die Fähigkeit, etwas zu erschaffen, das es in dieser Form noch nicht gibt, das neu, nützlich und brauchbar ist, und die Fähigkeit, Probleme zu lösen, (ungewöhnliche) Lösungsansätze zu finden,
- **Führungsqualität:** die Fähigkeit, Ziele festzulegen und das Verhalten anderer Menschen so zu lenken, dass diese Ziele erreicht werden,
- **Fremdsprachen:** fast immer Englisch (die Formulierung »weitere Fremdsprachen erwünscht« findet sich in vielen Stellenausschreibungen),
- **IT-Fähigkeiten:** die Fähigkeit, einen Computer zu bedienen und Software zu nutzen; Standard sind Textverarbeitung, Tabellen-

kalkulation, Präsentation, E-Mail-Kommunikation und Internet (z. B. MS-Office-Suite), Software zur Steuerung von Geschäftsprozessen (z. B. SAP) und im Produktionsbereich Programme zur Maschinensteuerung (z. B. LOGO).

Prüfen Sie, über welche übertragbaren Fähigkeiten Sie verfügen. Suchen Sie dazu ein Stellenangebot und identifizieren Sie die drei wichtigsten Fähigkeiten, die Sie für eine sehr gute Leistung in der angestrebten Position benötigen. Fragen Sie sich dann selbst, was Ihre wichtigsten beruflichen Errungenschaften waren und welche Ihrer Fähigkeiten Sie eingesetzt haben, um sie zu erreichen.

Auch als Berufseinsteigerin und Berufseinsteiger haben Sie Schlüsselqualifikationen. Bei der Bearbeitung von Aufgaben in Schule, Ausbildung oder Studium haben Sie sie unter Beweis gestellt. Dazu zählen besonders Ihre Fähigkeiten im Selbst- und Zeitmanagement, Ihre Problemlösungs- und Organisationsfähigkeit und selbstverständlich Ihre Lernfähigkeit. Je nach Ausbildungs- oder Studiengang und entsprechend Ihren Interessen und Freizeitaktivitäten verfügen Sie auch über technische Fähigkeiten, IT-Kenntnisse, Kommunikationsfähigkeiten und Fremdsprachenkenntnisse. Vielleicht haben Sie sogar Führungsqualitäten, die Sie z. B. mit einem Amt als Klassensprecher, Studentenvertreter oder Vereinsvorstand belegen können. Konzentrieren Sie sich auf die Fähigkeiten, die Sie wirklich haben.

Mit der Bearbeitung von Aufgaben in Schule, Ausbildung, Studium und Beruf erzielen Sie Ergebnisse. Manche davon sind sogar sehr gut. Diese Erfolge können und sollten Sie identifizieren und einem Personaler oder einer Personalerin in der Bewerbung nennen. Um Ihre Erfolge zu identifizieren, knöpfen Sie sich am besten die folgenden Fragen vor. Beziehen Sie diese immer auf Ihre individuelle Situation und auf Ihre Schul-, Ausbildungs- oder Studienzeit, auf Ihre Berufstätigkeit und auf Ihre Aktivität in Familie oder Freizeit.

- Wie haben Sie bisherige Probleme gelöst?
- Welche Projekte haben Sie zu Ende geführt?
- Welche Ergebnisse haben Sie erzielt?
- Welchen Beitrag haben Sie zum Erfolg eines Projekts geleistet?
- Wodurch tragen Sie zu guter Teamarbeit bei?

- Welchen Beitrag leisten Sie zur Steigerung des Umsatzes?
- Welchen Beitrag leisten Sie zur Steigerung der Kundenzufriedenheit?
- Welchen Beitrag leisten Sie zur Kostensenkung?

Im Lebenslauf können Sie Ihre Schlüsselqualifikationen und Ihre Erfolge durch Aufzählungspunkte unter den jeweiligen Berufs- oder Ausbildungsstationen aufführen. Einige Beispiele:

- Steigerung der Kundenbindung und -zufriedenheit durch hohe Serviceorientierung und gute Kommunikation,
- erfolgreiche Einführung einer neuen ERP-Software durch hohe IT-Affinität und Verantwortung als Key-User,
- erfolgreich zertifizierter Six Sigma Green Belt durch hohe Lernbereitschaft und -fähigkeit,
- Sicherheitsbeauftragter im Betrieb mit fundiertem technischem Verständnis,
- Koordination von Familie und Beruf durch ausgeprägte Organisationsfähigkeit und gutes Selbst- und Zeitmanagement,
- Prädikatsexamen in Regelstudienzeit durch ausgeprägte Lernfähigkeit und gutes Selbst- und Zeitmanagement,
- sehr gute Englisch- und Spanischkenntnisse in Wort und Schrift durch Auslandssemester in Spanien und England,
- als Marathonläufer starke Zielfokussierung und großes Durchhaltevermögen,
- Führungserfahrung als Vorstand oder Übungsleiterin bzw. -leiter in einem Verein.

Mitarbeiterinnen und Mitarbeiter der Personalabteilung haben kaum die Zeit, sich jeden Lebenslauf genau anzuschauen. Im Durchschnitt nehmen sie sich nur rund zehn Sekunden, um die Entscheidung zu treffen, ob eine Bewerberin oder ein Bewerber zum Unternehmen und zur Stelle passt oder nicht. Viele Arbeitgeber setzen für diese erste Prüfung Personalsoftware ein. Wenn Sie den Zehn-Sekunden-Test bestehen wollen, müssen Ihre Voraussetzungen zur ausgeschriebenen Stelle passen und Ihr Lebenslauf muss aussagekräftig und ansprechend sein, damit Ihre Vorzüge auch zu erkennen und erfassen sind.

Die Bewerbungsunterlagen

Die Formalien

Die formalen Anforderungen an den Lebenslauf sind überschaubar: je kürzer und übersichtlicher, desto besser. Wenn Sie über umfangreiche Berufserfahrung verfügen, sind auch bis zu drei Lebenslaufseiten angemessen. Besser sind jedoch zwei Seiten. Achten Sie besonders auf diese Punkte:

- **Übersichtlichkeit:** Die beste Gestaltung ist die, die es Personalverantwortlichen leicht macht, den Lebenslauf zu überfliegen und dennoch alle wichtigen Qualifikationen zu erfassen. Wählen Sie eine durchgehende Formatierung mit mindestens zwei Zentimetern Seitenrand (oben, unten, links und rechts) und etwas Abstand zwischen den einzelnen Punkten.

- **Schriftart:** Auch hier kommt es auf gute Lesbarkeit an. Verzichten Sie auf extravagante oder veraltete Schriftarten. Wählen Sie eine Standardschrift wie z. B. Arial oder die etwas elegantere Calibri.

- **Schriftgröße:** Wählen Sie eine Schriftgröße von 11 bis 12 Punkt. Weichen Sie davon nicht ab, denn kleinere Schriften sind schlecht lesbar.

- **Rechtschreibung und Grammatik:** Ein Fehler ist verzeihlich, ab zwei Fehlern kommt der Verdacht auf, dass es Ihnen an Sorgfalt mangelt.

- **Dateiformat:** Die Anforderungen an die Dateiformate (z. B. Docx oder PDF) und Dateigröße (z. B. zwei, drei oder 5 MB) Ihrer Unterlagen können je nach Arbeitgeber und je nach Bewerbungsweg variieren. Halten Sie sich an die Vorgaben (↗ S. 136).

- **E-Mail-Adresse:** Benutzen Sie eine E-Mail-Adresse, die Ihren Namen enthält (z. B. nachname@t-online.de oder vorname.nachname@gmx.de). Das erleichtert den Empfängern den Umgang mit Ihren Unterlagen.

Checkliste
Lebenslauf

- ◌ Passen die Angaben im Lebenslauf zu den Anforderungen der Stellenausschreibung?
- ◌ Beschränkt sich die ausführliche Darstellung der Berufserfahrung auf die letzten zehn Jahre? Ist alles, was länger zurückliegt, nur knapp erwähnt?
- ◌ Beschränkt sich die ausführliche Darstellung von Fort- und Weiterbildungen auf die letzten zehn Jahre? Sind weitere Weiterbildungen nur erwähnt, weil sie eins zu eins zur Stelle passen?
- ◌ Sind Aufzählungspunkte nur sparsam eingesetzt und nur, um den Fokus auf das wirklich Wichtige zu lenken?
- ◌ Sind die Schlagwörter aus der Stellenanzeige verwendet?
- ◌ Sind persönliche Daten auf das Minimum (Geburtsdatum, Staatsangehörigkeit, evtl. Familienstand, Kinder, Religion) beschränkt? (Bei internationalen Bewerbungen brauchen Sie sie gar nicht mehr anzugeben.).
- ◌ Sind berufsrelevante Links, z. B. zur eigenen Xing- oder LinkedIn-Seite angegeben?
- ◌ Sind irrelevante Angaben getilgt?

Muster Lebenslauf »Informatiker«

Lebenslauf

Philipp Benner (M. Sc.)

Musterstraße 3
33333 Göttingen
Mobil: 0123 456789
E-Mail: pbenner@mustermail.de
LinkedIn: www.linkedin.com/in/philip-benner
geboren am ... in ...
Staatsangehörigkeit deutsch

Studium

MM/JJJJ–MM/JJJJ	Universität X in Y Masterstudium ... Auslandssemester ... Masterthesis ... **M. Sc. Informatik (Note: ...)**
MM/JJJJ–MM/JJJJ	Universität X in Y Bachelorstudium ... Praxissemester ... Bachelorthesis ... **B. Sc. Physik (Note: ...)**

Schule

MM/JJJJ–MM/JJJJ	Gymnasium X, in Y Schwerpunktfächer: Mathe und Physik **Abitur (Note: ...)**

Stärken

- Englisch verhandlungssicher, Französisch gut
- MS-Office-Profi, ... [weitere Softwarekenntnisse]
- Kommunikation, Präsentation und Moderation
- Engagement, Leistungsbereitschaft, Motivation

Engagement

- Ehrenamtliche Tätigkeit als ... bei ... in ...
- Rettungsschwimmer DLRG in ...

Freizeit

Sport (Schwimmen/Teilnahme an Wettkämpfen)

Göttingen, TT.MM.JJJJ *Philipp Benner*

Muster Lebenslauf »Ausbildungsplatz«

Lebenslauf

Persönliche Daten
Name: Lisa Meißner
Geburtsdatum: TT.MM.JJJJ
Geburtsort: Halle/Saale
Anschrift: Am Musterturm 18
33333 Tangermünde
Tel. (mobil): 0123 4567890
E-Mail: lisa.meissner@webnetz.de

Schulbildung

August JJJJ – Juni JJJJ:	Grundschule Comenius Tangermünde
seit August JJJJ:	Hinrich-Brunsberg Sekundarschule
Notendurchschnitt:	2,4 (Halbjahreszeugnis Klasse 10)
angestrebter Abschluss:	Realschulabschluss im Juli JJJJ
Lieblingsfächer:	Pflichtfächer Englisch (sehr gut) und Geschichte (gut)
	Wahlpflichtfach Kultur und Künste (gut)

Besondere Kenntnisse

Sprachen:	Englisch (sehr gut)
	Russisch (Grundkenntnisse)
Computer:	Microsoft Office
	(Word, PowerPoint, Outlook)

Erste Praxiserfahrungen
Juli JJJJ: zweiwöchiges Schülerpraktikum
„Fahrgastschifffahrt Alvensleben", Tangermünde
(Fahrkartenverkauf, Service an Bord)

August JJJJ – September JJJJ: einzelne Praxislerntage
bei wechselnden Ausbildungsbetrieben und -stätten,
u. a. Gasthof Uhlig, Tangermünde, Hotel Stadt Magdeburg.
Info-Zentrum „Haus der Flüsse", Havelberg

Hobbys
Reisen, Natur, Frauenfußball

Tangermünde, TT.MM.JJJJ

Lisa Meißner

Anschreiben zu diesem Lebenslauf ↗ S. 112

Die Bewerbungs-
unterlagen

Muster Lebenslauf »Assistentin Vertriebsleitung«

Lebenslauf

Lea Scior (B. Sc.)

Musterstraße 22
99999 München
Mobil: 0123 4567890
E-Mail: Lea-Scior@provider.de

geboren am TT.MM.JJJJ in ...
Staatsangehörigkeit deutsch

Kurzprofil

Aktuelle Position	**Assistenz der Vertriebsleitung international**
Branche	Maschinenbau / Anlagenbau
Praxiserfahrung	▪ 4 Jahre Assistentin auf Leitungsebene
	▪ 5 Jahre Vertriebsassistentin international
Sprachen	▪ Deutsch: Muttersprache
	▪ Englisch: Arbeitssprache
	▪ Französisch: fließend
IT-Fähigkeiten	▪ MS Office Suite (Excel, Word, PowerPoint, Outlook)
	▪ MS Project, ARIS (Prozessmanagement-Software)
	▪ SAP (Administration, Projekte, Finanzen)
Methoden	▪ Projektplanung, -organisation und -koordination
	▪ Office-Management
	▪ Kommunikation (Büro, Vertrieb, Leitungsebene)
Erfolge	High Performance Award (2018)
Qualifikation	**B. Sc. Betriebswirtschaftslehre**
	(Ludwig-Maximilians-Universität, München)

Berufspraxis

MM/JJJJ–heute	Maschinen- und Anlagenbau ..., Nürnberg
	Assistentin der Vertriebsleitung international
	▪ Koordination/Organisation des Vertriebsleitungsbüros
	▪ Vorbereitung von Entscheidungen und Präsentationen
	▪ Kontaktpflege zu Kunden und Geschäftspartnern
	▪ Auszeichnung: High Performance Award (2018)

Muster Lebenslauf »Assistentin Vertriebsleitung«

Lebenslauf von Lea Scior

Berufspraxis (Fortsetzung)

MM/JJJJ–MM/JJJJ   Apparatebau ..., Regensburg
Vertriebsassistentin international
Schnittstelle zum Außendienst und zu den Kunden
Budget- und Absatzplanung
Planung/Organisation wichtiger Messeauftritte
Erfolg: hohe Kundenzufriedenheit/-bindung

Weiterbildung

MM/JJJJ–MM/JJJJ   Institut ..., München
Business Assistentin bsb-Schwerpunkt SAP
Berufsverband Sekretariat und Büromanagement

Studium

MM/JJJJ–MM/JJJJ   Ludwig-Maximilians-Universität, München
Bachelorstudium **Betriebswirtschaftslehre**
Auslandssemester; Paris Graduate School of Management
Bachelorthesis: Ansätze zur Vertriebsoptimierung
Abschluss: B. Sc. (Note: 1,3)

Ausland

MM/JJJJ–MM/JJJJ   Neuseeland und Australien
Work and Travel: Volunteer GoEco, Englisch lernen

Schule

MM/JJJJ–MM/JJJJ   Gymnasium ..., Augsburg
Abschluss: Abitur (Note: 1,6)

Hobbys

Städte- und Sprachreisen, Fitness, Gartenarbeit

Nürnberg, TT.MM.JJJJ   *Lea Scior*

Seite 2

Die Bewerbungs-
unterlagen

Lebenslauf

Rita Weiler

geb. am ... in Seattle | Staatsangehörigkeit: USA, Deutschland

Mustergasse 7 | 33333 Bad Arolsen | Telefon: 01234 56789 | E-Mail: Weilerrita@pro.de

Kauffrau im Einzelhandel (IHK)
Fachbereich Lebensmittel
Erfahrung in der Filialleitung
Betriebswirtschaftliche Kenntnisse (Personal- und Rechnungswesen)
Hohe Kunden- und Serviceorientierung

Berufserfahrung

Seit MM/JJJJ	Firma ... in ... **Filialleitung** Verantwortlich für Personal, Finanzen, Verkauf Aufbau eines neuen Marktes Umsatzsteigerung durch gezielte Werbeaktionen
MM/JJJJ–MM/JJJJ	Firma ... in ... **Stellvertretende Filialleitung** Unterstützung der Filialleitung Warenmanagement Disposition von Personal, Organisation Fortbildungen Erfolgreiche Einführung neuer POS-Terminals
MM/JJJJ–MM/JJJJ	Firma ... in ... **Einzelhandelskauffrau** Kompetente Kundenberatung Ansprechende Warenpräsentation

– Seite 1 –

Muster Lebenslauf »Filialleitung Lebensmitteleinzelhandel«

Lebenslauf von Rita Weiler

Berufserfahrung (Fortsetzung)

MM/JJJJ–MM/JJJJ Firma … in …
Verkäuferin
Beratung und Verkauf
Hohe Kundenzufriedenheit

Weiterbildung

MM/JJJJ–MM/JJJJ Industrie- und Handelskammer in …
Personalführung im Einzelhandel

MM/JJJJ–MM/JJJJ Industrie- und Handelskammer in …
Rechnungswesen im Einzelhandel

MM/JJJJ–MM/JJJJ Industrie- und Handelskammer in …
Warenpräsentation im Lebensmitteleinzelhandel

Ausbildung

MM/JJJJ–MM/JJJJ Firma … in …
Ausbildung zur Kauffrau im Einzelhandel
Abschluss: Kauffrau im Einzelhandel IHK (Note: …)

Schule

MM/JJJJ–MM/JJJJ Realschule … in …
Abschluss: Mittlere Reife (Note: …)

Ehrenamt

Seit MM/JJJJ Verein … in …
Tätigkeit

Bad Arolsen, TT.MM.JJJJ *Rita Weiler*

Die Bewerbungs-
unterlagen

Muster Lebenslauf »Krankenpflegerin«

Lebenslauf

Katharina Bernhard

Am Musterkanal 4, 00000 Lübbenau
Telefon: 01234 56789
E-Mail: Katharina-Bernhard@mustermail.de
Xing: www.xing.com/profile/Katharina_Bernhard

Kurzprofil: Wiedereinsteigerin Krankenpflege

- 4 Jahre Stationsleitung
- 2 Jahre Stationsschwester Neurologie
- 3 Jahre Stationsschwester Innere Medizin
- Erfahrung im Entlassmanagement
- **Gesundheits- und Krankenpflegerin (Krankenpflegeschule …)**

- Minijob bei mobilem Pflegedienst parallel zur Kindererziehung
- Teamfähigkeit
- Freude am Umgang mit Menschen
- Bereitschaft zu Nachtdiensten
- Offenheit und Lernbereitschaft für neue Methoden und IT

Berufliche Erfahrung

MM/JJJJ–MM/JJJJ   Sozialstation … in …
Minijob mobile Pflege
Pflegerische Versorgung von Patienten in deren häuslicher Umgebung (Umkreis ca. 30 km), Behandlungspflege in Absprache mit Ärzten

MM/JJJJ–MM/JJJJ   ABC-Klinik, Stadt
Stationsleitung Neurologie
Personaleinsatz- und Dienstplanung, Umsetzung der Hygiene-richtlinien und Unfallverhütungsvorschriften, Arbeits- und Verfahrensanweisungen, Durchführung stationsinterner Fortbildungen

Seite 1

Die Bewerbungs-
unterlagen

Muster Lebenslauf »Krankenpflegerin«

Lebenslauf Katharina Bernhard

Berufliche Erfahrung (Fortsetzung)

MM/JJJJ–MM/JJJJ   ABC-Hospital, Stadt
Stationsschwester Innere Medizin / Diabetologie
Grund- und Behandlungspflege
Vor- und Nachbereitung diagnostischer Eingriffe
Überwachung und Einstellung von Diabetes-
Patienten
Behandlung von Patienten mit Suchterkrankungen
Patientenindividuelle Pflegeplanung
Dokumentation und Evaluation mittels EDV

Weiterbildungen
MM/JJJJ   Palliativpflege
MM/JJJJ   Sucht im Alter
MM/JJJJ   Entlassmanagement

Ausbildung
MM/JJJJ–MM/JJJJ   Krankenpflegeschule am städtischen Krankenhaus,
Stadt
Ausbildung zur Krankenpflegerin

Schule
MM/JJJJ–MM/JJJJ   Realschule ABC in Stadt,
Abschluss: Mittlere Reife (Note: 2,5)

Engagement
Seit MM/JJJJ   Jugendleiterin im Musikverein …

Lübbenau, TT.MM.JJJJ   *Katharina Bernhard*

Seite 2

87

Onepager zu diesem Lebenslauf ↗ S. 101

Die Bewerbungs-
unterlagen

Muster Lebenslauf »Logopädin«

Lebenslauf

Annika Müller, Logopädin (B. Sc.)
Musterstraße 21
88888 Neu-Ulm
Tel.: +49 123 456789
E-Mail: a.mueller@musterweb.de

Geburtsdatum/-ort:	TT.MM.JJJJ, Memmingen
Staatsangehörigkeit:	deutsch
Familienstand:	verheiratet, zwei Kinder (15, 17 Jahre alt)

Das Wichtigste in Kürze
- Logopädin (B. Sc.) mit zweijähriger Berufspraxis
- zuvor rd. 14 Jahre Tätigkeit als gelernte Erzieherin in Kindergärten und Kitas
- Erfahrung in Diagnose und Therapie von Sprachstörungen bei Kindern und Jugendlichen
- Teamfähigkeit und Kommunikationsstärke

Berufliche Erfahrung als Logopädin

MM/JJJJ–MM/JJJJ   Tätigkeit als Logopädin
Gemeinschaftspraxis für Ergotherapie und Logopädie
Helble, Gehring & Mayer GbR

- Diagnose von Sprach- und Sprachentwicklungsstörungen
- Erarbeitung von Therapiekonzepten
- Behandlung von unterschiedlichsten Patientengruppen, rd. 50 % Kinder und Jugendliche
- enge Zusammenarbeit mit behandelnden Ärzten und Ergotherapeuten

Studium

MM/JJJJ–MM/JJJJ   Studium der Logopädie
Gesundheitsakademie Mannheim

- 4 Wochen Praktikum in der neurologischen Abteilung Neckar-Odenwald-Klinikum, Buchen
Arbeit mit Schlaganfallpatientinnen und -patienten
- 4 Wochen Praktikum im Behandlungszentrum Kinderpsychologie, Heidelberg
- Abschluss: Logopädin B. Sc., Note: 1,7

Die Bewerbungs-
unterlagen

Muster Lebenslauf »Logopädin«

Lebenslauf Annika Müller

Berufliche Erfahrung als Erzieherin

MM/JJJJ–MM/JJJJ   Pädagogische Fachkraft in Teilzeit (50 %)
Schulverein Allgäu e. V. (paritätischer Wohlfahrtsverband)

- Einsatz in verschiedenen Einrichtungen des südlichen Landkreises Memmingen
- Sprachförderung von Kleinkindern, Kindern im Kindergartenalter und Grundschulkindern
- Sprachförderung für Kinder mit Migrationshintergrund
- Gruppenstunden kultursensible Erziehung in Grundschulen
- Zusammenarbeit mit therapeutischen Einrichtungen

MM/JJJJ–MM/JJJJ   Elternzeit (ab MM/JJJJ Erzieherin in geringfügiger Beschäftigung, Jim-Knopf-Kindergarten Elchingen)

MM/JJJJ–MM/JJJJ   Erzieherin
Jim-Knopf-Kindergarten (kommunaler Kindergarten Elchingen)

- Betreuung und Förderung von Drei- bis Sechsjährigen
- sprachliche Begleitung täglicher Abläufe
- Planung von Festen und jahreszeitlichen Aktivitäten
- Öffentlichkeits- und Elternarbeit

Ausbildung

MM/JJJJ–MM/JJJJ   Praxisintegrierte Ausbildung zur Erzieherin
Janusz-Korczak-Berufsfachschule Memmingen
Abschluss: Staatlich anerkannte Erzieherin, Note 2,0

Schule

MM/JJJJ–MM/JJJJ   Realschule Memmingen, Mittlere Reife, Note: 2,1

Besondere Kenntnisse

MS Office (Word, Excel, PowerPoint): Grundkenntnisse
Großer Erste-Hilfe-Kurs, Rotes Kreuz: JJJJ und Auffrischung JJJJ
Sprachkurs für Flüchtlingshelfer(innen): JJJJ

Hobbys

Gitarrenspiel, Gesang, Gärtnern, Schreinern

Neu-Ulm, TT.MM.JJJJ

Annika Müller

– Seite 2 –

Anschreiben zu diesem Lebenslauf ↗ S. 113

Lebenslauf

Persönliche Daten

Name:	Robert Sablowski
Adresse:	Musterweg 23, 55555 Hamm
Tel.:	0123 456789
E-Mail:	robert.sablowski@mail.de
Geburtsdatum:	TT.MM.JJJJ
Geburtsort:	Essen
Familienstand:	verheiratet, drei Kinder
	(7, 9 und 12 Jahre alt)

Werdegang

MM/JJ bis MM/JJ **Stellvertretende Marktleitung**
Kammerer GmbH, Hamm
Lebensmittelmarkt mit 1200 m² Verkaufsfläche

- Organisation der Abläufe im Markt zusammen mit der Marktleitung bzw. eigenverantwortlich als Urlaubs- und Krankheitsvertretung
- Personalplanung (eigenverantwortlich)
- Anleitung und Betreuung von Mitarbeitern in Kundenberatung und Service
- bedarfsgerechte Bestellung und ansprechende Präsentation der Ware
- Abwicklung von Lieferantenreklamationen
- Führung von Auftrags- und Rechnungsbüchern in Zusammenarbeit mit der Marktleitung

MM/JJ bis MM/JJ **Familiäre Pflichten** während schwerer Erkrankung meiner Frau

MM/JJ bis MM/JJ **Trainee Verkaufsstellenleitung**
Möbelmarkt Seifried OHG, Witten

- bedarfsgerechte Einsatzplanung des Verkaufspersonals
- Warendisposition und -präsentation
- Kundenberatung und Verkaufsgespräche
- Erstellung von Kassenabrechnungen und -berichten, Rechnungskontrolle
- Abwicklung von Lieferantenreklamationen

Seite 1

Muster Lebenslauf »Marktleiter«

Lebenslauf Robert Sablowski

Werdegang (Fortsetzung)

MM/JJ bis MM/JJ   **Ausbildung** Einzelhandelskaufmann/Handelsfachwirt (IHK)
Duffner Drogeriemarkt GmbH, Mühlheim/Ruhr
Abschluss: Gut (87 von 100 Punkten)

MM/JJ bis MM/JJ   **Aushilfstätigkeit** Hol- und Bringdienst
Universitätsklinikum Essen

- Transport von Patienten in Bett oder Rollstuhl innerhalb der Klinik
- Ver- und Entsorgungsaufgaben
- Zuspruch für Menschen in schwierigen Situationen
- Fortbildungen „Erste Hilfe" und „Hygiene"

MM/JJ bis MM/JJ   **Work-&-Travel**-Aufenthalt in Neuseeland
Mitarbeit auf einer Schaffarm südlich von Auckland

MM/JJ bis MM/JJ   Helmholtz-Gymnasium Essen, Abschluss: Abitur (Note: 1,6)

MM/JJ bis MM/JJ   Gemeinschaftsgrundschule Nordviertel

Weitere Qualifikationen

Microsoft Excel: sehr gute Kenntnisse
XYZ-Warenwirtschafts- und -POS-Software: sehr gute Kenntnisse
Polnisch: Grundkenntnisse
Englisch: gut

Interessen und Hobbys

Tätigkeit als Jugendtrainer im Fußballverein (SV Hamm)
Kochen und Grillen

Hamm, TT.MM.JJJJ

Robert Sablowski

Seite 2

Anschreiben zu diesem Lebenslauf ↗ S. 114

Muster Lebenslauf »stellvertretender Teamleiter Qualitätsmanagement«

Lebenslauf

Persönliche Daten

Name:	Bülent Yildirim
Anschrift:	Musterstraße 15
	11111 Berlin
	Tel.: 0123 456789
	E-Mail: BYildirim@beispielnet.com
Geburtsdatum:	TT.MM.JJJJ
Geburtsort:	München
Staatsangehörigkeit:	deutsch
Familienstand:	ledig
angestrebte Position:	stellvertretender Teamleiter Qualitätsmanagement

Kurzprofil

– DGQ-Auditor nach ISO 19011
– prozessorientiertes Denken und Handeln
– sichere Vermittlung von QS-Anforderungen an Fachkräfte in der Produktion
– jahrelange Erfahrung mit der Vorbereitung, Durchführung und Nachbereitung von Audits
– Genauigkeit, Zielorientierung und präzise Arbeitsweise auch in Stresssituationen

Berufserfahrung

Seit MM/JJJJ   **Qualitätsmanagementbeauftragter Rofa GmbH, Berlin**
(Hersteller Schließsysteme und Alarmanlagen, 500 Mitarbeiter)

Tätigkeiten
– Prozessgestaltung QS-System nach ISO 9001:JJJJ
– Erstellung QS-Dokumentation (Verfahrensanweisungen, Auditpläne, Auditberichte)
– Vorbereitung und Durchführung in- und externer Audits
– regelmäßige Durchführung von QS-Schulungen für die Produktion

Erfolge
– Reduktion der Fehlerkosten um ca. 35 %
– Einführung eines Qualitätszirkels
– Erreichung eines stabilen Niveaus bei vorgegebenen Kennzahlen
– Wiedererlangung Zertifizierung nach ISO 9001:JJJJ

Seite 1

Muster Lebenslauf »stellvertretender Teamleiter Qualitätsmanagement«

MM/JJJJ–MM/JJJJ	**Mitarbeiter Qualitätsmanagement, Schnee & Brink AG, Pasing** (Hersteller von Personen- und Lastenaufzügen, 250 Mitarbeiter)

Tätigkeiten
– Bearbeitung und Dokumentation von Reklamationen
– Unterstützung bei internen und externen Audits
– Beratung der Produktion in Fragen der Qualitätssicherung
– selbstständige Bearbeitung von QS-Projekten und Teilprojekten

Erfolge
– Einführung Fehlermöglichkeits- und Einflussanalyse (FMEA)
– Rückgewinnung eines Key-Account-Kunden nach Reklamation
– Verbesserung Dokumentationsprozess in der Produktion

MM/JJJJ–MM/JJJJ	**Ausbildung zum Elektromechaniker, Schnee & Brink AG, Pasing** (Hersteller von Personen- und Lastenaufzügen, 250 Mitarbeiter) Abschlussnote: sehr gut Auszeichnung als Jahrgangsbester

Schulische Ausbildung

MM/JJJJ–MM/JJJJ	**Joseph-von-Fraunhofer-Realschule, München-Fürstenried** Abschlussnote Mittlere Reife: 2,6
MM/JJJJ–MM/JJJJ	**Grundschule an der Walliser Straße, München-Fürstenried**

Weiterbildungen (Auswahl)
DGQ-Auditor nach ISO 9001:JJJJ
DGQ-Prüfung zum Qualitätsmanager
FMEA (IHK)

Sprach- und EDV-Kenntnisse
Deutsch (sehr gut in Wort und Schrift)
Türkisch (Muttersprache)
Englisch (befriedigend)
MS Excel, Powerpoint, Outlook, Project und Access
CAQ-Systeme: ABC-Software, XYZ-Software

Berlin, TT.MM.JJJJ

Bülent Yildirim

Seite 2

93

Die Bewerbungs-
unterlagen

Anschreiben zu diesem Lebenslauf ↗ S. 128

Muster Lebenslauf »Hörakustiker-Meisterin«

Lebenslauf

Manuela Hüger
Musterstraße 25
99999 Erlangen
Tel.: 01234 56789
Mobil: 0123 456789
E-Mail: Manuela.Hueger@bspweb.de

Geburtsdatum/-ort:	TT.MM.JJJJ, Ingolstadt
Staatsangehörigkeit:	deutsch
Familienstand:	geschieden, zwei Kinder (13 +14)

Überblick
– Hörakustiker-Meisterin
– 15-jährige Berufserfahrung als Hörakustikerin
– Gutes Gespür für Kundinnen und Kunden jeden Alters (Kinder, Jugendliche, Ältere)
– Eigeninitiative und Kontaktfreude
– Große IT-Affinität

Aktuell
Seit MM/JJJJ	Vorbereitung Umzug ins Allgäu und Arbeitssuche

Meisterkurs Hörakustikerin
TT.MM.JJJJ	Meisterprüfung Handwerkskammer, Abschluss: 1,4
MM/JJJJ–MM/JJJJ	Meisterkurs Bildungszentrum BAK Landau berufsbegleitend, währenddessen weiterhin Mitarbeit bei Hörgeräte Forster, Ingolstadt

Berufliche Erfahrung als Hörakustikerin-Gesellin
MM/JJJJ–MM/JJJJ	Hörgeräte Forster, Ingolstadt

Tätigkeiten
– Intensive, nutzenorientierte, empathische Kundenberatung
– Ermittlung von Kundenwünschen und -bedürfnissen
– Individuelle Anpassung von Hörsystemen (Marken: ABC, XYZ)
– Betreuung von hörgeschädigten Kindern und Jugendlichen
– Reparaturen und Wartungen
– Erstellung von Kostenvoranschlägen und Abrechnungen

Erfolge/Projekte
– Organisation und Durchführung Schulprojekt „Ganz Ohr"
– Betreuung im Caritas-Seniorenheim St. Barbara, Ingolstadt

– Seite 1 –

Muster Lebenslauf »Hörakustiker-Meisterin«

Lebenslauf Manuela Hüger

Ausbildung Hörgeräteakustikerin
MM/JJJJ–MM/JJJJ   Hörgeräte Bastian GmbH & Co. KG, Eichstätt
Abschluss: 1,2

Tätigkeit in der Gastronomie
MM/JJJJ–MM/JJJJ   Restaurant und Hotel Hüger, Eichstätt
(Gastronomiebetrieb meines früheren Ehemannes)

Tätigkeiten
– Empfang und Zimmerservice
– Buchhaltung und Rechnungen

Schule
MM/JJJJ–MM/JJJJ   Dürer-Gymnasium, Nürnberg
Abitur, Note: 2,3
MM/JJJJ-MM/JJJJ   Willibald-Gymnasium, Eichstätt
MM/JJJJ–MM/JJJJ   Grundschule Pollenfeld

Besondere Qualifikationen
MS Office (sicherer Umgang mit Excel, Word und Outlook)

Hobbys/Freizeitbeschäftigungen
Digitale Fotografie
Kirchliches Engagement
Kassiererin DRK Ortsverein Erlangen

Erlangen, TT.MM.JJJJ

Manuela Hüger

– Seite 2 –

Anschreiben zu diesem Lebenslauf ↗ S. 115

Die Bewerbungs-
unterlagen

Muster Lebenslauf »Trainee Produktmarketing«

Lebenslauf

Persönliche Daten

Name:	Tom Uhlig
Adresse:	Musterweg 81, 00000 Dresden
Tel.:	0123 456789
E-Mail:	uhlig.tom@mustermail.com
Geburtsdatum:	TT.MM.JJJJ
Geburtsort:	Hamburg
Familienstand:	verheiratet

Beruflicher Werdegang

MM/JJJJ–MM/JJJJ **Bachelorstudium Betriebswirtschaftslehre**
Hochschule Mittweida
Thesis: Zielgruppenmarketing in der Automobilwirtschaft
Abschluss: Bachelor of Arts (B. A.), Note: 2,1

MM/JJJJ–MM/JJJJ **Verkäufer beim Bikerzentrum Bad Schandau**
• Individuelle Beratung und Verkauf von Motorrädern (neu und gebraucht), Biker-Zubehör und Ausrüstung
• Abschluss von Leasingverträgen
• Abwicklung von Finanzierungskäufen
• Waren- und Fahrzeugpräsentation
• Bewertung und Abnahme von Gebrauchtfahrzeugen
• Eingabe von Motorradangeboten auf Internetbörsen

MM/JJJJ–MM/JJJJ **Krankenhausaufenthalt, Reha + Genesung nach Autounfall**
• Arbeitsfähigkeit trotz schwerer Beinverletzungen wiedererlangt
• Beeinträchtigungen nur bei langem Stehen

MM/JJJJ–MM/JJJJ **Verkäufer beim Bikerzentrum Bad Schandau**
Tätigkeiten: sh. oben

Die Bewerbungs-
unterlagen

Muster Lebenslauf »Trainee Produktmarketing«

Lebenslauf von Tom Uhlig

MM/JJJJ–MM/JJJJ	**Ausbildung zum Automobilkaufmann, Autohaus Beck, Hamburg**
	IHK-Abschlussprüfung, Note: sehr gut (95 Punkte)
	Ausbildungsinhalte:
	• Wareneingang und Lagerhaltung
	• Kundenberatung und Verkauf
	• Neu- und Gebrauchtfahrzeugübergabe an Kunden
	• Reklamationsmanagement
	• Fahrzeugpräsentation in der Ausstellungshalle
MM/JJJJ–MM/JJJJ	**Berufliche Schule St. Pauli, Hamburg**
	Abschluss: Fachgebundene Hochschulreife, Note 2,3

Weitere Qualifikationen

Sprachkenntnisse: Deutsch (Muttersprache), Englisch (gut)
ERP-Anwendungen (ABC-, DEF- und GHI-Module)

Interessen und Hobbys

Motorsport
Mitglied Freiwillige Feuerwehr Dresden (Stadtteilfeuerwehr Neustadt)

Dresden, TT.MM.JJJJ

Tom Uhlig

– Seite 2 –

Anschreiben zu diesem Lebenslauf ⌐ S. 116

Die Bewerbungs-
unterlagen

DER ONEPAGER

Im englischsprachigen Raum ist das auf einer Seite zusammengefasste Profil, genannt Onepager oder auch Resume, schon lange üblich. Auch in Deutschland zeichnet sich ein Trend zu Kurzbewerbungen in Form von Onepagern ab. Besonders internationale Konzerne und Personaldienstleister schätzen Bewerberinnen und Bewerber, die das Wesentliche kurz, knapp und präzise auf den Punkt bringen.

Einen Onepager verwenden Sie zusammen mit dem Anschreiben und ausgewählten Nachweisen (das aktuelle Zwischenzeugnis und/oder das Arbeitszeugnis des letzten Arbeitgebers, das Abschlusszeugnis der höchsten Ausbildung oder des höchsten Studienabschlusses, ggf. ein relevantes Weiterbildungszertifikat) in digitaler Form (als eine zusammenhängende PDF-Datei mit einer Größe von maximal 1 MB) bei drei Gelegenheiten: für

- Initiativbewerbungen per E-Mail,
- E-Mail-Bewerbungen an Personaldienstleister und -dienstleisterinnen,
- E-Mail-Kurzbewerbungen auf Stellenanzeigen, wenn Sie dies vorher mit dem oder der Personalverantwortlichen telefonisch so vereinbart haben.

Außerdem können Sie Ihren Onepager (ohne Anschreiben und ohne Nachweise) in ausgedruckter Form für zwei weitere Anlässe nutzen, wenn Sie dafür ein gutes Papier (z. B. 90 Gramm Strukturpapier) verwenden:

- auf Jobmessen und Karriere-Events, wo Sie es Ihrem Ansprechpartner oder Ihrer Ansprechpartnerin nach einem Gespräch persönlich überreichen,
- bei geschäftlichen Treffen mit Kontakten aus Ihrem persönlichen Netzwerk, wo sie es v. a. jenen überreichen, die in Personalfragen Entscheidungsbefugnis oder zumindest ein Mitspracherecht haben.

Inhalt, Layout und Formalien

Die Inhalte eines Onepagers entsprechen weitgehend denen in der Kategorie *Kurzprofil* im Lebenslauf und enthalten darüber hinaus die Daten des beruflichen Werdegangs. Allerdings werden alle Daten nur in Schlagwörtern aufgeführt.

- Foto (in Deutschland, Österreich und der Schweiz) bzw. kein Foto (im englischsprachigen Ausland)
- Name und Kontaktdaten
- persönliches Statement – das ist ein Slogan, der Sie, Ihre Persönlichkeit bzw. das, wofür Sie im Beruf und im Leben stehen, widerspiegelt
- Qualifikation / höchster Abschluss
- relevante Weiterbildung(en)
- aktuelle Position/Branche
- Zahl der Berufsjahre/Berufsfelder
- Auszeichnungen/Erfolge
- IT-Kenntnisse
- Sprachkenntnisse
- besondere Schlüsselqualifikationen
- berufliche Stationen, chronologisch absteigend

Das Layout sollte übersichtlich, Schriften und Schriftgrößen durchgehend einheitlich sein. Wiederum gilt: Der oder die Personalverantwortliche will die Seite überfliegen und auf einen Blick die wichtigen Daten erkennen und erfassen. Dazu nötig sind eine klare Struktur, eine gut lesbare Schriftart (z. B. Arial oder Calibri) und Schriftgröße (11 bis 12 Punkt) und eine korrekte Rechtschreibung.

In der Gestaltung Ihres Onepagers sind Sie relativ frei. Grafische Elemente wie Farben oder Symbole sollten Sie allerdings, wenn überhaupt, nur sparsam verwenden. Ein Onepager wird nicht unterschrieben und enthält in der Regel auch keine persönlichen Daten (außer Ihrem Namen und Ihren Kontaktdaten). Selbst das Datum anzugeben, ist im Onepager nicht üblich.

Leon Spieckher
Experte für Projekt- und Prozessmanagement

Musterstraße 20, 4444 Lichtenberg
ÖSTERREICH
Mobil: 01234 56789
E-Mail: LSpieckher@mustermail.at

▸ **M. Sc. Betriebswirtschaft; MBA**

▸ Project Management Professional (PMP)
Six Sigma Black Belt (zertifiziert 2016)

▸ Aktuelle Position: Manager Programm
und Projekt Management International

▸ 9 Jahre Berufserfahrung im
internationalen Projekt- und
Prozessmanagement, erfahren in
Methoden der (agilen)
Softwareentwicklung, spezialisiert auf
Prozesse und Systeme für CRM,
Schnittstelle zwischen IT und
Fachbereichen

▸ Auszeichnung für hohe
Einsatzbereitschaft, Belastbarkeit,
Teamfähigkeit (2017)

▸ Professional Scrum Product Owner I
Professional Scrum Master I
ITIL v3 Foundation

▸ Deutsch: Muttersprache
Englisch: verhandlungssicher
Spanisch: fließend

▸ Sehr gute analytische Fähigkeiten
Moderation und Integration
Interkulturelle Kompetenz

Berufserfahrung

MM.JJJJ–heute	Arbeitgeber, Ort
	Manager Programm- und Projektmanagement international
	▸ Projektleiter „Agile Transformation IT-Organisation" unter Einbeziehung aller relevanten Fachbereiche
	▸ ...
MM.JJJJ-MM.JJJJ	Arbeitgeber, Ort
	Position
	▸ Verantwortung / wichtigste Aufgaben
	▸ ...
MM.JJJJ-MM.JJJJ	Arbeitgeber, Ort
	Position
	▸ Verantwortung / wichtigste Aufgaben
	▸ ...

100

Anschreiben zu diesem Onepager ↗ S. 118

Die Bewerbungs-
unterlagen

Muster Onepager »Krankenpflegerin«

Katharina Bernhard
examinierte Krankenpflegerin
„Pflege ist für mich nicht nur ein Beruf, sondern eine Berufung."

Am Musterkanal 4, 00000 Lübbenau
Telefon: 01234 56789
E-Mail: Katharina-Bernhard@mustermail.de
Xing: www.xing.com/profile/Katharina_Bernhard

Übersicht

▶ 4 Jahre Stationsleitung
▶ 2 Jahre Stationsschwester Neurologie
▶ 3 Jahre Stationsschwester Innere Medizin
▶ 5 Jahre mobiler Pflegedienst (Minijob)
▶ Gute Arbeitszeugnisse
▶ Wiedereinstieg nach Erziehungsurlaub

▶ Führungsqualitäten
▶ Teamfähigkeit
▶ Freude am Umgang mit Menschen
▶ Bereitschaft zu Nachtdiensten
▶ Lernbereitschaft (neue Methoden / IT)
▶ Weiterbildungen: Palliativpflege,
  Sucht im Alter, Entlassmanagement

Berufliche Erfahrung

MM/JJJJ–heute   Sozialstation XY, Ort
                 Minijob mobile Pflege
                 – Pflege von Patienten in häuslicher Umgebung
                 – Behandlungspflege in Absprache mit Ärzten

MM.JJJJ–MM.JJJJ Klinik ABC, Stadt
                 Stationsleitung Neurologie
                 – Verantwortung für 10 Mitarbeiter/-innen
                 – Personaleinsatzplanung
                 – Umsetzung Hygienerichtlinien und Unfallverhütungsvorschriften
                 – Durchführung stationsinterner Fortbildungen

MM.JJJJ–MM.JJJJ Klinik ABC, Stadt
                 Stationsschwester Innere Medizin / Diabetologie
                 – Grund- und Behandlungspflege
                 – Vor- und Nachbereitung diagnostischer Eingriffe
                 – Überwachung/Einstellung von Diabetes-Patienten
                 – Behandlung von Patienten mit Suchterkrankungen
                 – Pflegeplanung, Dokumentation und Evaluation mit EDV

Engagement

Seit MM.JJJJ   Jugendleiterin im Musikverein XY

Lebenslauf zu diesem Onepager ↗ S. 86/87

Die Bewerbungs-
unterlagen

Muster Onepager »Leiter Außendienst Süd«

Till Bethmann
Meine besonderen Stärken: beraten und verkaufen!

Musterstraße 44
77777 Stuttgart
Telefon: 0123 456789
E-Mail: Till-Bethmann@provider.de
LinkedIn: www.linkedin.com/in/Till-Bethmann

Aktuelle Position: Außendienst

- 5 Jahre Außendiensterfahrung
- 4 Jahre Verkaufserfahrung im Ladengeschäft
- 5 Jahre kfm. Sachbearbeitung Vertrieb
- Vertriebs- und Verkaufsschulungen
- Beraterschulungen
- Groß- u. Außenhandelskaufmann (IHK)

- **Mitarbeiter des Jahres 2017**
- MS Office (Excel, Word, PowerPoint)
- SAP (Vertrieb)
- Englisch: Grundkenntnisse
- Kontakt- und kommunikationsstark
- Beraten und verkaufen
- **Abschlusssicher im Verkauf**

Berufliche Erfahrung

MM.JJJJ–MM.JJJJ   Arbeitgeber, Ort
Außendienstmitarbeiter
Verantwortung / wichtigste Aufgaben

MM.JJJJ–MM.JJJJ   Arbeitgeber, Ort
Verkäufer
Verantwortung / wichtigste Aufgaben

MM.JJJJ–MM.JJJJ   Arbeitgeber, Ort
Kaufmännischer Sachbearbeiter Vertrieb
Verantwortung / wichtigste Aufgaben

Engagement

MM.JJJJ–heute   Improvisationstheater X, Ort
Improvisations-Theaterspieler mit regelmäßigen Auftritten

DAS ANSCHREIBEN

Einige Arbeitgeber haben schon Abschied genommen vom Anschreiben und dadurch den Bewerbungsweg vereinfacht. Das ist aber noch die Ausnahme und nicht die Regel. Bei den meisten Firmen gilt das Anschreiben nach wie vor als Pflichtbestandteil einer Bewerbung. Solange das so ist, so lange müssen Sie die wichtigsten Anforderungen an Anschreiben kennen:

- **Länge:** Mehr als eine Seite darf es auf keinen Fall sein! Arbeitgeber wollen keine ausschweifend langen Texte lesen; dazu haben sie keine Zeit. Sie wollen kurz und bündig darüber informiert werden, warum Sie ein Gewinn für ihre Firma, Organisation oder Einrichtung wären.
- **Layout:** Auf Übersichtlichkeit und eine klare Struktur kommt es an. Alles muss sowohl für Arbeitskräfte in der Personalabteilung als auch für Personalsoftware schnell zu erkennen und erfassen sein.
- **Inhalt:** Im Anschreiben beschreiben Sie Ihre Motivation, Ihre Persönlichkeit und möglicherweise wirklich besondere Fähigkeiten, die Sie für die Stelle mitbringen, den frühesten Eintrittstermin und Ihre Gehaltsvorstellungen (falls danach gefragt wird) – nicht aber Ihren Werdegang (der gehört in den Lebenslauf)!
- **Formalien:** Rechtschreibung. Achten Sie auch auf die korrekte Schreibung der Empfängeradresse und des Namens Ihres Ansprechpartners bzw. Ihrer Ansprechpartnerin.

Das Layout und die Formalien

Wie beim Lebenslauf und beim Onepager gilt auch beim Anschreiben: Weniger ist mehr. Überfordern Sie Ihr Gegenüber nicht mit langen unübersichtlichen Absätzen und zu langen Schilderungen der Vergangenheit. Denken Sie an die Zukunft. Was will der Arbeitgeber wissen? Worauf kommt es an bei der Stelle, auf die Sie sich bewerben? Welche Voraussetzungen bringen Sie dafür mit?

- Formulieren Sie kurze, prägnante Sätze und kurze Absätze von drei bis maximal fünf Zeilen. Das ganze Anschreiben muss auf eine Seite passen.

Die Bewerbungs-
unterlagen

● Gestalten Sie das Anschreiben in Briefform. Oben stehen Ihr Absender und die Adresse des Empfängers, der Ort und das Datum. In der Betreffzeile informieren Sie darüber, auf welche Stelle Sie sich bewerben – ggf. bringen Sie dort schon die Kennziffer der Stellenausschreibung unter. Dann folgt die Anrede – am besten sprechen Sie die in der Anzeige genannte Person persönlich an. Der eigentliche Brieftext enthält sechs Bausteine (↗ S. 107 ff.). An den Schluss setzen Sie die Grußformel »Mit freundlichen Grüßen« und Ihren Namen bzw. Ihre eingescannte Unterschrift. Sie müssen nicht extra darauf hinweisen, dass Sie den Lebenslauf und Ihre Zeugnisse mitschicken, das versteht sich bei einer Bewerbung von selbst.

Beachten Sie bei der Gestaltung Ihres Anschreibens die gängigen Standards der Briefgestaltung, z. B. zur Platzierung der Adressen, zu den Zeilenabständen und den Abständen des Textes vom Rand. Die wichtigsten Angaben, auch aus der DIN 5008, finden Sie im Duden (»Die deutsche Rechtschreibung«, Kapitel »Die Gestaltung von Geschäftsbriefen«). Es geht aber weniger um eine millimetergenaue Einhaltung der Vorgaben als vielmehr um ein insgesamt ansprechendes Erscheinungsbild. Der Empfänger oder die Empfängerin soll es leicht haben, die wichtigsten Daten und Informationen schnell zu erkennen und vollständig zu erfassen.

Der Inhalt

Wie formuliere ich den ersten Satz des Anschreibens? Darüber hat sich bei der Stellensuche wohl jeder schon einmal den Kopf zerbrochen. Und oft endet das Grübeln mit der Standardformulierung: »Hiermit bewerbe ich mich um …« oder »Sie suchen zum nächstmöglichen Zeitpunkt eine …« Damit heben Sie sich aber nicht von der Masse der Bewerbungen ab. Das tun Sie, indem Sie anfangs einen möglichst konkreten Bezug zum Empfänger Ihrer Bewerbung herstellen. Besonders leicht fällt Ihnen das, wenn Sie im Vorfeld schon mit der Personalabteilung telefoniert oder auf einem Karriere-Event mit einem Vertreter oder einer Vertreterin des potenziellen Arbeitgebers gesprochen haben. Dann können Sie sich für die Auskünfte bedanken (»Vielen

Dank für Ihre Auskünfte bei unserem gestrigen Telefonat«) oder auf das Treffen verweisen (»Ich habe mich sehr gefreut, Sie am Samstag bei der Karrieremesse XY getroffen zu haben. Danke, dass Sie so ausführlich auf meine Fragen eingegangen sind«).

Für das Anschreiben gilt: Jedes Anschreiben muss individuell auf den potenziellen Arbeitgeber zugeschnitten sein. Beim Lebenslauf und beim Onepager ändern Sie in der Regel nur einige Schlagwörter, indem Sie diese wortwörtlich auf die Schlagwörter des Arbeitgebers aus der jeweiligen Stellenanzeige abstimmen. Das Anschreiben wird hingegen für jede neue Bewerbung individuell passend für den jeweiligen Arbeitgeber formuliert. Bevor Sie sich auf eine Stellenanzeige bewerben, sollten Sie sich deshalb die folgenden Fragen beantworten:

- Wo, in welcher Branche und in welchem Unternehmen bewerbe ich mich auf welche Stelle?
- Was motiviert mich, mich genau auf diese Stelle bei diesem Arbeitgeber zu bewerben?
- Passe ich persönlich zur Branche, zum Unternehmen und zur angestrebten Stelle? Sind meine Werte und mein Charakter vereinbar mit dem, was der Arbeitgeber bietet?
- Warum will ich mich auf diese Stelle bewerben? Habe ich Lust auf die Branche, das Unternehmen, die beschriebenen Aufgaben?

Personalverantwortliche wollen aus Ihrem Anschreiben herauslesen, ob Sie zur Branche passen, ob Sie sich mit den wichtigsten Aspekten des Unternehmens identifizieren können und ob Sie sich voraussichtlich im Unternehmen wohlfühlen werden. Der beste Hinweis darauf ist ein Passus über die berufliche Vergangenheit in genau der Branche, in der Sie sich bewerben, oder zumindest eine sehr hohe Affinität zu ihr. Letzteres können Sie etwa durch persönliche Interessen, Hobbys und Freizeitaktivitäten nachweisen. Außerdem wollen Arbeitgeber wissen, ob Sie die gesuchten Fähigkeiten und Erfahrungen mitbringen, um den Anforderungen gerecht werden zu können.

Für die Antworten auf diese Fragen sollten Sie sich die Stellenanzeige ausdrucken und darin zunächst alle Eigenschaftswörter markieren. Sie verraten Ihnen, welcher Typ Arbeitnehmer gesucht wird. Dann markieren Sie alle Verben. Sie verraten Ihnen, welchen Anforderungen Sie gerecht werden müssen. Außerdem sollten Sie die Homepage des

Arbeitgebers studieren und sich darüber informieren, wie er sich selbst darstellt.

Ein wichtiger Tipp für den Erfolg Ihres Anschreibens: Richten Sie den Fokus auf die Zukunft – nicht auf die Vergangenheit! Was heißt das? Viele Bewerber wiederholen in Ihrem Anschreiben die beruflichen Stationen aus dem Lebenslauf. Das bringt nichts. Im Fokus eines Anschreibens muss – wie in einem Vorstellungsgespräch – der potenzielle Arbeitgeber mit den künftigen Herausforderungen der Branche und des Unternehmens stehen. Ein neuer Arbeitgeber ist an Ihren Erfahrungen nur dann interessiert, wenn diese in irgendeiner Form für ihn, für die ausgeschriebene Stelle wichtig sind.
Ihre aktuelle Karriereposition und Ihr aktuelles Gehaltsniveau sind zweitrangig. Ist im Anschreiben nur das Erreichte aufgeführt, zieht der potenzielle Arbeitgeber nur den Schluss, dass er Ihnen künftig mindestens das Gleiche bieten muss, weil Sie sich mutmaßlich mit der neuen Stelle nicht schlechter stellen wollen als mit der bisherigen. Dabei kann er noch nicht einschätzen, ob Sie bereit sind, dafür den gleichen oder noch mehr Einsatz zu zeigen und ob Sie die nötigen Fähigkeiten mitbringen.
Für den Empfänger oder die Empfängerin Ihrer Bewerbung ist v. a. interessant, welches Branchen-Know-how, welche Branchenerfahrungen Sie mitbringen und über welche persönlichen Eigenschaften und Schlüsselqualifikationen Sie verfügen. Das lässt Rückschlüsse darauf zu, ob Sie in Zukunft beim neuen Arbeitgeber mindestens genauso erfolgreich arbeiten werden, wie Sie es in der Vergangenheit getan haben.

Duzen oder siezen?
Wenn Sie regelmäßig Stellenanzeigen lesen, ist Ihnen sicher schon aufgefallen, dass viele Firmen dazu übergehen, ihre Ausschreibungen in Du-Form zu verfassen, z. B. »Du bist ein Profi im Onlinemarketing? Wir brauchen Dich!« Diese Ansprache wurde früher ausschließlich für die Anwerbung von Auszubildenden und Praktikanten, also jungen Leuten, verwendet. Seit ca. Mitte der 1990er-Jahre verwenden auch die hippen Internet-Start-ups das »Du«, um sich von den großen, traditionellen und vermeintlich starren Unternehmen abzusetzen.

Mittlerweile ist das »Du« auch bei diesen Arbeitgebern angekommen und viele Bewerberinnen und Bewerber fragen sich, wie sie darauf im Anschreiben und im Vorstellungsgespräch reagieren sollen. Müssen sie den Empfänger oder die Empfängerin im Anschreiben duzen, wenn das Unternehmen sie in der Stellenanzeige mit »Du« anspricht? Die Antwort ist eindeutig: Nein! Personalverantwortliche erwarten laut Umfragen keine Anschreiben in Du-Form, sondern die Einhaltung aller gängigen Höflichkeitsformen – auch wenn sie selbst in ihren Ausschreibungen duzen.

Für Ihr Anschreiben bedeutet das: Verwenden Sie die klassische Anrede »Sehr geehrter Herr Meier« und nicht etwa »Hallo, Stefan«. Doch keine Regel ohne Ausnahme: Wenn Sie unsicher sind und ganz gern zurückduzen wollen, dann schauen Sie auf der Unternehmenshomepage nach, was dort dazu gesagt wird. Bei jungen Start-ups ist das »Du« womöglich durchaus willkommen. Auch das schwedische Möbelhaus IKEA, das in den Stellenanzeigen duzt, schreibt beispielsweise: »Über ein neutrales ›Sehr geehrte Damen und Herren‹ freuen wir uns genauso wie über ein schwedisch unkompliziertes ›Hej, liebes IKEA-Team‹.« Wenn Sie im Vorstellungsgespräch geduzt werden, fragen Sie einfach direkt nach, ob die andere Seite ein »Du« oder ein »Sie« bevorzugt. Generell gilt: im Zweifel lieber siezen!

Die Bausteine des Anschreibens

Betrachten Sie Ihr Anschreiben als etwas, das Sie nach und nach erbauen können. Schreiben Sie Satz für Satz, achten Sie darauf, sich kurzzufassen. Und setzen Sie dazu sechs Bausteine ein:

Baustein 1 – der Einstieg: Wann immer möglich, sollten Sie eine persönliche Anrede dem unpersönlichen »Sehr geehrte Damen und Herren« vorziehen. Dazu müssen Sie ein wenig recherchieren oder zum Telefon greifen. Aber das lohnt sich. Ihr erster Satz lautet dann: »Sehr geehrte Frau …, haben Sie vielen Dank für das nette und informative Telefongespräch.« (statt »Sehr geehrte Damen und Herren, hiermit bewerbe ich mich auf …«). Das ist der erste Türöffner. Sollten Sie partout keinen Ansprechpartner herausfinden, können Sie immer noch einen Kunstgriff anwenden und das Recruiting-Team oder die Personalverantwortlichen anschreiben: »Sehr geehrtes Recruiting-Team, …« oder »Sehr geehrte Personalverantwortliche, …«. Dann steigen Sie am besten mit einem Anreißer in den eigentlichen Text Ihres Anschreibens ein, z. B. mit dem Leitspruch des Unternehmens, den Sie auf dessen Homepage gefunden haben, und der Aussage, dass Sie sich davon angesprochen fühlen, sich damit identifizieren können.

Baustein 2 – die Motivation für die Bewerbung: Machen Sie sich bewusst, was Sie an dieser Stelle und an diesem Arbeitgeber reizt. Überlegen Sie, was Sie an den Aufgaben besonders spannend finden, welche Probleme Sie lösen wollen und welche Lösungskompetenzen Sie dafür mitbringen. Und dann schreiben Sie z. B.: »Die Herausforderungen der agilen Transformation von IT-Prozessen in Ihrem Unternehmen reizen mich sehr …« oder »Mit meinem Engagement und meinen Fähigkeiten will ich einen Beitrag zur Lösung der digitalen Herausforderungen in der Telekommunikationsbranche leisten« oder »Als gelernte Erzieherin faszinieren mich besonders die Arbeit mit Kleinkindern und die damit einhergehenden Möglichkeiten der Frühförderung.«

Baustein 3 – der Nutzen für den Arbeitgeber: Hier führen Sie all das auf, was Sie zur Bewältigung der Herausforderungen auf der angestrebten Stelle mitbringen, also Ihre Branchenerfahrung, Ihre Qualifikation, Ihre besonderen Fähigkeiten und Ihre bisherigen Erfolge. Das kann dann so aussehen: »Um diese Herausforderungen zu meistern, bringe ich einen erfolgreichen Abschluss als Betriebswirt und MBA sowie fundiertes Branchen-Know-how mit. Durch meine Weiterbildung zum Professionellen Projektmanager (PMP) und Six Sigma Black Belt (zertifiziert 2016) sowie zahlreichen IT-Fortbildungen bin ich für diese spannende Aufgabe bestens gerüstet …«

Baustein 4 – die Persönlichkeit: Hier spielen die Adjektive eine Rolle, die Sie in den Stellenausschreibungen der Arbeitgeber gefunden haben. Welche der damit beschriebenen Eigenschaften treffen auf Sie zu? Sucht der Arbeitgeber z. B. einen »aufgeschlossenen und integrativen Mitarbeiter (m/w/d), der selbstständig und zuverlässig arbeitet und diplomatisches Geschick mitbringt«? Und Sie haben diese Eigenschaften? Dann könnten Ihre Formulierungen im Anschreiben z. B. wie folgt lauten: »Meine Chefs und Teamkollegen schätzen an mir meinen selbstständigen und zuverlässigen Arbeitsstil. Als Projektleiter gelingt es mir, durch mein diplomatisches Geschick und mein Fingerspitzengefühl sehr gut, abteilungsübergreifend unterschiedliche Interessen unter einen Hut zu bringen …«

Baustein 5 – der Eintrittstermin und die Gehaltsvorstellung: Geben Sie auf jeden Fall das Datum Ihres frühestmöglichen Einstiegs bzw. Ihre Kündigungsfrist an:»Meine Kündigungsfrist beträgt drei Monate zum Monatsende. Nach Absprache mit meinem Arbeitgeber kann ich Ihnen bei Bedarf auch früher zur Verfügung stehen.« Oder:»Da ich mich aktuell in einer beruflichen Veränderungssituation befinde, kann ich auch kurzfristig bei Ihnen anfangen.« Ihre Gehaltsvorstellungen platzieren Sie nur dann im Anschreiben, wenn dies in der Stellenanzeige gefordert wird. Sie geben in der Regel das Jahresbrutto- oder Monatsbruttogehalt an:»Meine Gehaltsvorstellungen orientieren sich an marktüblichen Gehältern und liegen bei rund xx xxx,xx € p. a.« Sie können auch eine Gehaltsspanne angeben:»Meine Gehaltsvorstellungen liegen zwischen xx xxx,xx € und xx xxx,xx € p. a. Besonders bei Bewerbungen über ein Onlineportal können Sie die Frage nach dem Gehalt nicht einfach unbeantwortet lassen. Bleibt das Eingabefeld in der Bewerbermaske leer, dürfte Ihre Bewerbung gleich automatisch aussortiert werden.

Baustein 6 – der Abschluss: Beenden Sie Ihr Anschreiben mit dem Angebot, für Rückfragen sowie für ein persönliches Gespräch gern zur Verfügung zu stehen. Zum Beispiel:»Habe ich Ihr Interesse geweckt? Für Rückfragen sowie für ein persönliches Gespräch stehe ich Ihnen gern zur Verfügung. Ich freue mich auf Ihre Antwort.« Und vergessen Sie zum Schluss die Grußformel »Mit freundlichen Grüßen« und Ihren Namen bzw. Ihren Unterschriftenscan nicht.

Die Bewerbungs-
unterlagen

 **Bewerbungstipps der Arbeitgeber**

Potenzielle Arbeitgeber haben bestimmte Vorstellungen, wie eine Bewerbung aussehen soll. Sie wollen alle wichtigen Daten erhalten und diese schnell erkennen, erfassen und verarbeiten. Viele Bewerberinnen und Bewerber werden diesen Vorstellungen nicht gerecht. Durch die schnelle Bewerbung per Mausklick lässt die Qualität von Bewerbungen leider oft genug zu wünschen übrig – so die Erfahrung vieler Unternehmen oder Organisationen. Zahlreiche Arbeitgeber sind deshalb dazu übergegangen, auf ihrer Homepage unter den Rubriken »Karriere« oder »Stellenangebote« Tipps zu geben, wie Bewerbungsunterlagen aussehen sollten. Suchen Sie unbedingt nach solchen Tipps, bevor Sie sich bei einem Arbeitgeber schnell mit einem Mausklick bewerben. Nicht dass Ihre Bewerbung ungelesen durch das elektronische Auswahlraster fällt.

Checkliste Anschreiben

- ○ Beschränkt sich das Anschreiben auf eine Seite?
- ○ Sind die Absätze nicht länger als fünf Zeilen?
- ○ Haben Sie kurze Sätze gebildet?
- ○ Sind Name und Adresse des Empfängers oder der Empfängerin korrekt geschrieben?
- ○ Ist die Rechtschreibung geprüft?
- ○ Sind alle Fakten erwähnt, die die Stellenausschreibung verlangt?
- ○ Sind inhaltsleere Phrasen vermieden?
- ○ Beginnen nur wenige Sätze mit »ich«?
- ○ Ist unter dem Schlussgruß der eigene Name bzw. der eigene Unterschriftenscan eingefügt?

Die Bewerbungs-unterlagen

Exkurs: Die Zukunft des Anschreibens

Mehr und mehr Arbeitgeber nehmen, um es Bewerberinnen und Bewerbern leichter zu machen, Abschied von dem Anspruch auf ein Anschreiben. Über viele Onlineportale reicht man nur noch den Lebenslauf und die Zeugnisse ein und trägt die eigenen Stammdaten (Vorname, Nachname, Geburtsdatum, Adresse, E-Mail-Adresse, Telefonnummer), die Kündigungsfrist, den frühesten Eintrittstermin und die Gehaltsvorstellungen ein. So erhalten Arbeitgeber alle Informationen für die Vorauswahl. Motivation und Persönlichkeit der Bewerberinnen und Bewerber werden ohnehin noch einmal im Vorstellungsgespräch geprüft.

Arbeitgeber setzen damit die Hürde gerade für Bewerberinnen und Bewerber in den schwer zu besetzenden Berufsfeldern herab, denn sie wissen, dass es den meisten Menschen schwerfällt, ihre Motivation und persönlichen Vorzüge in einem Anschreiben zu formulieren. Außerdem soll es schnell gehen, zumal sich immer mehr Menschen via App bewerben. Dank Alltagsbegleiter Smartphone sind alle wichtigen Dokumente wie Lebenslauf, Onepager und Zeugnisse jederzeit und von überall her abrufbar, wenn sie in einer Cloud gespeichert sind. Wundern Sie sich also nicht, wenn Sie bei einer Onlinebewerbung nirgends die Möglichkeit finden, ein Anschreiben einzugeben oder hochzuladen.

Die Bewerbungs-
unterlagen

Muster Anschreiben »Ausbildungsplatz«

Lisa Meißner
Am Musterturm 18, 33333 Tangermünde
Tel. (mobil): 0123 4567890, E-Mail: lisa.meissner@webnetz.net

Ferienpark Harz
Britta Winkler
Musterstraße 14
00000 Quedlinburg

TT.MM.JJJJ

Bewerbung für eine Ausbildung zur Kauffrau für Tourismus und Freizeit
Ihr Stellenangebot auf www.azubiyo.de

Sehr geehrte Frau Winkler,

danke, dass Sie sich auf der Kickstart-Jobmesse in Magdeburg am gestrigen Freitag so viel Zeit für mich genommen haben. Ihre Auskünfte haben mich bestärkt, mich bei Ihnen auf eine Azubistelle zu bewerben.

Ich bin 15 Jahre alt und in der zehnten Klasse der Hinrich Brunsberg Sekundarschule in Tangermünde, wo ich im Sommer meinen Realschulabschluss machen werde. Dass die Kaiserstadt Tangermünde bei Reisenden immer beliebter wird, hat mich schon früh in Kontakt mit der Tourismusbranche gebracht. Eine Tätigkeit als Kauffrau für Tourismus und Freizeit kann ich mir sehr gut vorstellen.

Während der Praxislerntage in Klasse 8 habe ich in einem Restaurant und in einem Hotel mitgearbeitet. Mir hat es gefallen, im Team für die Gäste da zu sein. In der Klasse 9 absolvierte ich ein zweiwöchiges Praktikum bei der Reederei „Fahrgastschifffahrt Alvensleben" und half sowohl im Fahrkartenverkauf als auch beim Bordservice aus.

Ich kann gut mit Menschen umgehen, bin organisationstark und teamorientiert. Außerdem spreche ich sehr gut Englisch und etwas Russisch. Über einen Ausbildungsplatz beim Ferienpark Harz würde ich mich – auch wegen der Aussicht auf eine spätere Übernahme – sehr freuen.

Habe ich Ihr Interesse geweckt? Dann laden Sie mich zum persönlichen Gespräch ein. Sehr gern stelle ich mich dort Ihren Fragen.

Mit freundlichen Grüßen

Lisa Meißner

Lebenslauf zu diesem Anschreiben ↗ S. 81

Muster Anschreiben »Logopädin«

Annika Müller
Musterstraße 21 · 88888 Neu-Ulm · Deutschland
Tel.: +49 123 456789 · Mobil: +49 123 4567890
E-Mail: a.mueller@musterweb.de

Therapiezentrum Oberschwaben GmbH
Frau Marie Hell
Musterstraße 25
77777 Biberach

TT.MM.JJJJ

Bewerbung als Logopädin – Kinder und Jugendpsychiatrie
Ihr Stellenangebot auf www.stepstone.de

Sehr geehrte Frau Hell,

vielen Dank für Ihre umfassenden telefonischen Auskünfte über die ausgeschriebene Stelle als Logopäde (m/w/d). Wie bereits geschildert, reizt mich diese Position sehr. Aus diesem Grund erhalten Sie von mir die angekündigten Bewerbungsunterlagen.

Ich bin Logopädin (B. Sc.) und arbeite derzeit in einer Praxis für Ergotherapie und Logopädie. Ich verfüge über fundierte Erfahrungen in Diagnose und Behandlung von Sprachstörungen bei Kindern und Jugendlichen. Mein Logopädie-Studium habe ich an der Gesundheitsakademie Mannheim absolviert.

Zuvor war ich fast 14 Jahre lang Erzieherin, zunächst mit einem festen Einsatzort, dann als Springerin für sonderpädagogische Aufgaben in verschiedenen Einrichtungen. Schon da gehörte die Sprachförderung (Kleinkinder und Kinder im Kindergartenalter) zu meinen Aufgaben.

Ich bin teamfähig und kommunikationsstark – durch meine langjährige Erfahrung als Erzieherin auch im Gespräch mit Eltern und behandelnden Ärzten. Meine Gehaltsvorstellungen liegen bei xx.xxxx € pro Jahr; ich könnte frühestens zum TT.MM.JJJJ bei Ihnen anfangen.

Über eine Einladung zum Vorstellungsgespräch würde ich mich sehr freuen.

Mit freundlichen Grüßen

Annika Müller

Lebenslauf zu diesem Anschreiben ↗ S. 88/89

Die Bewerbungsunterlagen

Muster Anschreiben »Marktleiter«

Robert Sablowski
Musterweg 23
55555 Hamm
Tel.: 0123 456789
robert.sablowski@mail.de

Kaufwelten GmbH
Herrn Steffen Brinkmann
Musterstraße 110
44444 Duisburg

Hamm, TT.MM.JJJJ

Bewerbung als Marktleiter am Standort Duisburg-Wehofen
Ausschreibung auf Ihrer Website

Sehr geehrter Herr Brinkmann,

auf der Kaufwelten-Website bin ich auf Ihre Stellenanzeige gestoßen. Gern möchte ich als Marktleiter am Standort Duisburg-Wehofen arbeiten. Jüngst habe ich mir diesen Markt angesehen. Mir gefallen die moderne Warenpräsentation und die Atmosphäre dort.

Seit meiner Ausbildung als Handelsfachwirt (IHK) bin ich im Einzelhandel tätig, zurzeit als stellvertretender Leiter eines Lebensmittelmarktes, was mir viel Spaß macht. Jetzt möchte ich mehr Verantwortung übernehmen. Ich bin sicher, als Marktleiter viel zum weiteren Erfolg Ihrer Supermarktkette beitragen zu können.

Ich bin engagiert, flexibel und ergreife gern die Initiative. Meine bisherigen Mitarbeiter schätzen mich für mein Organisations- und Problemlösungstalent und nehmen meine konstruktive Kritik an, etwa zum Umgang mit Kunden im Verkaufsgespräch oder zur Optimierung der Warenpräsentation. Auch unter starker Belastung behalte ich den Überblick und finde praxistaugliche, umsetzbare Lösungen.

Da ich mich aus ungekündigter Stellung bewerbe, bitte ich Sie, meine Bewerbung vertraulich zu behandeln. Ich könnte zum TT.MM.JJJJ bei Ihnen anfangen. Ich freue mich, wenn ich mich persönlich bei Ihnen vorstellen darf.

Mit freundlichen Grüßen

Robert Sablowski

Die Bewerbungs-
unterlagen

Lebenslauf zu diesem Anschreiben ↗ S. 90/91

Muster Anschreiben »Hörakustiker-Meisterin«

Manuela Hüger
Musterstraße 25
99999 Erlangen
Tel.: 01234 56789
Mobil: 0123 456789
E-Mail: Manuela.Hueger@bspweb.de

Hörgeräte Lechner
Herrn Peter Lechner
Beispielplatz 20
88888 Kempten

Erlangen, TT.MM.JJJJ

Bewerbung als Hörakustiker-Meisterin in Teilzeit (60 %)

Sehr geehrter Herr Lechner,

wie bereits telefonisch erwähnt, bin ich auf der Internetseite www.hoerakustik.net auf
Ihr Stellenangebot gestoßen. Ich freue mich sehr, dass eine Teilzeit-Anstellung bei Ihnen
möglich ist. Gerne bewerbe ich mich daher bei Ihnen.

Soeben habe ich den berufsbegleitenden Meisterkurs Hörakustiker mit der Note 1,4 absolviert. Wegen eines Umzugs aus familiären Gründen suche ich beruflich eine neue Wirkungs-
stätte im Allgäu. Erfahrungen habe ich vor allem mit Hörgeräten der Marken ABC, DEF und
GHI, ich bin aber gern bereit, mich auch in Ihre Marken JKL und MNO einzuarbeiten.

Mir macht es große Freude, auf die speziellen Bedürfnisse der zumeist älteren Kunden ein-
zugehen und mit Einfühlungsvermögen und Sachverstand auf sie zu reagieren, um ihnen die
gesellschaftliche Teilhabe wieder zu ermöglichen und Lebensqualität zurückzugeben. Auf
der anderen Seite gehörten auch Kinder zu meiner Klientel, bei denen eine möglichst frühe
optimale Versorgung für die Sprachentwicklung entscheidend ist.

Ich könnte zum TT.MM.JJJJ bei Ihnen anfangen. Über eine Einladung, mich bei Ihnen vorzustellen, freue ich mich sehr.

Mit freundlichen Grüßen ins Allgäu

Manuela Hüger

Lebenslauf zu diesem Anschreiben ↗ S. 94/95

Muster Anschreiben »Trainee Produktmarketing«

Tom Uhlig
Musterweg 81, 00000 Dresden
Tel.: 0123 456789, E-Mail: uhlig.tom@mustermail.com

RTC Automobiles SE
Recruiting-Abteilung
recruiting.germany@beispiel-rtc-group.com

TT.MM.JJJJ

**Bewerbung als Trainee on the Job Produktmarketing
Ihre Ausschreibung im Online-Stellenportal Indeed**

Sehr geehrte Damen und Herren,
liebes Recruiting-Team von RTC Automobiles,

für RTC-Automobile kann ich mich schon seit meiner Kindheit begeistern, und die von
Ihnen ausgeschriebene Trainee-Stelle im Produktmarketing passt perfekt zu meinen
Qualifikationen. Deshalb freue ich mich, wenn Sie meine Bewerbung berücksichtigen.

Ich bin 29 Jahre alt, studierter Betriebswirt (B.A.) und habe meine Thesis über das Zielgruppenmarketing in der Automobilwirtschaft verfasst. Außerdem verfüge ich über eine
Ausbildung zum Automobilkaufmann, die ich im Autohaus Beck in Hamburg absolviert und
mit der Bestnote „sehr gut" abgeschlossen habe. Ich bin kommunikationsstark,
dynamisch, erfolgsorientiert und spreche recht gut Englisch.

Praxiserfahrung im Vertrieb habe ich reichlich, denn insgesamt fünf Jahre lang war ich
Verkäufer im Bikerzentrum Bad Schandau. Da ging es, zugegeben, um Motorräder und nicht
um Sportwagen. Doch mein gutes Gespür für Marktchancen, Zielgruppen sowie On- und
Offline-Marketing resultiert aus dieser Tätigkeit.

Ich könnte sofort bei Ihnen anfangen, meine Gehaltsvorstellungen liegen bei xx.xxxx € p.a.
Wann darf ich mich bei Ihnen vorstellen? Ich freue mich auf Ihre Einladung.

Mit freundlichen Grüßen

Tom Uhlig

Lebenslauf zu diesem Anschreiben ↗ S. 96/97

Julia Sander
Musterstraße 17 | 66666 Rödermark
Mobil: 0123 456789 | E-Mail: Julia-Sander@provider.de

Schill & Freunde
Hanna Seiters
Musterallee 109
66666 Frankfurt

TT.MM.JJJJ

Bewerbung als Mediengestalterin/Kommunikationsdesignerin
Ihr Stellenangebot bei Stepstone

Sehr geehrte Frau Seiters,

vielen Dank, dass Sie meine Fragen zur ausgeschriebenen Stelle am Telefon so ausführlich
beantwortet haben. Das hat mich erst recht dazu motiviert, mich bei Ihnen zu bewerben,
zumal ich schon einige sehr ansprechende Flyer, Roll-ups und Internet-Auftritte aus Ihrer
Werbeagentur gesehen habe.

Als gelernte Mediengestalterin habe ich viel Erfahrung in der Produktion von Werbemitteln.
Ob Prospekte, Kataloge, Kurzfilme, Präsentationen oder Webauftritte: Hier waren nicht nur
meine gestalterischen Fähigkeiten gefragt, sondern auch meine Kommunikationsstärke.

Eine selbstständige, strukturierte Arbeitsweise, gutes Ausdrucksvermögen in Deutsch und
Englisch, Verantwortungsbewusstsein und hohe Belastbarkeit zeichnen mich aus. Jahrelang
war ich als Marketing-Verantwortliche tätig für ein Unternehmen der Medizintechnik.
Ich bin sicher, dass meine Kontakte in diese Branche hinein auch für Ihre Agentur bei der
Kundenakquise nützlich sein können.

Ich könnte die Stelle bei Ihnen zum TT.MM.JJJJ antreten und freue mich über die Gelegenheit, mich persönlich bei Ihnen vorzustellen.

Mit freundlichen Grüßen

Julia Sander

Leon Spieckher
Musterstraße 20, 4444 Lichtenberg
ÖSTERREICH
Mobil: 01234 56789
E-Mail: LSpieckher@mustermail.at

Signum Symbol GmbH
Laura Schweitzer
Musterallee 10
33333 Hannover

TT.MM.JJJJ

**Bewerbung als Programm- und Projektmanager international
Ihre Stellenausschreibung auf indeed.de**

Sehr geehrte Frau Schweitzer,

haben Sie vielen Dank für das nette und informative Telefongespräch mit Ihnen. Die Herausforderungen der agilen Transformation der IT-Prozesse in Ihrem Unternehmen reizen mich sehr. Mit meinem Engagement und meinen Fähigkeiten will ich einen Beitrag zur Lösung der digitalen Herausforderungen in der Telekommunikationsbranche leisten.

Für die beschriebenen Aufgaben bringe ich einen Abschluss als Betriebswirt und MBA sowie fundiertes Branchen-Know-how mit. Durch meine Weiterbildung zum Professionellen Projektmanager (PMP) und Six Sigma Black Belt (zertifiziert 2016) sowie zahlreichen IT-Fortbildungen (z. B. SAP, ITIL, SCRUM) bin ich für die ausgeschriebene Position bestens gerüstet.

Meine Chefs und Teamkollegen schätzen an mir meinen selbstständigen und zuverlässigen Arbeitsstil. Als Projetleiter gelingt es mir durch mein diplomatisches Geschick und mein Fingerspitzengefühl sehr gut, abteilungsübergreifend unterschiedliche Interessen unter einen Hut zu bringen und Projekte zum Erfolg zu führen. Dabei achte ich stets auf die Zeit, das Budget und die Qualität.

Aktuell arbeite ich als Projektmanager bei … Meine Kündigungsfrist beträgt drei Monate zum Monatsende. Meine Gehaltsvorstellungen orientieren sich am Marktüblichen und liegen bei rund xx.xxx,xx Euro pro Jahr.

Habe ich Ihr Interesse geweckt? Gern beantworte ich Ihre Fragen – telefonisch oder in einem Vorstellungsgespräch in Ihrem Haus. Ich freue mich, von Ihnen zu hören.

Mit freundlichen Grüßen

Leon Spieckher

Onepager zu diesem Anschreiben ↗ S. 100

Muster Anschreiben »Ausbildungsplatz«

Sina Wegner
Musterstraße 2 | 00000 Leipzig
Mobil: 01234 56789 | E-Mail: sina-wegner@provider.de

Pharma far AG
Sebastian Dittrich
Musterstraße 44
00000 Leipzig

TT.MM.JJJJ

**Bewerbung um einen Ausbildungsplatz zur Industriekauffrau
Ihre Stellenanzeige auf www.azubi.de**

Sehr geehrter Herr Dittrich,

vielen Dank, dass Sie sich auf der Messe Jobs for Future am TT.MM.JJJJ die Zeit für ein Gespräch mit mir genommen haben. Danach war mir klar, dass ich meine berufliche Ausbildung zur Industriekauffrau in Ihrem Unternehmen absolvieren will.

Zurzeit besuche ich noch die 10. Klasse der Realschule. Mein Notenschnitt liegt bei 2,4 und dieses Jahr werde ich die Mittlere Reife haben.

In einem dreiwöchigen Schülerpraktikum bei einer Pharmafirma habe ich einen ersten Einblick in das kaufmännische Arbeitsfeld erhalten. Besonders spannend war für mich, die unterschiedlichen Arbeitsabläufe im Zusammenhang mit der Distribution und Logistik kennenzulernen.

Ich habe gemerkt, dass es mir liegt, mit dem Computer zu arbeiten und meine guten Deutsch- und Englischkenntnisse einzusetzen. Außerdem kann ich mit Zahlen umgehen und sehr sorgfältig arbeiten. In meiner Freizeit spiele ich Volleyball im Verein und ich schaue gern englische Serien auf Netflix.

Ich freue mich auf Ihre Rückmeldung und auf ein persönliches Vorstellungsgespräch.

Mit freundlichen Grüßen

Sina Wegner

Sascha Fay
Musterstraße 32 | 22222 Hamburg
Telefon: 0123 456789 | E-Mail: Sascha-Fay@provider.de

ABC-Hospital
Moritz Platen
Musterallee 120
22222 Hamburg

TT.MM.JJJJ

Bewerbung als Krankenpfleger in Teilzeit (70 Prozent)
Ihre Stellenanzeige bei gesundheitsjobs.de

Sehr geehrter Herr Platen,

danke für Ihre hilfreichen Auskünfte am Telefon. Nachdem Sie klargestellt haben, dass auch die Bewerbung um eine Teilzeitstelle für Sie von Interesse ist, sende ich Ihnen gern meine Bewerbung. Von meinem Freiwilligen Sozialen Jahr beim Roten Kreuz her ist mir das ABC-Hospital vertraut – mir gefällt der zugleich herzliche und professionelle Umgang mit Patienten in Ihrem Hause sehr gut.

Zu meiner Person: Von MM.JJJJ bis MM.JJJJ absolvierte ich erfolgreich meine Ausbildung als Krankenpfleger im XYZ-Krankenhaus, Hamburg. Besonders gern habe ich dort in der Neurologiestation gearbeitet, wo ich 4 Jahre lang war. Danach arbeitete ich auf einer unfall-, viszeral- und allgemeinchirurgischen Station im gleichen Klinikum. In den vergangenen acht Monaten wurde ich verstärkt in der Notaufnahme eingesetzt.

Mir ist stets daran gelegen, professionell und motiviert zu arbeiten und auch in Stress-situationen mein Bestes zu geben. Der Umgang mit Menschen bereitet mir Freude, ich bin kontaktfreudig und finde auch zu verschlossenen Menschen schnell Zugang. Zu meinen Stärken zählen eine hohe Lernbereitschaft, Zuverlässigkeit, Konzentrationsfähigkeit und Ausdauer.

Ich könnte zum TT.MM.JJJJ bei Ihnen anfangen. Ich freue mich, wenn Sie mich zum Vorstellungsgespräch einladen.

Mit freundlichen Grüßen

Sascha Fay

Das Anschreiben bei Initiativbewerbungen

Haben Sie über einen Kontakt aus Ihrem persönlichen Netzwerk von einer Stelle erfahren, die demnächst frei wird? Wollen Sie sich bewerben, ohne dass es eine Stellenausschreibung gibt? Dann brauchen Sie ein Anschreiben für eine Initiativbewerbung. Vielleicht haben Sie auch bei Ihrer Recherche nach einem passenden Arbeitgeber in der Region ein Unternehmen gefunden, das auf der Homepage unter Rubriken wie »Karriere« oder »Stellenangebote« darauf hinweist, dass Initiativbewerbungen willkommen sind.

Womöglich haben Sie auch auf einer Jobmesse oder bei einer anderen Gelegenheit einen Kontakt zu einem interessanten Arbeitgeber aufgebaut und wollen das Eisen schmieden, solange es noch heiß ist. Es gibt viele gute Gelegenheiten, sich bei einem potenziellen Arbeitgeber auch ohne explizites Stellenangebot zu bewerben. Für alle diese Gelegenheiten brauchen Sie ein zündendes Anschreiben.

Mit dem Anschreiben Ihrer Initiativbewerbung müssen Sie es schaffen, die Tür ins Unternehmen zu öffnen. Da Arbeitgeber Initiativbewerbungen nicht erwarten, müssen Sie gleich mit den ersten Sätzen im Anschreiben deutlich machen, warum Sie sich bewerben und warum es sich für den Personalverantwortlichen lohnt, sich Ihre Bewerbungsunterlagen genauer anzuschauen.

Dazu sollten Sie sich im Vorfeld mit dem Unternehmen beschäftigen, damit Sie so genau wie eben möglich auf dessen Gegebenheiten eingehen können. Machen Sie außerdem deutlich, dass Ihre Bewerbung eine Initiativbewerbung ist, und geben Sie an, welche Position und welchen Arbeitsbereich Sie anstreben.

Ohne Stellenausschreibung fehlt Ihnen nicht nur die Position, auf die Sie sich bewerben, sondern es fehlt Ihnen auch eine Stellenanzeige, der Sie Schlagwörter entnehmen könnten. Dennoch muss der Betreff deutlich machen, welche Position, welche (Arbeits-)Bereiche Sie anstreben. Formulieren Sie den Betreff aus der Empfängerperspektive!

Initiativbewerbung

Erfahrene Krankenschwester für Ihre Kardiologie

Initiativbewerbung

Engagierter Wirtschaftsingenieur für den technischen Vertrieb

Initiativbewerbung

Freundliche Verkäuferin für Ihre Filiale in Bochum

Initiativbewerbung

Junger Betriebswirt als Trainee im Bereich Marketing und Sales

Wie das Anschreiben zu einer Bewerbung auf eine Stellenanzeige können Sie auch das Anschreiben zu einer Initiativbewerbung nach und nach mit Bausteinen (↗ S. 107 ff.) aufbauen:

Baustein 1 – der Einstieg: Mit den ersten Sätzen müssen Sie Ihr Gegenüber davon überzeugen, dass es sich lohnt weiterzulesen. Das schaffen Sie am leichtesten, wenn Sie einen Ansprechpartner oder eine Ansprechpartnerin namentlich anschreiben und dieser Person kurz erklären, warum Sie sich bei ihr initiativ bewerben. Wenn Sie den Empfängernamen nicht herausfinden können, dann beziehen Sie sich auf die Unternehmenshomepage und das Interesse des Unternehmens an Initiativbewerbungen. Wenn auch diese Möglichkeit nicht besteht, überlegen Sie sich, wodurch Ihnen die Firma aufgefallen ist, und nehmen Sie darauf Bezug.

Baustein 2 – die Motivation: Baustein 1 und Baustein 2 fallen bei einer Initiativbewerbung häufig zusammen. Erklären Sie, warum Sie in diesem Unternehmen, in dieser Branche arbeiten wollen. Um Ihr Interesse zu unterstreichen, können Sie etwas erwähnen, was Sie über den potenziellen Arbeitgeber wissen.

Baustein 3 – der Nutzen: Machen Sie den Nutzen deutlich, den der potenzielle Arbeitgeber hat, wenn er Sie einstellt. Da Sie nicht auf Schlagwörter aus einer Stellenanzeige zurückgreifen können, sollten Sie Schlagwörter einsetzen, die er auf seiner Homepage verwendet; evtl. auch Schlagwörter von Wettbewerbern oder ähnlichen Unternehmen. So können Sie die Qualifikationen, Fähigkeiten, Kenntnisse und Erfahrungen herausstellen, die offenbar gefragt sind.

Die Bewerbungs-
unterlagen

Baustein 4 – die Persönlichkeit: Auch für die Beschreibung Ihrer Persönlichkeit studieren Sie die Schlagwörter auf der Homepage des potenziellen Arbeitgebers. Wie stellt sich das Unternehmen selbst dar? Modern, innovativ, dynamisch, traditionell, als Familienbetrieb, als globaler Konzern? Nutzen Sie die Adjektive auf der Homepage und rücken Sie Ihre Persönlichkeit ins rechte Licht.

Baustein 5 – das Einstiegsdatum: Geben Sie an, ab wann Sie zur Verfügung stehen.

Baustein 6 – Gehalt: Anders als in einem Anschreiben für eine Bewerbung auf eine Stellenanzeige nennen Sie keine Gehaltsvorstellung; Sie wissen ja noch nicht, auf welcher Stelle Sie letztlich eingesetzt werden.

Bewerben Sie sich nicht auf gut Glück. Recherchieren Sie zunächst nach Arbeitgebern in Ihrer Region, die Initiativbewerbungen willkommen heißen. Fragen Sie in Ihrem persönlichen Netzwerk, wer von interessanten offenen Stellen weiß. Das können auch Stellen sein, die nicht sofort zu besetzen sind. Besuchen Sie Jobmessen und Karriere-Events und knüpfen Sie Kontakte zu potenziellen Arbeitgebern. Nutzen Sie geschäftliche Gelegenheiten, um Kontakte zu interessanten Unternehmen aufzunehmen. Vielleicht gibt es ja Branchentreffen, Vortragsveranstaltungen oder Messen, die Sie besuchen und bei denen Sie Kontakte knüpfen können, um sich ein Netzwerk aufzubauen. Informieren Sie sich eingehend über den potenziellen Arbeitgeber Ihrer Initiativbewerbung auf dessen Homepage. Mit den recherchierten Informationen und eventuell sogar mit einem persönlichen Kontakt ins Unternehmen sind Sie gut genug gerüstet, um einen zündenden Einstieg in Ihrem Anschreiben zu formulieren. Im besten Fall können Sie sich sogar an jemanden wenden, mit dem Sie schon persönlichen Kontakt hatten. Wenn Sie auch mit viel Mühe keinen Ansprechpartner bzw. keine Ansprechpartnerin aus der Personalabteilung finden können, dann schreiben Sie an das Recruiting-Team oder die Personalverantwortlichen.

Die Bewerbungs-
unterlagen

Beispielformulierungen

Sehr geehrter Herr Marschall,
vielen Dank für das freundliche Telefongespräch und Ihr Interesse
an meiner Initiativbewerbung. Als serviceorientierte, erfahrene
und engagierte Verkäuferin möchte ich sehr gern zum weiteren
Erfolg Ihrer Filiale in Bochum beitragen. …

Sehr geehrtes Recruiting-Team,
auf der Karrieremesse »Hands and Heads« habe ich ein spannendes Gespräch mit Frau … führen können. Das hat mich darin
bestärkt, mich initiativ bei Ihnen als tatkräftige Berufseinsteigerin
für ein Trainee-Programm im Bereich Marketing zu bewerben. …

Sehr geehrte Personalverantwortliche,
über Ihre Homepage habe ich erfahren, dass Sie an Initiativbewerbungen interessiert sind. Diese Chance nehme ich gern wahr, um
mich Ihnen vorzustellen. …

Initiativbewerbungen lohnen sich aber auch, wenn Sie keine persönlichen Kontakte zum potenziellen Arbeitgeber haben und auf dessen
Homepage auch keinen Hinweis finden, dass diese willkommen sind.

Beispielformulierung

Sehr geehrtes Recruiting-Team,
Ihr Unternehmen ist mir durch … (z. B. meine Berufspraxis als
Technischer Teamleiter in der Pharmaindustrie; meine Masterarbeit
im Bereich des Vertriebscontrollings; einen spannenden Artikel
über Ihr Unternehmen in der Tageszeitung; Ihre Homepage) als …
(z. B. Marktführer im Bereich XY; guter Ausbildungsbetrieb;
innovativer Anbieter von XY; hervorragender Arbeitgeber;
sozialverantwortliche Organisation) bekannt. Deshalb bewerbe
ich mich initiativ bei Ihnen. …

Die Bewerbungs-
unterlagen

Muster Anschreiben »Einkäufer«

Christian Lorenz
Musterstraße 12
77777 Calw
Mobil: 01234 56789
E-Mail: Christian-Lorenz@provider.de

Winter + Winter AG
Musterstraße 36
77777 Böblingen

TT.MM.JJJJ

Initiativbewerbung
Engagierter Betriebswirt B. Sc. als Einkäufer für Ihr Unternehmen

Sehr geehrte Personalverantwortliche,

über Ihre Homepage habe ich erfahren, dass Sie an Initiativbewerbungen interessiert sind. Diese Chance nehme ich gern wahr, um mich Ihnen vorzustellen.

Nach drei Jahren erfolgreicher Tätigkeit als Junior-Einkäufer für die ABC GmbH in Calw bin ich für den nächsten Karriereschritt bereit. Bei meiner Recherche ist mir Ihr Unternehmen aufgefallen. Ihr innovativer und nachhaltiger Ansatz der wiederverwertbaren Verpackung hat mich neugierig gemacht. Deshalb bewerbe ich mich initiativ bei Ihnen.

Als Bachelor der Betriebswirtschaft mit Schwerpunkt Einkauf und Controlling bringe ich Branchen-Know-how, Verhandlungserfahrung, sehr gute kommunikative Fähigkeiten in Deutsch und Englisch sowie fundierte SAP-(MM)-, MS-Office- und MS-Project-Kenntnisse mit. Mein Ziel ist es, mich mittelfristig vom operativen Einkauf in den Bereich des strategischen Einkaufs zu entwickeln.

Ich arbeite engagiert, selbstständig und termintreu. Meine Chefs und Kollegen, aber auch Lieferanten schätzen meine faire und zuverlässige Arbeitsweise. Mein Motto: „win-win-win-win – nachhaltiger Einkauf berücksichtigt die Bedürfnisse des eigenen Unternehmens, der Kunden, der Lieferanten und der Gesellschaft."

Ich bin in ungekündigter Anstellung und könnte Ihnen mit einem Vorlauf von zwei Monaten zur Verfügung stehen.

Habe ich Ihr Interesse geweckt? Ich freue mich auf Ihre Antwort und beantworte Ihre Fragen gern in einem persönlichen Gespräch.

Mit freundlichen Grüßen

Christian Lorenz

Muster Anschreiben »Verkäuferin«

Jessica Reibold
Musterstraße 14 | 55555 Bonn
Telefon: 0123 456789
E-Mail: Reiboldjessica@mustermail.de

Wohnwelten 3000
Fabian Fischer
Musterallee 161
44444 Bonn

TT.MM.JJJJ

Initiativbewerbung
Zuverlässige Verkäuferin für Ihre Filiale in Bochum

Sehr geehrter Herr Fischer,

vielen Dank für das freundliche Telefongespräch und für Ihr Interesse an meiner Initiativ-bewerbung. Als serviceorientierte, erfahrene und engagierte Verkäuferin möchte ich sehr gern zum weiteren Erfolg Ihrer Filiale in Bochum beitragen. Dazu bringe ich mit:

– eine erfolgreich abgeschlossene Ausbildung zur Kauffrau im Einzelhandel (IHK)
– Weiterbildungen in Warenpräsentation und Kundenkommunikation
– 19 Jahre Berufserfahrung als Verkäuferin im Lebensmitteleinzelhandel
– eine hohe Einsatzbereitschaft und viel Freude in der Beratung und im Verkauf

Ich lebe und arbeite noch in Bonn. Da mein Mann aber ab dem TT.MM.JJJJ seinen Arbeits-platz in Bochum haben wird, werden wir unseren Lebensmittelpunkt dahin verlagern. Des-halb kann ich zum TT.MM.JJJJ bei Ihnen anfangen.

Ich freue mich sehr auf Ihre Rückmeldung und kann jederzeit nach Bochum zu einem persönlichen Gespräch kommen, um mich bei Ihnen vorzustellen und Ihre Fragen zu beant-worten.

Mit freundlichen Grüßen

Jessica Reibold

Muster Anschreiben »Werkzeug-Konstrukteurin«

Johanna Erben
Musterstraße 18
99999 Gotha
Telefon: 0123 456789
E-Mail: Johanna-Erben@provider.de

Stixx AG
Ines Schütz
Musterallee 32
99999 Erfurt

TT.MM.JJJJ

Initiativbewerbung: Werkzeug-Konstrukteurin mit viel praktischer Erfahrung

Sehr geehrte Frau Schütz,

durch Ihren Mitarbeiter Sven Stöcker habe ich erfahren, dass bei Ihnen bald eine Stelle als Werkzeug-Konstrukteur neu zu besetzen ist. Da ich von Ihnen als Arbeitgeber nur Gutes gehört habe, bewerbe ich mich initiativ bei Ihnen.

Meine Weiterbildung zur Industriemeisterin Metall habe ich im MM/JJJJ beendet. Ich habe zwei Jahre Praxiserfahrung im Konstruieren von Stanz- und Biegewerkzeugen. Anspruchsvolle Lösungen für nicht ganz einfache technische Anfragen zu entwickeln, macht mir viel Spaß.

Mit den CAD- Programmen ... und ... kann ich umgehen, mit dem ebenfalls bei Ihnen eingesetzten Programm ... bin ich allerdings noch nicht vertraut. Da ich aber eine rasche Auffassungsgabe habe und zudem IT-affin bin, arbeite ich mich darin gern ein. Auch im Projektmanagement sowie der Kalkulation bringe ich schon einige Kenntnisse und Erfahrungen mit.

Termintreue und Qualität sind mir ebenso wichtig wie die Einhaltung der Kosten. Da ich kommunikationsstark und teamfähig bin, fällt es mir leicht, dies auch der Produktion zu vermitteln. Ich könnte zum TT.MM.JJJJ bei Ihnen anfangen.

Über die Möglichkeit, mich persönlich bei Ihnen vorzustellen, freue ich mich sehr.

Mit freundlichen Grüßen

Johanna Erben

Die Bewerbungs-
unterlagen

Muster Anschreiben »stellvertretender Teamleiter«

Bülent Yildirim, Musterstraße 15, 11111 Berlin
Tel.: 0123 456789, E-Mail: BYildirim@beispielnet.com

Hegoma Elektronik GmbH & Co. KG
Frau Anne-Sophie Grossmann
Musterallee 15
33333 Kassel

Berlin, TT.MM.JJJJ

Initiativbewerbung als stellvertretender Teamleiter Qualitätsmanagement

Sehr geehrte Frau Grossmann,

bei einem Vortrag bei der Deutschen Gesellschaft für Qualitätssicherung (DGQ) habe ich Ihren QS-Teamleiter, Jakob Reichelt, kennengelernt. Er empfahl mir, mich bei Ihnen auf die Position als sein Stellvertreter zu bewerben, die in Kürze neu zu besetzen sei. Daher erhalten Sie heute meine Initiativbewerbung.

Ich bin DGQ-geprüfter Qualitätsmanager und Auditor. Derzeit arbeite ich als QM-Beauftragter bei einem mittelständischen Aufzugbauer. Ursprünglich habe ich Elektromechaniker gelernt, aber seit zehn Jahren widme ich mich beruflich ganz dem Thema Qualität. So konnte ich für meinen Arbeitgeber die Fehlerkosten um 35 % senken und die Zertifizierung nach ISO 9001:JJJJ wiedererlangen.

Bestimmt fragen Sie sich, ob ich mich für die stellvertretende Teamleitung eigne. Im Beruf hatte ich noch keine Führungsverantwortung, aber privat: Sechs Jahre lang war ich Trainer der A-Jugend im FC Berlin-Spandau. Auch bei internen QS-Schulungen kann ich mich durchsetzen und auf die Teilnehmer eingehen.

Ein Umzug nach Kassel wäre kein Problem für mich. Gern stelle ich mich Ihnen persönlich vor. Ich würde mich freuen, bei dieser Gelegenheit auch Herrn Reichelt wiederzusehen.

Freundliche Grüße

Bülent Yildirim

Die Bewerbungs-
unterlagen

Lebenslauf zu diesem Anschreiben ↗ S. 92/93

DIE NACHWEISE

Ihre Nachweise, also die Schul-, Ausbildungs-, Hochschul-, Praktikums-, Weiterbildungs- und Arbeitszeugnisse sowie Referenzschreiben sind neben dem Lebenslauf für den potenziellen Arbeitgeber eine weitere wichtige Informationsquelle. Einerseits belegen sie die Angaben in Ihrem Lebenslauf. Andererseits erfährt ein Arbeitgeber in diesen Dokumenten aus der Sicht Ihrer ehemaligen Ausbilder, Lehrer, Chefs und Kollegen, wie Sie arbeiten, welche Qualifikationen, besonderen Fähigkeiten und Kenntnisse Sie auszeichnen und welche Aufgaben Sie mit welchen Erfolgen bearbeitet haben. Wählen Sie die passenden Nachweise aus, stellen Sie sie in plausibler Reihenfolge und in der geeigneten bzw. vom Arbeitgeber gewünschten digitalen Qualität zusammen. Für den Fall, dass Sie eine Papierbewerbung verschicken (sollen): Schicken Sie niemals mit Ihrer Bewerbung Originalzeugnisse mit! Niemand will sich damit belasten, niemand will die Sorge tragen, dass sie unbeschädigt bleiben, nicht verloren gehen und niemand will sie wieder zurückschicken. Fertigen Sie Kopien an und legen Sie diese bei. Sie brauchen für Ihre Nachweise in der Regel auch keine Beglaubigung mehr, es sei denn, ein potenzieller Arbeitgeber verlangt das ausdrücklich. Das ist jedoch fast nur noch bei bestimmten Stellen im öffentlichen Dienst der Fall.

Arbeitszeugnisse

In eine aussagekräftige Bewerbung auf eine Stellenanzeige gehören alle Ihre Arbeitszeugnisse – auch diejenigen mit einer schlechten Beurteilung. Lassen Sie auf keinen Fall ein vermeintlich schlechtes Arbeitszeugnis einfach weg. Personalverantwortliche schließen aus fehlenden Arbeitszeugnissen entweder auf schlechte Bewertungen oder auf falsche Angaben im Lebenslauf. Beides führt dazu, dass Sie nicht zu einem Vorstellungsgespräch eingeladen werden. Wenn Ihnen ein Arbeitszeugnis fehlt, weil Sie versäumt haben, eines anzufordern oder weil Arbeitszeugnisse in der Branche oder auch in dem Land, in dem Sie gearbeitet haben, unüblich waren, dann klären Sie das vor Ihrer Bewerbung am besten persönlich mit dem oder der zuständigen Personalverantwortlichen am Telefon. Sie können auch einen Hinweis

Die Bewerbungs-
unterlagen

in Ihrem Anschreiben formulieren, zum Bespiel: »Für meine Tätigkeit als X bei der Firma Y im Zeitraum [Datum–Datum] liegt mir leider kein Arbeitszeugnis vor. Auf Wunsch nenne ich Ihnen gern einen Ansprechpartner in diesem Unternehmen.«

Übrigens gleichen Personalverantwortliche bei interessanten Bewerberinnen und Bewerbern die Daten der Arbeitszeugnisse mit den Daten im Lebenslauf ab. Da jeweils Anfangs- und Enddatum einer Tätigkeit im Zeugnis genannt sind, fällt es auf, wenn jemand einige Monate dazuschummelt, etwa um längere Zeiten der Untätigkeit zu verstecken. Richten Sie sich im Lebenslauf also genau nach den Zeitangaben, die auch im Zeugnis stehen.

Wenn Sie länger bei einem einzigen Arbeitgeber tätig sind und sich aus ungekündigter Stellung bewerben wollen, dann haben Sie möglicherweise kein Arbeitszeugnis. Dann empfiehlt es sich, ein Zwischenzeugnis zu verlangen. Sie riskieren damit zwar, dass Ihr Arbeitgeber Ihre Wechselabsicht erahnt. Das kann aber auch gut sein – denn womöglich macht er sich auf Ihre Bitte hin Gedanken darüber, wie er Sie halten kann. Ein Zwischenzeugnis sollten Sie außerdem auf jeden Fall verlangen, wenn Sie

- einen neuen Vorgesetzten oder eine neue Vorgesetzte bekommen,
- innerhalb Ihres Unternehmens oder Ihrer Organisation die Position, die Abteilung oder den Standort wechseln,
- Ihre Tätigkeit beim Unternehmen für längere Zeit unterbrechen, etwa wegen Elternzeit, der Pflege naher Angehöriger oder eines Sabbatjahrs.

Tätigkeits- und Praktikumsnachweise

Tätigkeitsnachweise von Nebenjobs legen Sie Ihrer Bewerbung nur dann bei, wenn diese eine längere Phase der Erwerbslosigkeit in Ihrem Berufsfeld abdecken, wenn die Nachweise sehr gut zu Ihrem Bewerbungsziel passen und/oder wenn Sie jung sind und kaum Berufserfahrung haben. Das gleiche gilt für Praktikumsnachweise. Berufseinsteigerinnen und -einsteiger können Nachweise über Praktika beilegen, um erste Erfahrungen nachzuweisen. Später, im Laufe des Berufslebens, werden diese Praktikumsnachweise unwichtiger, es sei denn, sie

spiegeln besondere Erfahrungen wider, die für ein bestimmtes Bewerbungsziel wichtig sind.

Ausbildungs-, Studien- und Schulzeugnisse

Promotion, Magister, Diplom, Bachelor, Master, Techniker, Meister,
IHK- oder HWK-Abschluss, Berufsschulzeugnis, Ausbildungszeugnis
des Ausbildungsbetriebes – Nachweise über Ihre Berufs- und Studien-
abschlüsse gehören zu aussagekräftigen Bewerbungsunterlagen dazu.
Als Ausbildungsnachweise legen Sie sowohl das Ausbildungszeugnis
Ihres Ausbildungsbetriebs, das Abschlusszeugnis Ihrer Berufsschule als
auch die Urkunde der Industrie- und Handelskammer (IHK) bzw. der
Handwerkskammer (HWK) über den Berufsabschluss bei.
Haben Sie als Studienabsolventin oder -absolvent sowohl einen
Bachelor- als auch einen Masterabschluss, legen Sie sowohl die Ur-
kunde als auch die Zeugnisse beider Abschlüsse bei. Allerdings brau-
chen Sie das Bachelorzeugnis nur dann beizulegen, wenn der Masterstudiengang nicht auf dem Bachelorstudium aufbaute, Sie also einen
Master in einem anderen Fach haben. Folgen Bachelor- und Masterstudium fachlich zusammenhängend aufeinander (in einem konsekutiven Masterstudiengang), genügen Urkunde und Zeugnis des
Masterstudiums. Eine Ausnahme gilt nur, wenn Sie den potenziellen
Arbeitgeber darüber informieren möchten, dass Sie das Bachelorstudium an einer besonders angesehenen Universität absolviert
haben, dass Sie im Ausland studiert haben oder dass Sie besonders
gute Noten in einzelnen, für Ihr Bewerbungsziel wichtigen Fächern
erzielt haben.
Das Zeugnis über Ihren höchsten Schulabschluss legen Sie in Deutschland in der Regel noch bei. Es sei denn, Sie verfügen bereits über lange
Jahre Berufserfahrung oder einen Universitätsabschluss.
Schülerinnen und Schüler, die sich um einen Ausbildungsplatz bewerben, sollten das Zeugnis des vergangenen Schuljahres und, soweit
bereits vorhanden, auch das Halbjahreszeugnis des aktuellen Schuljahres beilegen.

Die Bewerbungs-
unterlagen

Weitere Nachweise

Außer Zeugnissen und Urkunden zählen auch Zertifikate von Weiterbildungen, Referenzschreiben, Auszeichnungen und, in manchen
Berufen, Arbeitsproben zu den Nachweisen – auch sie können Aufschluss geben über Ihre Qualifikation und über Ihre Persönlichkeit.

Zertifikate von Weiterbildungen

Weiterbildungszertifikate sind wichtig, um einem Arbeitgeber Ihre
Lernbereitschaft und Lernfähigkeit zu signalisieren. Achten Sie jedoch
darauf, dass Sie keine zu alten und keine unwichtigen Nachweise
beilegen. Das Zeugnis eines nebenberuflich absolvierten Studienabschlusses gehört immer in die Unterlagen, auch wenn er bereits
15 Jahre zurückliegt. Ebenso ist eine mehrmonatige IHK-Weiterbildung
z. B. zum Lohnbuchhalter ein wichtiges Dokument, das in die Unterlagen gehört, auch wenn der Abschluss schon zehn Jahre zurückliegt.
Ein Nachweis über eine Excel-Schulung von 2005 ist hingegen zu alt.
Das gilt ebenso für ein Zertifikat über einen Englisch-Kurs aus dem
Jahr 1999: Computerkenntnisse veralten schnell und Sprachkenntnisse
geraten im Laufe der Zeit wieder in Vergessenheit, wenn sie nicht
laufend angewendet werden. Besser ist es, Sie absolvieren aufs Neue
einen EDV- oder Sprachkurs und legen dann den aktuellen Nachweis
bei. Bei aufeinander aufbauenden Kursen legen Sie jeweils nur das
letzte Zertifikat bei.

Referenzschreiben

In englischsprachigen Ländern ist statt eines Arbeitszeugnisses ein
Referenzschreiben üblich. Auch in manchen Berufs- und Arbeitsfeldern
in Deutschland werden Referenzschreiben ausgestellt – die Empfehlung einer einzelnen Person, die Sie und Ihre Leistung kennt und
einschätzen kann. Im Unterschied zu einem Arbeitszeugnis kann ein
Referenzschreiben prinzipiell von jedem geschrieben werden. Achten
Sie darauf, dass Ihr Referenzgeber bzw. Ihre Referenzgeberin sich in
einer Position befindet, die eine Aussage über Sie zulässt, d. h. er bzw.
sie sollte eine höherrangige oder zumindest gleichgestellte Person
sein. Wenn eine schriftliche Referenz das Arbeitszeugnis ersetzt,
sollten Sie dieses Dokument auf jeden Fall Ihren Unterlagen beilegen.
Haben Sie zusätzlich zu einem Arbeitszeugnis ein Referenzschreiben

erhalten, dann legen Sie es nur dann bei, wenn es im Hinblick auf Ihr Bewerbungsziel aussagekräftig ist.

Auszeichnungen

Wurden Sie in Ihrer Freizeit, z. B. in einem Ehrenamt, ausgezeichnet? Haben Sie von einem Ihrer früheren Arbeitgeber eine Auszeichnung für besonders gute Leistung erhalten? Oder haben Sie vielleicht schon einmal den Berlin-Marathon gewonnen? Oder als Schülerin oder Schüler einen Preis beim Jugend-musiziert-Wettbewerb erhalten? Nachweise über besondere Leistungen in der Freizeit und der Arbeit können Sie Ihren Bewerbungsunterlagen beifügen. Denn solche kann nicht jede Bewerberin bzw. jeder Bewerber vorweisen. Preise und Auszeichnungen sagen etwas über Ihre Persönlichkeit aus. Legen Sie die Dokumente dazu Ihrer Bewerbung aber nur bei, wenn sie in einem Bezug zur angestrebten Tätigkeit stehen. So ist eine Auszeichnung als Handballtrainer sicher von Belang, wenn Sie sich auf eine Führungs-position bewerben. Streben Sie dagegen eine Tätigkeit als Kunden-dienstmonteur in einem Heizungsbetrieb an, bei der Sie meistens allein unterwegs sind, dann hat diese Auszeichnung keine Relevanz und Sie können sie weglassen.

Arbeitsproben

In einigen wenigen Berufsfeldern können Arbeitsproben wesentlich aussagekräftiger sein als alles andere, etwa im Journalismus oder im Design. Und dennoch sollten Sie Arbeitsproben nicht unaufgefordert mitschicken. Personalverantwortliche sind für Bewerbungen aus den verschiedensten Berufsbereichen zuständig und fachlich nicht qualifi-ziert, Arbeitsproben zu beurteilen (wohl aber, Preise und Auszeichnun-gen zu würdigen); das können nur die Fachabteilungen. Die aber werden in aller Regel erst in einem späteren Stadium des Bewerbungs-prozesses hinzugezogen.

Mit unverlangt eingesandten Arbeitsproben könnten Sie also die Personalverantwortlichen überstrapazieren, und die Fachleute dürften Sie damit gar nicht erst erreichen. Wenn Sie unsicher sind, sollten Sie in der Personalabteilung anrufen und fragen, ob Sie Arbeitsproben mitschicken sollen. Bei der Gelegenheit klären Sie auch, welche Daten-mengen und welche Dateiformate akzeptiert werden. An diese Vor-gaben müssen Sie sich halten!

Die Bewerbungs-unterlagen

Reihenfolge der Nachweise

In aller Regel ordnen Sie Ihre Nachweise umgekehrt chronologisch an. Das heißt: das Neueste zuerst. Arbeitgeber sind zunächst mehr an Ihrer Berufserfahrung interessiert – nachgewiesen durch ein aktuelles Zwischenzeugnis oder ein Arbeitszeugnis des letzten Arbeitgebers – als an Ihrem Schulabschluss, den Sie vielleicht vor 15, vor 20 oder vor 30 Jahren gemacht haben. Wählen Sie deshalb die Reihenfolge insgesamt so, dass die jüngsten Nachweise – auch innerhalb der jeweiligen Kategorien wie »Arbeitszeugnisse« – jeweils zuerst kommen:

- aktuelles Zwischenzeugnis
- sämtliche Arbeitszeugnisse in chronologisch absteigender Reihenfolge
- Referenzschreiben (soweit relevant und aussagekräftig; zeitlich der entsprechenden Berufstätigkeit zugeordnet, d. h. wenn Sie statt eines Arbeitszeugnisses oder zusätzlich dazu über ein Referenzschreiben verfügen, dann ordnen Sie dieses chronologisch zwischen den anderen Arbeitszeugnissen ein)
- Preise und Auszeichnungen (während der Berufstätigkeit)
- Preise und Auszeichnungen (während der Studienzeit)
- Promotionsurkunde
- Urkunde und Zeugnis über den Master-, Diplom- oder Magisterabschluss
- Urkunde und Zeugnis über den Bachelorabschluss (sofern relevant, d. h. sofern gefordert und auch, wenn Sie einen nicht konsekutiven Bachelor-Master-Studiengang absolviert haben)
- Preise und Auszeichnungen (während der Ausbildungszeit)
- Ausbildungsnachweis I: Ausbildungszeugnis des Ausbildungsbetriebes
- Ausbildungsnachweis II: Urkunde der IHK oder Handwerkskammer zum Berufsabschluss
- Ausbildungsnachweis III: Abschlusszeugnis der Berufsschule
- Zeugnis des höchsten Schulabschlusses
- alle relevanten Weiterbildungszertifikate in chronologisch absteigender Reihenfolge
- private Auszeichnungen (z. B. aus dem Sport oder Ehrenamt)
- Arbeitsproben (falls erwünscht)

Selbstverständlich gibt es auch Ausnahmen von dieser Regel. Wenn
Sie z. B. Ihren Beruf wechseln wollen, beispielsweise aus dem kauf-
männischen in den technischen Bereich und dafür nebenberuflich ein
technisches Studium absolviert haben, dann sollten Sie den entsprechenden Studienabschluss ganz oben an die erste Stelle setzen.
Vielleicht wollen Sie auch nach einer längeren Arbeitspause, z. B.
bedingt durch eine verlängerte Elternzeit, wieder ins Berufsleben
einsteigen und haben in Vorbereitung auf Ihren Wiedereinstieg eine
Weiterbildung absolviert. Auch dann sollten Sie den aktuellen Nachweis über diese Weiterbildung an erste Stelle setzen und nicht das
Arbeitszeugnis, das vielleicht schon fünf, sieben oder zehn Jahre alt ist.

Digitale Qualität der Nachweise

Bei einer digitalen Bewerbung reichen Sie die erforderlichen Nachweise
als gescannte Dokumente ein. Scannen Sie also Ihre Nachweise in der
oben aufgeführten Reihenfolge ein. Achten Sie dabei auf vier Dinge:

- **Qualität der Scans:** Alle Nachweise müssen digital und ausge-
druckt gut lesbar sein. Denn es kann durchaus sein, dass ein
Arbeitgeber sie ausdruckt.
- **Dateiformat der Scans:** Scannen Sie Ihre Nachweise als PDF ein
bzw. wandeln Sie Ihre Scans in ein PDF um, falls Ihr Scan ein
anderes Dateiformat hat.
- **Gesamt- oder Einzeldateien:** Bei Bewerbungen per E-Mail sollten
Sie alle Unterlagen einschließlich Anschreiben in einer einzigen
PDF-Datei zusammenstellen. Darin befinden sich dann, so wie
früher in einer Bewerbungsmappe aus Papier, Ihr Anschreiben, Ihr
Lebenslauf und alle Ihre Nachweise (in dieser Reihenfolge). Bewer-
ben Sie sich hingegen über ein Onlineportal oder ein E-Recruiting-
System, kann es sein, dass Sie an verschiedenen Stellen in der
Eingabemaske Einzeldateien hochladen müssen.
- **Dateigröße des Gesamtdokuments:** Je nachdem, wie viele Nach-
weise Sie mitschicken wollen, kann die Dateigröße Ihres PDFs
schnell das vom Arbeitgeber vorgegebene Limit überschreiten,
wenn es gleichzeitig von sehr guter Qualität sein soll. In diesem
Fall speichern Sie die Datei mit weniger dpi ab. Unterschreiten Sie
aber nicht die Grenze von 200 dpi!

Die Unterlagen digitalisieren

Das gängigste Dateiformat im Bewerbungsprozess ist das PDF. Die Abkürzung »PDF« steht für »Portable Document Format« und bedeutet übersetzt »übertragbares Dokumentenformat«. PDF-Dateien sind unabhängig vom Ausgabegerät mit entsprechender Software gut lesbar und werden auf verschiedenen Bildschirmen praktisch immer identisch dargestellt. Dokumente, die Sie mit einem Textverarbeitungsprogramm erstellen, können Sie direkt als PDF abspeichern, ebenso Dokumente, die Sie selbst einscannen. Für die Zusammenstellung mehrerer Dokumente in ein Gesamtdokument brauchen Sie PDF-Software. Die muss nicht teuer sein. Es gibt einfache, kostenlose Programme, z. B. »PDF-Creator« oder »Free PDF«. Machen Sie sich die Mühe und nutzen Sie diese Programme, es lohnt sich!

Falls Sie keine Möglichkeit haben, Ihre Unterlagen zu Hause oder bei Freunden allen Anforderungen entsprechend zu digitalisieren, können Sie auch die Dienste eines Copyshops nutzen. Nehmen Sie einen USB-Datenstick und alle Originalnachweise mit, und zwar so geordnet, dass die Reihenfolge der Reihenfolge in der späteren Datei entspricht. Geben Sie als erforderliche Auflösung 200 dpi an, als maximale Datenmenge 3 MB und als Dateiformat PDF. Copyshops verfügen über professionelle Software und können unglaublich viele Dokumente in ansprechender Qualität in vergleichsweise kleiner Dateigröße scannen.

Achten Sie genau auf die Wünsche des potenziellen Arbeitgebers – denn Sie wollen ja vermeiden, dass Ihre Bewerbung schon aus formalen Gründen aussortiert wird. Die von einem Arbeitgeber als Limit angegebene Dateigröße und das von ihm vorgegebene Dateiformat sind entscheidend. Sonst riskieren Sie, dass Ihre Bewerbung entweder gar nicht zu der oder zu dem Personalverantwortlichen durchkommt. Ist die Datei zu groß, verweigert womöglich der Server des Unternehmens den Empfang oder den Upload Ihrer Bewerbung. Es kann auch passieren, dass der oder die Personalverantwortliche Ihre Bewerbung zwar bekommt, aber nicht anschaut, weil sich das Dateiformat nicht öffnen lässt oder weil der Text beim Öffnen in kryptischen Zeichen erscheint. In der Regel geben Unternehmen auf ihrer Website alle wichtigen Anforderungen an eine digitale Bewerbung an. Wenn Sie keine Angaben finden und sich unsicher sind, welche Datenmenge

Die Bewerbungs-
unterlagen

möglich und welches Dateiformat erwünscht ist, dann sollten Sie in der Personalabteilung anrufen und danach fragen. Das ist in jedem Fall besser, als zu riskieren, dass Ihre Bewerbung gar nicht ankommt oder nicht gelesen werden kann.

Übrigens: Ein Anlagenverzeichnis, in dem Sie alle Nachweise auflisten, benötigen Sie nicht. Denken Sie immer daran: Ihre Unterlagen sollten nur so viele Informationen enthalten wie nötig. Nicht mehr.

Checkliste
Nachweise

- ○ Sind die wichtigsten Stationen des eigenen Werdegangs durch Nachweise dokumentiert? Schulabschlusszeugnis, Nachweis der Ausbildung oder des Studiums, Arbeitszeugnisse, ggf. Zwischenzeugnis des aktuellen Arbeitgebers sowie evtl. wichtige Nachweise über private Auszeichnungen?
- ○ Fehlt ein wichtiges Zeugnis? Ist dieser Umstand in einem Telefonat mit dem Personalverantwortlichen oder durch einen Hinweis im Anschreiben thematisiert?
- ○ Sind die Nachweise zu Nebenjobs, Praktika und Weiterbildungen auf diejenigen beschränkt, die für die Bewerbung wichtig sind?
- ○ Entsprechen Dateigröße und Dateiformat den Vorgaben des potenziellen Arbeitgebers?

Arbeitszeugnisse richtig interpretieren

Wie gut oder wie schlecht sind Ihre Arbeitszeugnisse? Lassen Sie sich von allzu wohlwollenden Formulierungen nicht blenden. Denn Arbeitgeber sind rechtlich zwar zur Wahrheit verpflichtet, zugleich aber auch zur wohlwollenden Beurteilung. Deshalb enthält die Zeugnissprache viele Formulierungen und sonstige Hinweise, die nur Insider richtig interpretieren können.

Die Bewerbungs-unterlagen

Ein vollständiges Arbeitszeugnis besteht aus vielen Bausteinen:

- der Überschrift (»Zeugnis«, »Arbeitszeugnis«, »Zwischenzeugnis« oder »Praktikumszeugnis«),
- dem Vor- und Nachnamen, Geburtsdatum und Geburtsort,
- den Angaben über Beginn und Ende der Tätigkeit,
- der genauen Berufsbezeichnung oder der Position,
- ggf. einer Beschreibung des Werdegangs im Unternehmen,
- einer Zusammenfassung der Aufgaben, Tätigkeiten und Verantwortungsbereiche,
- einer meist ausführlichen Beurteilung der Leistung, an deren Ende eine Art Note steht (allerdings in Zeugnissprache umschrieben),
- einer knappen Beurteilung des Verhaltens,
- einem (manchmal vage gehaltenen) Hinweis darüber, wie das Arbeitsverhältnis geendet hat (Fristablauf bei befristeter Stelle, Kündigung durch Arbeitnehmer, Kündigung durch Arbeitgeber, Aufhebungsvertrag),
- einer Schlussformel.

Im Abschnitt »Leistungsbeurteilung« finden Sie zunächst einen Passus zu Ihrer Leistungsbereitschaft (z. B. »motiviert«), Ihren Qualifikationen und Fähigkeiten, Ihrer Arbeitsweise (z. B. »zielstrebig«, »gründlich«, »schnell«), Ihren Arbeitserfolgen und Ihrer Führungskompetenz. Danach folgt eine abschließende Beurteilung nach einem Notenschema, das von 1 (sehr gut) bis 5 (mangelhaft) reicht, allerdings nicht in Zahlen angegeben, sondern in Zeugnissprache formuliert wird. Bei der Formulierung kommt es zum einen darauf an, ob eine zeitliche Komponente enthalten ist (das Wörtchen »stets« oder »jederzeit« stuft die Bewertung um eine Stufe hoch) und zum anderen, ob von »vollster«, von »voller« Zufriedenheit oder nur von Zufriedenheit die Rede ist. Auch wenn die Steigerungsform »vollst« sprachlich fragwürdig ist, so hat sie sich in der Zeugnissprache doch durchgesetzt als Zeichen einer sehr guten (mit dem Zusatz »**stets**«) oder guten Bewertung (ohne den Zusatz »stets«). Einschränkungen wie »im Großen und Ganzen«, »anfangs«, »teilweise«, »im Rahmen seiner/ihrer Möglichkeiten« oder »bemühte sich« zeugen von einer schlechten Bewertung.

BEURTEILUNG DES VERHALTENS IM ARBEITSZEUGNIS

Einstufung	Formulierung
Note 1	… arbeitete stets zu unserer vollsten Zufriedenheit. Seine/Ihre Leistungen waren jederzeit sehr gut.
Note 2	… arbeitete zu unserer vollsten Zufriedenheit. … arbeitete stets zu unserer vollen Zufriedenheit. … erledigte seine/ihre Aufgaben jederzeit zu unserer vollen Zufriedenheit.
Note 3	… arbeitete zu unserer vollen Zufriedenheit. … arbeitete stets zu unserer Zufriedenheit.
Note 4	… arbeitete zu unserer Zufriedenheit. … erledigte die ihm/ihr übertragenen Aufgaben zu unserer Zufriedenheit. Mit seinen/Ihren Leistungen waren wir zufrieden.
Note 5	… erledigte die ihm/ihr übertragenen Aufgaben im Großen und Ganzen zu unserer Zufriedenheit. … hat sich stets bemüht, die ihm/ihr übertragenen Aufgaben zu erfüllen.

Außer auf die Beurteilung der Leistung kommt es auch auf die des Verhaltens an. Hier gibt es nur »gut« oder »schlecht«. Die Standardformulierung bei einer guten Verhaltensbeurteilung lautet: »Sein/Ihr Verhalten gegenüber Vorgesetzten, Kollegen und Mitarbeitern war stets/jederzeit einwandfrei.« Drei Varianten können daraus eine schlechte Beurteilung machen: Entweder wird die Reihenfolge vertauscht (»Sein/Ihr Verhalten gegenüber Kollegen, Mitarbeitern und Vorgesetzten war einwandfrei.«) oder eine Gruppe weggelassen (»Sein Verhalten gegenüber Kollegen und Mitarbeitern war einwandfrei.«) oder sowohl das Wort »stets« als auch das Wort »jederzeit« fehlen. In allen drei Fällen ist das ein Hinweis darauf, dass das Verhalten gegenüber dem Chef oder der Chefin zu wünschen übrig ließ.

Eine gewisse Aussagekraft hat die Schlussformel. Je ausführlicher sie ist, desto größer die Wertschätzung. Die ideale Schlussformel ist dreiteilig und enthält einen Dank für die Mitarbeit, einen Ausdruck des Bedauerns über das Ausscheiden und die besten Wünsche für die berufliche und persönliche Zukunft.

139

Die Bewerbungs-unterlagen

Der Bewerbungs-prozess

Wann lohnt sich ein Telefonanruf?

Welche Unterschiede gibt es zwischen einer Bewerbung per E-Mail und einer Bewerbung per Onlineformular? Auf welchem Weg bewerbe ich mich initiativ am besten? Welche Rolle spielt die Papierbewerbung noch? Antworten auf diese und auf viele weitere Fragen finden Sie in diesem Kapitel.

Jetzt ist es so weit. Ihre Bewerbungsunterlagen sind fertig oder doch zumindest so gut wie fertig. Jetzt treten Sie zum ersten Mal mit Ihrem potenziellen Arbeitgeber in Kontakt. Entweder indem Sie Ihre Bewerbung versenden oder indem Sie zuvor noch wichtige offene Fragen in einem Telefonat klären.

DER ERSTE KONTAKT

Ob Sie sich als Krankenschwester bei der Caritas, als Projektingenieur bei Audi, als kaufmännischer Sachbearbeiter beim regionalen Energiedienstleister oder als Verkäuferin im Reformhaus bewerben, der erste Kontakt wird heute in über 90 Prozent der Bewerbungen digital hergestellt. Die Bewerbung per E-Mail oder Onlineformular ist Standard. Aber auch dieser Standard unterliegt ständiger Veränderung. Als Bewerber oder Bewerberin müssen Sie auf dem neuesten Stand sein.

Anrufen – oder nicht?

Sie haben Fragen im Vorfeld Ihrer Bewerbung? Sie sind sich unsicher, welcher Bewerbungsweg der richtige ist? Ob die Stellenausschreibung noch aktuell ist? Wie viel Megabyte (MB) das PDF für die E-Mail-Bewerbung haben darf? Viele Arbeitgeber veröffentlichen die Telefonnummer des zuständigen Ansprechpartners oder der zuständigen Ansprechpartnerin in ihren Stellenanzeigen oder auf den Karriereseiten ihrer Website. Sie bieten damit die Möglichkeit, erste Fragen vor einer Bewerbung telefonisch zu klären. Aber nur wenige Bewerberinnen und Bewerber nutzen diese Chance, um mit dem Arbeitgeber in einen ersten persönlichen Kontakt zu treten. Dabei kann ein telefonischer Erstkontakt für den Bewerbungserfolg entscheidend sein.

In einem ersten Telefongespräch geht es nicht nur um Ihre Fragen, sondern auch darum, einen ersten persönlichen Kontakt zu einem potenziellen Arbeitgeber herzustellen und durch einen guten Eindruck die Tür zum Unternehmen zu öffnen. Viele Arbeitgeber, besonders kleine und mittelständische Unternehmen, bauen diese erste telefonische Kontaktmöglichkeit sogar bewusst als Auswahlfilter ein: Wer

schon im ersten Telefonat eine schlechte Figur macht, braucht sich gar
nicht erst noch schriftlich zu bewerben – und spart den Personalverantwortlichen die spätere Mühe mit den Bewerbungsunterlagen.
Aber: Nur etwa zehn Prozent aller Bewerberinnen und Bewerber rufen
im Vorfeld der Bewerbung tatsächlich beim potenziellen Arbeitgeber
an. Ihre Bewerbungen werden aber in der Regel zuerst angeschaut. Ein
persönlicher Telefonkontakt schafft Vertrauen und Vertrauen schafft
Sicherheit – beim zuständigen Personaler bzw. der zuständigen Personalerin ebenso wie und bei den Bewerberinnen und Bewerbern selbst.
Sie können offene Fragen klären und sich entsprechend den Anforderungen des potenziellen Arbeitgebers bewerben. Umgekehrt kennt
ein potenzieller Arbeitgeber nach einem Telefonat schon den Namen
der Bewerberin bzw. des Bewerbers, und er erwartet deren bzw.
dessen Bewerbung.

Gerade in Berufsfeldern, in denen es mehr Bewerberinnen und Bewerber als offene Stellen gibt, werden Bewerbungen sehr strikt nach den
vorgegebenen Kriterien aussortiert – entweder von Mitarbeiterinnen
bzw. Mitarbeitern der Personalabteilung oder mittels einer Personalsoftware. Diese strikte Vorauswahl können Sie nur umgehen, indem
Sie persönlich mit dem oder der zuständigen Personalverantwortlichen telefonieren und diese Person davon überzeugen, dass es sich
lohnt, Sie kennenzulernen – obwohl Sie vielleicht eine bestimmte
Voraussetzung nicht erfüllen. Wer seine Bewerbung auf gut Glück per
E-Mail versendet oder auf ein Onlineportal hochlädt, läuft Gefahr, dem
schematisierten Abgleich von Stellenkriterien und Bewerberkriterien
zum Opfer zu fallen.
Ein Anruf hat aber noch einen weiteren, psychologischen Vorteil:
Danach fällt es Ihnen sehr viel leichter, Ihr Anschreiben zu formulieren.

Beispielformulierungen

> Sehr geehrte Frau Mauer,
> haben Sie vielen Dank für das nette und informative Telefonge-
> spräch und für Ihr Interesse an meinen Bewerbungsunterlagen …

> Sehr geehrter Herr Huber,
> danke für das informative und angenehme Gespräch am Telefon.
> Wie vereinbart sende ich Ihnen meine Unterlagen …

Der Bewerbungs-
prozess

Sehr geehrte Frau Nehr,
zunächst vielen Dank an Herrn Maier für das freundliche und
informative Telefonat. Ich kann mir gut vorstellen, meine Erfahrungen und Fähigkeiten im Kundenkontakt und in der Administration
im Vertriebsinnendienst gewinnbringend für Sie einzusetzen …

Die meisten Stellenausschreibungen werfen Fragen auf, schon allein
deshalb, weil es die absolute Ausnahme ist, wenn eine Bewerberin
oder ein Bewerber alle, wirklich alle Punkte einer Ausschreibung
erfüllen kann. Angefangen beim »frühestmöglichen Eintrittstermin«
über die beschriebenen Aufgaben, die geforderten Qualifikationen,
Erfahrungen und persönlichen Eigenschaften bis hin zu den Anforderungen an die Bewerbungsunterlagen und den Bewerbungsweg:
Es gibt immer Punkte, die Sie besser vor einer Bewerbung klären,
bevor Sie sich unnötige Arbeit machen und beim Empfänger oder
der Empfängerin Ihrer Bewerbung unnötigen Aufwand verursachen.
Doch wann sollten Sie sich aufgefordert fühlen anzurufen und wann
sollten Sie besser nicht anrufen? Die Antwort gibt die Stellenanzeige:
Wenn ein Arbeitgeber darauf hinweist, dass Fragen im Vorfeld einer
Bewerbung gern beantwortet werden, sollten Sie Mut fassen, sich
Fragen für den telefonischen Erstkontakt überlegen und beherzt
anrufen.

Beispielformulierungen

Sie haben Fragen zum Bewerbungsprozess?
Nicole Nehr (Personalabteilung) +49 1234 5678910

Sie haben fachliche Fragen zum Job?
Markus Maier (Fachabteilung) +49 1234 5678911

Fragen werden gern unter +49 1234 5678912 beantwortet.

Für Ihre Fragen stehen Ihnen Herr Gerber, Pflegerischer Stations-
leiter der Tagesklinik ABC West (Tel.: 234 56789101), und Frau Ast,
Pflegedienstleiterin der ABC West (Tel.: 234 56789102), gern zur
Verfügung.

Der Bewerbungs-
prozess

Rufen Sie auch dann an, wenn der Arbeitgeber in seiner Stellenausschreibung zwar nicht explizit darauf hinweist, für Fragen im Vorfeld
zur Verfügung zu stehen, wenn er jedoch den Namen eines Ansprechpartners oder einer Ansprechpartnerin und die zugehörige Telefonnummer nennt.

Beispielformulierungen

Haben wir Ihr Interesse geweckt? Dann senden Sie Ihre aussagekräftige Bewerbung mit Gehaltsvorstellung an Frau Anja Kalb,
Personalabteilung (bei Bewerbungen per E-Mail bitte ausschließlich PDF-Dateianhänge verwenden).
E-Mail: anja.kalb(at)xyz-firma.de, Fon: 234 56789103;
www.xyz-firma.de.

Falls die Stellenanzeige keine Angaben zu Ansprechpartnerin oder
Ansprechpartner und keine Telefondurchwahl enthält, heißt das noch
nicht, dass der Arbeitgeber keine Anrufe wünscht. Besonders dann,
wenn Sie eine wichtige Frage zu Ihrer Bewerbung haben, sollten Sie
auf der Homepage des Unternehmens unter »Jobs und Karriere« oder
bei kleineren Firmen, deren Geschäftsführer die Personalauswahl
selbst übernehmen, im Impressum nachschauen, ob Sie dort die
Durchwahl herausfinden. Das ist häufig der Fall. Viele Arbeitgeber
veröffentlichen Ansprechpartnerinnen bzw. Ansprechpartner und Telefonnummern aus der Personalabteilung auf ihrer Website. Das können
Sie getrost als Zeichen werten, dass Anrufe zumindest nicht uner-
wünscht sind.

Es gibt aber auch Arbeitgeber, die im Vorfeld einer Bewerbung tatsächlich keine Anrufe wünschen, und das sollten Sie auch respek-
tieren. Meist sind es große Unternehmen, Konzerne der Automobil-,
Pharma- oder Nahrungsmittelindustrie (z. B. Daimler, Roche, Nestlé).
Sie erhalten über ihre Onlineportale viele Tausende Bewerbungen und
geben keine Telefonnummern der Personalabteilung heraus. Denn
selbstverständlich ist es ein Unterschied, ob zehn Prozent von 30 Bewerbern und Bewerberinnen auf eine Verkäuferstelle in einer Boutique
um die Ecke oder zehn Prozent von 3500 Bewerbungen auf eine Stelle
im Kundenservice bei Daimler anrufen.

Der Bewerbungs-
prozess

Das Telefonat: die Vorbereitung

Viele Bewerberinnen und Bewerber fühlen sich vor und während eines telefonischen Erstkontakts mit einem potenziellen Arbeitgeber unsicher. Das ist menschlich. Gerade deshalb ist es wichtig, den Anruf gut vorzubereiten und einige Dinge dabei zu beachten.

- Ihr Anruf sollte dem Arbeitgeber einen Nutzen bieten, der die Arbeit, die er verursacht, mehr als ausgleicht.
- Deshalb sollten Sie keine Fragen stellen, die Sie sich mit ein wenig Recherche selbst hätten beantworten können.
- Außerdem sollten Sie dem Arbeitgeber sehr prägnant sagen können, warum es sich für ihn lohnt, Sie kennenzulernen.

Ohne Vorbereitung geht es nicht. Studieren Sie die Homepage des Unternehmens oder der Organisation, bei der Sie sich bewerben. Informieren Sie sich über die Firmengeschichte und die Unternehmensphilosophie, das Produkt- bzw. Dienstleistungsangebot, über Kennwerte wie z. B. Umsatz, Gewinn, Innovationen, Preise, Niederlassungen, Mitarbeiterzahl. Dann legen Sie sich am besten ein kleines Datenblatt an für den potenziellen Arbeitgeber, bei dem Sie anrufen und sich bewerben wollen. Damit sind Sie für eventuelle Nachfragen gerüstet. Und Sie wissen zum eigenen Nutzen schon viel über das Unternehmen oder die Organisation, bei der Sie sich bewerben wollen.

Lesen Sie vor dem Telefonat noch einmal besonders aufmerksam die Stellenanzeige. Unterstreichen Sie alle Aufgaben und Anforderungen, die Sie erfüllen können, z. B. mit grüner Farbe, alle, die Sie noch nicht erfüllen, sich aber zutrauen, mit gelber Farbe und alle, die Sie weder erfüllen noch sich zutrauen, mit roter Farbe. Daraus entwickeln Sie Ihre Fragen. Gehen Sie mit den klassischen W-Fragen an die Stellenanzeige heran und prüfen Sie, ob Sie bereits auf alle eine Antwort haben:

- Wer bekommt die Bewerbung (Ansprechpartnerin bzw. Ansprechpartner)?
- Wann soll die Stelle besetzt werden?
- Welche Unterlagen werden auf welchem Weg und in welcher Form gewünscht?
- Wie sehen die Aufgaben und Anforderungen konkret aus?
- Was ist, wenn ich eine besondere Anforderung nicht erfülle?
- Wo ist der Einsatzort? Wohin führen eventuelle Dienstreisen?

Beispielfragen

Ist die Stellenausschreibung noch aktuell?

Zu wessen Händen kann ich meine Bewerbung senden? Zu welchem Termin wollen Sie die Stelle spätestens besetzen?

Ich verfüge über Arbeitsproben (z. B. im Marketingbereich). Hilft es Ihnen, wenn ich Ihnen einige davon mit meinen Bewerbungsunterlagen zusende?

Wie viel Megabyte darf meine PDF-Datei für die E-Mail-Bewerbung maximal haben?

Sie fordern für die Stelle »fundierte ERP-Kenntnisse«. Die bringe ich mit. Mit welcher ERP-Software arbeiten Sie?

Für die Position ist »internationale Reisebereitschaft« gefordert. Das ist kein Problem. Trotzdem wüsste ich gern, in welchem Umfang Dienstreisen anfallen und in welche Länder sie führen.

Sie wünschen sich … ich biete … Ist das dennoch interessant für Sie?

Sie suchen »Wirtschaftsingenieure« oder »Betriebswirte«. Ich habe Soziologie studiert, mich jedoch in den vergangenen neun Berufsjahren auf verantwortlichen Positionen als Teamleitung kontinuierlich betriebswirtschaftlich weitergebildet. Ist meine Bewerbung für Sie interessant?

Üben Sie unbedingt auch noch einmal Ihren verbalen Pitch: »Ich bin …, ich kann …, ich will …« Denn in einem ersten persönlichen Telefongespräch geht es darum, die Person am anderen Ende der

Der Bewerbungsprozess

Leitung davon zu überzeugen, dass es sich lohnt, Sie kennenzulernen. Dafür müssen im Gespräch die wichtigen Schlagwörter fallen.

Dann entwerfen Sie einen kleinen Leitfaden, der Ihnen während des Telefonats Sicherheit gibt (wenngleich Sie möglichst nicht ablesen sollten, z. B.:

Die vier Schritte des telefonischen Erstkontakts

1. **Begrüßung:** Guten Tag, Herr/Frau … mein Name ist [Nachname, Vorname, Nachname – wie bei Bond, James Bond]. Ich habe Ihre Stellenanzeige … [Stellenbezeichnung] auf … [Quelle angeben, z. B. Unternehmenshomepage oder Jobbörse] gesehen und bin sehr interessiert an dieser Stelle.

2. **Verbaler Pitch:** Ich bin … [Qualifikation und/oder aktuelle Position und Tätigkeit] und bringe Fähigkeiten und Erfahrungen in … [Schlagwörter der Aufgaben und Anforderungen in der Stellenanzeige spiegeln] mit.

3. **Fragen:** Ich habe noch eine (zwei) Frage(n) … [zu organisatorischem Fachlich-Inhaltlichem oder zu kritischen Punkten, die Ihre Bewerbung womöglich obsolet machen].

4. **Abschluss:** Vielen Dank, Herr/Frau … für das freundliche Telefongespräch und Ihr Interesse an meinen Unterlagen. Ich werde alles zusammenstellen und Ihnen meine Bewerbung bis … [Datum angeben – und unbedingt einhalten!] zukommen lassen. Auf Wiederhören.

Das Telefonat: die Gesprächsführung

Gerade dann, wenn es um kritische Punkte geht, z. B. wenn Sie wichtig scheinende Voraussetzungen nicht mitbringen, dann sollten Sie Ihre Bewerbungsunterlagen nicht auf gut Glück losschicken, sondern diese Punkte in einem Telefonat vorher klären. Vielleicht ergibt das Gespräch, dass diese Voraussetzungen zwingend sind. Dann werden Sie hören, dass Sie sich gar nicht erst zu bewerben brauchen. Das erspart Ihnen Arbeit. Oder Sie hören im Gegenteil, dass sie weniger wichtig sind. Dann werden Sie sich bewerben. Und der potenzielle Arbeitgeber Ihre Bewerbung erwarten.

Beispiel Marlene M.

Marlene M.: Guten Tag, Frau Maier, mein Name ist Marlene Müller. Ich habe Ihre Stellenanzeige »Kauffrau für den Vertriebsinnendienst« auf Ihrer Homepage gesehen und bin sehr interessiert daran. Als gelernte Kauffrau bringe ich viel Erfahrung in der Administration und im Umgang mit Kunden mit. Ich kann gut organisieren und MS Office beherrsche ich sehr gut. Allerdings komme ich aus der Bankenbranche und habe noch nicht in der Telekommunikationsbranche gearbeitet. Ist meine Bewerbung für Sie dennoch interessant?

Frau Maier: Erklären Sie mir doch bitte, …

Marlene M.: Vielen Dank, Frau Maier, das freut mich sehr. Dann stelle ich meine Unterlagen zusammen und lade alles wie gewünscht in Ihrem Onlineportal hoch. Danke für das nette Gespräch.

Beispiel Jan F.

Jan F.: Guten Tag, Herr Huber. Ferber, Jan Ferber mein Name. Ihre Stellenanzeige bei www.jobvector.de »Chemieingenieur als Laborleiter« hat mich neugierig gemacht. Ich will mich bewerben. Ich bin Ingenieur für Oberflächentechnik und bringe viel Erfahrung in den beschriebenen Aufgaben mit. Zwei Fragen habe ich allerdings noch: Ist die Stellenanzeige überhaupt noch aktuell?

Herr Huber: Ja, ja, die Stelle ist noch nicht besetzt.

Jan F.: Ah, prima. Und zweitens: Sie wünschen sich die Bereitschaft zu internationalen Dienstreisen. Diese Bereitschaft bringe ich mich. In meinem jetzigen Job reise ich auch sehr viel. In welchem Umfang und in welchen Ländern finden die Dienstreisen statt?

Herr Huber: Wir haben Niederlassungen in …

Jan F.: Vielen Dank für das informative und angenehme Gespräch, Herr Huber. Ich stelle meine Unterlagen für Sie zusammen und sende sie Ihnen bis Freitag zu.

Der Bewerbungs-
prozess

Carina F.: Guten Tag, Frau Hoffmann, ich heiße Fischer, Carina Fischer und ich habe Ihre Stelle »Referentin für unsere Abteilung nachhaltige Landwirtschaft« auf www.interamt.de gefunden. Ich habe gerade mein Masterstudium Biologie an der Universität in München sehr erfolgreich abgeschlossen. Mein Schwerpunkt war Ökologie und Landschaftsschutz. Praktische Erfahrung in der nachhaltigen Landwirtschaft habe ich schon als kleines Kind auf dem elterlichen Hof gesammelt und während des Studiums in drei insgesamt eineinhalbjährigen Praktika vertieft. Außerdem beherrsche ich die geforderte Software sehr gut. Jetzt meine Frage an Sie, Frau Hoffmann: Ich bin Berufseinsteigerin; ist meine Bewerbung trotzdem für Sie interessant?

Frau Hoffmann: Ja, durchaus! Wir suchen …

Carina F.: Oh, das freut mich sehr, Frau Hoffmann. Dann erstelle ich eine Bewerbung für Sie und schicke sie Ihnen morgen an Ihre E-Mail-Adresse. Ich scanne auch zwei Artikel ein, die ich für eine Fachzeitschrift geschrieben habe, dann haben Sie gleich eine Arbeitsprobe. Vielen Dank für das nette Gespräch.

Selbstverständlich reden Sie nicht ohne Punkt und Komma, ohne die Person am anderen Ende der Leitung zu Wort kommen zu lassen oder auf Zwischenbemerkungen zu reagieren. Aber der Gesprächsleitfaden gibt Ihnen die Sicherheit, das Telefonat souverän führen zu können und sich als interessante Bewerberin oder interessanten Bewerber ins Spiel zu bringen.

Bewerben per E-Mail

Bietet ein Unternehmen mehrere Bewerbungswege an – per Post, per E-Mail oder per Onlineportal –, stellt sich die Frage, welcher Weg der Beste ist. Die Antwort: Schließen Sie den Postweg aus, wenn eine digitale Bewerbung möglich ist. Wählen Sie denjenigen unter den digitalen Bewerbungswegen, auf dem Sie Ihre Bewerbung zuverlässig und professionell, d. h. mit den größten Erfolgsaussichten einreichen können. Sehr oft wird das eine Bewerbung per E-Mail sein – nachdem Sie eine mit der Bewerberauswahl betraute Person angerufen haben.

Denn so haben Sie die Chance, Ihrer Bewerbung den Weg zu ebnen und die strikte digitale Vorauswahl durch ein E-Recruiting-System zu umgehen.

Bei einer Bewerbung per E-Mail sind zwei Formen von Empfänger-adressen möglich: die persönliche E-Mail-Adresse eines konkreten Ansprechpartners oder eine allgemeine Unternehmens-E-Mail-Adresse. Stellenausschreibungen enthalten in aller Regel, was erwünscht ist, z.B.: »Bitte senden Sie Ihre Bewerbung an bewerbung@unternehmen.de. Ihre Ansprechpartnerin für Fragen ist Frau Stefanie Kalm (Tel.: 0123 456789).« oder »Bitte geben Sie in Ihrer Bewerbung die Referenz-nummer SW-45374 an und senden Sie sie an moritz.mustermann@ unternehmen.de«. Die Bestandteile der E-Mail-Bewerbung sind bei beiden Formen von Empfängeradressen gleich.

Bevor Sie Ihre Bewerbung versenden, sollten Sie kurz die Empfänger-perspektive einnehmen: Wie wird sie beim Empfänger ankommen? Egal ob Sie Ihre Unterlagen an eine allgemeine Unternehmens-E-Mail-Adresse oder an die persönliche E-Mail-Adresse einer Ansprechpart-nerin bzw. eines Ansprechpartners schicken: Vor dem Rechner in der Personalabteilung sitzt ein Mensch, der im E-Mail-Account mehr oder weniger E-Mail-Bewerbungen vorfindet. Alles, was diesem Menschen die Arbeit erleichtert, wird die Berücksichtigung Ihrer Bewerbung begünstigen.

Deshalb sollten Sie keine Empfangs- oder Lesebestätigungen anfor-dern und Ihre E-Mail auch nicht als Nachricht mit hoher Priorität kennzeichnen. Stellen Sie sicher, dass Ihr Programm entsprechend eingestellt ist! Darüber hinaus sollten Sie sich an diese Tipps halten:

- Verwenden Sie eine professionelle E-Mail-Adresse.
- Halten Sie den Betreff kurz, aber aussagekräftig.
- Formulieren Sie einen kurzen, aber ansprechenden E-Mail-Text.
- Sorgen Sie dafür, dass Ihr Anhang leicht zu handhaben ist.

Die eigene E-Mail-Adresse

Selbstverständlich brauchen Sie für Ihre Bewerbung eine geeignete E-Mail-Adresse. Sie ist – außer dem Betreff der E-Mail – das Erste, was wahrgenommen wird. Verwenden Sie keinesfalls die E-Mail-Adresse Ihres aktuellen Arbeitgebers. Das wäre eine Loyalitätsverletzung, die Sie disqualifizieren würde. Und es wäre ein Grund, für Ihren aktuellen Arbeitgeber, Ihnen zu kündigen.

Der Bewerbungs-prozess

Verwenden Sie aber auch keine E-Mail-Adresse, die Spitznamen (z. B. bigboxer@freenet.de) oder Kosenamen (hasilein@gmail.de) enthält oder die sich nicht eindeutig Ihrer Person zuzuordnen lässt (z. B. lena1983@web.de). Solche E-Mail-Adressen wirken unseriös und könnten von einer Firewall im IT-System des Unternehmens als Spam gedeutet und aussortiert werden.

Wenn Sie tatsächlich keine geeignete E-Mail-Adresse haben, können Sie sich bei einem der zahlreichen E-Mail-Anbieter in wenigen Minuten eine neue, kostenlose E-Mail-Adresse zulegen. Achten Sie dabei darauf, dass sie mindestens Ihren Nachnamen (wenn er einigermaßen selten ist), am besten aber auch Ihren Vornamen enthält, z. B.:

- vorname.nachname@gmx.de
- vorname-nachname@yahoo.de
- nachname@web.de
- c.mustername@t-online.de [c = erster Buchstabe des Vornamens]

Vergessen Sie nicht, Ihr neues E-Mail-Postfach nach dem Absenden Ihrer Bewerbung regelmäßig auf neue Nachrichten zu prüfen. Denn dass auf eine E-Mail-Bewerbung hin die Einladung zum Vorstellungs-gespräch ebenfalls per E-Mail erfolgt, ist die Regel.

Der Betreff

Vergessen Sie den Betreff nicht. Ein fehlender Betreff kann dazu füh-ren, dass Ihre Bewerbung aussortiert wird, zumal viele Firewalls E-Mails ohne Betreff als Spam klassifizieren. Aber auch, wo die E-Mails per-sönlich entgegengenommen werden, sorgen sie ohne Betreff für Ablehnung und werden meist nicht gelesen, sondern sofort gelöscht. Ein aussagekräftiger Betreff ist ein Muss.
Beim Formulieren gibt es vier Dinge zu beachten:

1. Der Begriff »Bewerbung« muss im Betreff genannt werden.
2. Die in der Stellenanzeige genannte Position muss wortwörtlich übernommen werden, auch wenn Zusätze wie »(m/w/d)« ent-behrlich sind. Wenn Sie sich als Frau auf eine ausgeschriebene Stelle bewerben, benutzen Sie die weibliche Form (»Bewerbung als Entwicklungsingenieurin«, »Bewerbung als Produktmana-gerin«, »Bewerbung als Einzelhandels-Kauffrau«).

3. Wenn in der Stellenanzeige eine Referenznummer oder eine Kennziffer angegeben ist, dann muss auch diese im Betreff genannt werden, damit Ihre Bewerbung zugeordnet werden kann.

4. Der Betreff sollte so kurz wie möglich und so lang wie nötig sein. Wann und wo Sie die Stellenanzeige gefunden haben, erwähnen Sie im Betreff nicht.

Beispielformulierungen

Bewerbung als Verkäuferin in Vollzeit für Ihre Boutique in Calw
Bewerbung als Laborleiter Farben, Kennziffer 0794
Bewerbung als Referentin Umweltschutz – Abteilung 4
Bewerbung als Controller Nachkalkulation Fahrzeuge
Bewerbung als Medizinische Fachangestellte für Ihre Praxis
Bewerbung als Verpackungsingenieur Referenznummer 039

Der E-Mail-Text

Soll der Text des Anschreibens in das Textfeld der E-Mail oder nicht? Betrachten Sie diese Frage aus der Sicht des Empfängers. Kaum ein Mitarbeiter in der Personalabteilung liest lange E-Mails, denn dafür hat kaum jemand Zeit. In der Regel zieht er den Anhang einer E-Mail-Bewerbung per Maus in einen dafür vorgesehenen Ordner auf seinem Desktop. Die zusätzliche Speicherung eines E-Mail-Textes und die korrekte Zuordnung zum Anhang ist viel zu aufwendig. Außerdem ist das Risiko groß, dass die Person, die etwa in der Fachabteilung eigentlich über Ihre Eignung entscheidet, Ihre Bewerbungsunterlagen via Weiterleitung ohne Anschreiben bekommt.

Damit können Sie sich die Frage selbst beantworten: Das Anschreiben gehört in den Anhang. Der E-Mail-Text selbst ist kurz und schlicht. Schreiben Sie aus Empfängerperspektive; damit stellen Sie den Empfänger bzw. die Empfängerin in den Vordergrund und nicht sich selbst, z. B.: »Sie erhalten« (statt »ich sende«). Und beachten Sie beim Verfassen außerdem die folgenden Punkte:

● Schreiben Sie im Textformat ohne Formatierungen und ohne Gestaltungselemente. Verzichten Sie auf Fettdruck, Kursivschrift, unterschiedliche Farben, Bilder. Das gilt auch, wenn Sie E-Mails im HTML-Format versenden, was die Formatierung eigentlich erlauben würde.

153

- Verwenden Sie eine übliche Geschäftsschrift (z. B. Arial oder die etwas elegantere Calibri) in einer gut lesbaren Schriftgröße (z. B. 16 oder 17 Pixel) und in einer dunklen Farbe (idealerweise Schwarz oder Dunkelblau).
- Fassen Sie sich im E-Mail-Text kurz, wiederholen Sie nicht das ganze Anschreiben. Nehmen Sie ggf. Bezug zu einem ersten telefonischen Kontakt, benennen Sie die Stelle, auf die Sie sich bewerben, verweisen Sie auf Ihre Bewerbung im Anhang und äußern Sie Ihre Bereitschaft, für Fragen zur Verfügung stehen. Die Aussage, dass Sie sich auf eine Antwort freuen, rundet den E-Mail-Text ab.
- Verwenden Sie eine förmliche Anrede (»Sehr geehrte …«) – zu Ausnahmen ↗ S. 106 f. – und einen förmlichen Abschluss (»Mit freundlichen Grüßen« – ohne Komma dahinter) der E-Mail.
- Achten Sie auf korrekte Rechtschreibung und Grammatik – so, wie Sie das in Ihren gesamten Bewerbungsunterlagen tun sollten.
- Verzichten Sie auf Abkürzungen (z. B. mfg = mit freundlichen Grüßen; z. K. = zur Kenntnis; fyi = for your information, asap = as soon as possible). Das wirkt lieblos und wenig ansprechend.
- Vergessen Sie nicht die Signatur am Ende Ihres E-Mail-Textes mit Ihren vollständigen Kontaktdaten: Vorname und Nachname, Adresse, E-Mail-Adresse, Telefon- und/oder Mobilnummer.

Beispielformulierungen

Sehr geehrte Frau Nehr,
zunächst vielen Dank an Herrn Maier für das freundliche und informative Telefonat und sein Interesse an meinen Bewerbungs-
unterlagen für die Stelle als Referentin für nachhaltige Landwirt-
schaft. Meine Bewerbungsunterlagen finden Sie im Anhang. Ich freue mich auf Ihre Antwort und bin bei Fragen gern für Sie da.
Mit freundlichen Grüßen
Carina Fischer
Straße Hausnummer
Postleitzahl Ort
E-Mail-Adresse
Telefonnummer

Sehr geehrtes Recruiting-Team,
Ihre Stellenanzeige hat mich neugierig gemacht. Im Anhang
finden Sie meine Bewerbungsunterlagen für die Position als
Controller Nachkalkulation Fahrzeuge. Falls sie dazu Fragen haben,
melden Sie sich bei mir. Ich freue mich auf Ihre Antwort.
Mit freundlichem Gruß
Sebastian Meisner
Straße Hausnummer | Postleitzahl Ort
E-Mail | Mobilnummer | Telefon

Sehr geehrter Herr Huber,
danke für das informative und angenehme Gespräch am Telefon.
Wie vereinbart habe ich Ihnen meine Unterlagen für die Stelle als
Laborleiter zusammengestellt (siehe Anhang). Falls Sie noch
Fragen haben: Am besten erreichen Sie mich mobil. Ich freue mich
auf Ihre Rückmeldung.
Mit freundlichen Grüßen
Jan Ferber
Straße Hausnummer
Postleitzahl Ort
E-Mail
Telefon
Mobilnummer

Der Anhang

Folgen Sie unbedingt den Vorgaben zum Dateiformat, zur maximalen
Dateigröße und zur Aufbereitung Ihrer Unterlagen aus der Stellenanzeige. Meist wird eine Gesamtdatei im PDF-Format gefordert statt
mehrerer Einzeldateien, z.B.: »Bitte senden Sie uns Ihre aussagekräftigen Bewerbungsunterlagen mit Angabe der Verfügbarkeit und der
Gehaltsvorstellungen als eine zusammenhängende PDF-Datei (max.
5 MB) an unsere E-Mail-Adresse karriere@unternehmen.de«.

Denken Sie immer an die Arbeitsbelastung in den Personalabteilungen. Die Mitarbeiter und Mitarbeiterinnen haben vielleicht Hunderte
von Bewerbungen gleichzeitig zu bearbeiten; sie können und werden
sich nicht die Mühe machen, E-Mail-Bewerbungen mit vielen Anhän-
gen zu bearbeiten, und E-Mails, deren Anhänge die vorgegebene

Datenmenge überschreiten, werden meist elektronisch aussortiert. Dokumente, die nicht im gewünschten Dateiformat (z. B. PDF) gesendet werden, können unter Umständen gar nicht geöffnet und damit auch nicht gelesen werden.

Auch wenn es für Sie Arbeit ist, Ihre Bewerbung entsprechend den Vorgaben eines Arbeitgebers zusammenzustellen: Sie sollten dies unbedingt tun. Sonst laufen Sie Gefahr, dass Ihre Bewerbung nicht berücksichtigt wird.

Für die Reihenfolge der Unterlagen gibt es nur einen Standard: Anschreiben, Lebenslauf, Nachweise (zur Reihenfolge der Nachweise ↗ S. 134). Weichen Sie davon nicht ab!

Beim Dateinamen fassen Sie sich kurz, achten aber darauf, dass er hinreichend Aussagekraft hat und aus der Empfängerperspektive erstellt ist: Ein Dateiname wie »Bewerbung-GmbH-Weber« oder »Bewerbung5« mag es Ihnen erleichtern, Ihre Bewerbungsunterlagen auf Ihrem Rechner später wieder schnell zu finden. Ihr Gegenüber aber bekommt mit etwas Pech mehrere Dateien, die so benannt sind. Selbst wenn nicht, muss er sie beim Abspeichern oder beim Weiterleiten an die Fachabteilung umbenennen. Ersparen Sie ihm diese Mühe.

Vermeiden Sie auch zu lange Dateinamen wie: »Anschreiben-Lebenslauf-Zeugnisse-Sebastian-Meisner-Bewerbung als Controller Nachkalkulation Fahrzeuge-BMW-2019-11«. Sie werden auf dem Bildschirm möglicherweise nicht vollständig angezeigt – und dann fehlen Informationen, die auf den ersten Blick erfassbar sein sollten.

Vermeiden Sie außerdem Dateinamen, die technisch Probleme bereiten könnten: Dateinamen mit Sonderzeichen (nur Bindestrich und Unterstrich sind erlaubt) wie Umlauten oder ß sowie mit Leerzeichen. Vergeben Sie nur Dateinamen, die Ihren Nach- und Ihren Vornamen enthalten, das Wort »Bewerbung« und die Position, auf die Sie sich bewerben, ggf. mit Kennziffer. Geradezu unverzichtbar ist der Vorname dann, wenn der Nachname sehr häufig ist.

So nicht	Besser so
Bewerbung-GmbH-Weber	Ferber-Jan_Bewerbung_ Laborleiter-0794
Bewerbung5	Beer-Cora_Bewerbung_ Business-Process-Engineer
Fischer-Bewerbung	Fischer-Carina_Bewerbung_ Referentin-Abt-4
Anschreiben-Lebenslauf-Zeugnisse-Sebastian-Meisner-Bewerbung als Controller Nachkalkulation-Fahrzeuge-BMW-2019-11	Meisner-Sebastian_Bewerbung_ Controller
Controller	Meisner-Sebastian_Bewerbung_ Controller
Bewerbungsunterlagen	Marlene-Mueller_Bewerbung Vertriebsinnendienst
Anschreiben-Lebenslauf-Zeugnisse	Heydt-Simon_Bewerbung_ Vertriebsaußendienst
Müller-Bewerbung	Mueller-Tim_Bewerbung_ Pflegedienstleitung
Strauß-Unterlagen	Strauss-Lena_Bewerbung_ Assistentin-Geschaeftsleitung
Lisa Ritter Bewerbung Diabetologin	Lisa-Ritter_Bewerbung-Diabetologin

Der Inhalt einer E-Mail-Bewerbung unterscheidet sich nicht von einer Bewerbung per Onlineformular oder per Post. Eine aussagekräftige Bewerbung besteht (noch) immer aus einem individuell auf den einzelnen Arbeitgeber zugeschnittenen Anschreiben (↗ S. 103 ff.), einem Lebenslauf (↗ S. 66 ff.) sowie den Nachweisen (↗ S. 129 ff.).

157

Der Bewerbungs-prozess

E-Mail-Bewerbung

- ○ Lässt sich Ihre E-Mail-Adresse eindeutig Ihrer Person zuordnen?
- ○ Ist der Betreff Ihrer E-Mail aussagekräftig und prägnant – und enthält er ggf. die Kennziffer der Stelle?
- ○ Ist Ihr E-Mail-Text kurz und freundlich formuliert?
- ○ Sind Rechtschreibung und Grammatik geprüft?
- ○ Enthält ihre E-Mail am Ende die Signatur mit allen wichtigen Kontaktdaten?
- ○ Ist Ihr Anhang vollständig?
- ○ Entspricht Ihr Anhang den Vorgaben zu Dateigröße und Dateiformat?
- ○ Ist Ihr Anhang in einer Gesamtdatei zusammengefasst oder, wenn erlaubt, auch in zwei Dateien?
- ○ Hat Ihr Anhang einen kurzen, aber aussagekräftigen Dateinamen?

Bewerben per Onlineformular

Größere mittelständische Arbeitgeber und Konzerne, die jährlich Zigtausende Bewerbungen erhalten, bieten nur noch die Bewerbung über ein E-Recruiting-System, d. h. per Onlineformular an. Denn so können unzählige Bewerbungen in Sekundenschnelle verarbeitet werden – ohne dass die E-Mail-Postfächer der Personalmitarbeiter überquellen. Die Bewerbung über ein Onlineformular hat Vorteile, birgt aber auch Risiken, die Sie kennen müssen, damit Ihre Bewerbung nicht blitzschnell vom System aussortiert wird.

Vorteile

Bewerben per Onlineformular geht schnell und ist sogar von unterwegs über das Smartphone möglich – wenn Sie entsprechend vorbereitet sind. Gehören Sie zu den Bewerberinnen und Bewerbern, deren Qualifikation auf dem Arbeitsmarkt sehr gefragt ist? Beispielsweise als IT-Fachkraft, Ingenieurin oder Ingenieur sowie Kranken- oder Altenpflegekraft, verfügen Sie über Qualifikationen, Fähigkeiten und Eigenschaften, die am Arbeitsmarkt sehr gute Chancen haben?

Dann hat eine Bewerbung von unterwegs durchaus Chancen, auch wenn sie nicht individuell und passgenau auf den Arbeitgeber zugeschnitten ist. Mit dem nötigen digitalen Bewerbungs-Know-how können Sie Ihre vorbereiteten Bewerbungsunterlagen auf das Onlineportal hochladen.

Jetzt bewerben

Die Handhabung der Onlineformulare ist für Bewerberinnen und Bewerber heute denkbar einfach; in vielen Onlineformularen sind nur noch die Stammdaten einzutragen und einige wenige weitere Eingabefelder auszufüllen.

Stammdaten	
Anrede	Titel
Vorname	Nachname
Geburtsdatum (TT.MM.JJJJ)	Straße
PLZ	Ort
Land	E-Mail-Adresse
Telefonnummer	
Weitere Angaben	
Kündigungsfrist	Frühester Eintritt (TT.MM.JJJJ)
Gehaltswunsch p. a. (nur Zahl)	

Der Bewerbungs-prozess

Bei manchen Onlineportalen wird Bewerbern auch diese Arbeit abgenommen, weil eine Erkennungssoftware die Stammdaten aus dem Lebenslauf herausliest und in die Eingabefelder übernimmt. Sie müssen dann allenfalls noch prüfen, ob alles korrekt übernommen wurde.

Beispiel

Über den Button »Jetzt Bewerbung hochladen« können Sie Ihre Unterlagen (Lebenslauf etc.) hochladen. Unsere Erkennungssoftware ordnet Ihre Stammdaten automatisch den richtigen Feldern zu, sodass Sie weniger Aufwand mit dem Eingeben haben. Bitte beachten Sie, dass Sie die mit * markierten Felder unbedingt ausfüllen müssen!
Wir freuen uns auf Ihre Bewerbung!

| **Jetzt Bewerbung hochladen** |

Anlagen
Die Anlagen wie Foto, Anschreiben, Lebenslauf, Zeugnisse und ggf. Arbeitsproben werden je nach Onlineformular als Einzeldateien oder als zusammenhängende Gesamtdatei – in der Regel im PDF-Format – hochgeladen.

Beispiel

Sie können hier entweder eine Gesamtdatei oder mehrere Einzeldateien hochladen, und zwar in den Dateiformaten Word (.doc, .docx), PDF, JPG, PNG und GIF. Eine Datei darf die Größe von 15 MB nicht überschreiten.
Bitte laden Sie keine PDF- und Word-Dateien hoch, die mit einem Passwort- oder Schreibschutz versehen sind.

Foto	Anschreiben*
Lebenslauf*	Zeugnis
Weitere Anlagen	

Den Lebenslauf (und oft auch weitere Anlagen) können Sie bei einigen Onlineformularen nicht nur von Ihrem Rechner aus hochladen, sondern auch aus einem Karrierenetzwerk wie Xing oder LinkedIn importieren oder aus einer Cloud (z. B. Dropbox oder Google Drive) laden.

Lebenslauf hochladen

Einige Onlineformulare fragen nicht mehr nach einem gesonderten Anschreiben. Hier notieren Sie in einem dafür vorgesehenen Freitextfeld, ähnlich wie bei einer E-Mail-Bewerbung, lediglich kurz den Bezug zur Stelle, auf die Sie sich bewerben. Wollen Sie sich z. B. von unterwegs aus mit Ihrem Smartphone oder Tablet bewerben, können Sie bei manchen Onlineformularen auch ein vorgefertigtes Anschreiben nutzen. Damit wollen Firmen den Bewerbungsprozess für Bewerberinnen und Bewerber vereinfachen. Das ist aber nur in Berufsfeldern der Fall, in denen Arbeitskräfte fehlen: Die Hemmschwelle, eine Bewerbung zu erstellen, soll so niedrig wie möglich sein. Manche Firmen verlangen aus diesem Grund sogar überhaupt kein Anschreiben mehr.

Aufwendiger wird es, wenn Sie sich mit Benutzername, E-Mail-Adresse, Kenn- oder Passwort anmelden bzw. einen Account einrichten müssen. Dann kommen Sie nicht umhin, die Felder für die persönlichen Daten auszufüllen.

Der Bewerbungs-prozess

Anrede

Vorname*

Nachname*

E-Mail*

Anschreiben*   Anschreiben entfernen ✗

Sehr geehrte Damen und Herren,

mit großem Interesse habe ich auf dem Karriereportal
www.musterjobportal.de Ihre Anzeige für die folgende
Position gelesen: Wissenschaftliche Mitarbeiter/Doktorand
(m/w/d) Proteinanalytik, 18/32/31. Gern bewerbe ich mich
auf diese Position. Im Anhang finden Sie meine
Bewerbungsunterlagen.

Ich freue mich, Sie in einem persönlichen Gespräch kennenzulernen.

Mit freundlichen Grüßen

Lebenslauf*   Weitere Dateien
Nur **eine** .pdf-, .png- oder .jpg-Datei   Nur .pdf-, .png- oder .jpg-Dateien
möglich, max. 5 MB   möglich, max. 5 MB pro Datei

Bitte den Spamschutz bestätigen*

☐ Ich bin kein Roboter.

Bewerbung abschicken

Der Bewerbungs-
prozess

ANMELDUNG

Identifizieren Sie sich durch Eingabe der erforderlichen Informationen in die unten stehenden Felder, und klicken Sie dann auf **Anmelden**, um auf Ihren Account zugreifen zu können. Klicken Sie auf **Neuer Benutzer** und befolgen Sie die Anweisungen zur Erstellung eines Accounts, wenn Sie noch nicht registriert sind.

*Benutzername

*Kennwort

Benutzername vergessen?
Kennwort vergessen?

| Anmelden | Neuer Benutzer |

Career Opportunities: Log in

Have an account?
Please enter your login information below. Both your username and password are case sensitive.

*Email address:

*Password:

Log in   Forgot your password?

Not a registered user yet?
Create an account to apply for our career opportunities.

Go back

Um sich hier online zu bewerben und weitere Funktionen wie beispielsweise ein Jobabo nutzen zu können, benötigen Sie einen persönlichen Bewerbungsaccount. Dafür müssen Sie sich mit Ihren persönlichen Angaben registrieren. Besonders große Unternehmen, die laufend zahlreiche Stellen zu besetzen haben, bieten die Funktion »Jobabo« an, womit Sie über Stellenangebote per E-Mail informiert werden, die Ihren Suchkriterien entsprechen.

Nachdem Sie auf »Registrieren« geklickt haben, erhalten Sie eine E-Mail mit einem vorläufigen Passwort und einem Link. Ihren Bewerbungsaccount aktivieren Sie, indem Sie auf den Link klicken und anschließend das Passwort ändern sowie Ihre Eingabe bestätigen. Danach informiert eine weitere E-Mail Sie darüber, dass Ihr Account nun zur Verfügung steht.

ENGLISCH-DEUTSCH IN ONLINEFORMULAREN

Englisch	Deutsch
Device	Gerät (welches Sie nutzen)
CV (= Abk. für Curriculum Vitae)	Lebenslauf
Resume	Lebenslauf (oft kürzer als ein CV)
Cover letter	Anschreiben
References	Referenzschreiben
Credentials	Zeugnisse (Arbeits-, Ausbildungs- zeugnisse)
Upload	das Hochladen

Die weiteren Anforderungen variieren je nach Unternehmen. In aller Regel müssen Sie Ihre persönlichen Daten und Ihre Kontaktdaten eingeben. In zusätzlichen Feldern werden Angaben zu Ihrer Ausbildung, zu Ihren Kenntnissen, zu Ihrer Motivation und möglicherweise zu weiteren Punkten abgefragt. Ihre Anhänge laden Sie wieder in der gewünschten Form hoch, nachdem Sie auf den entsprechenden Button geklickt haben. Besonders bei großen, international tätigen Konzernen kann der weitere Bewerbungsweg dann recht aufwendig werden. Viele Onlineformulare fordern dazu auf, einen Bewerbungsbogen auszufüllen und manche sogar, einen Onlinetest zu absolvieren. Für beides haben Sie in der Regel nur wenig Zeit – ein Hinweis darauf, dass es v. a. um eine Prüfung Ihrer kognitiven Fähigkeiten geht. Aus Ihren Antworten zieht der potenzielle Arbeitgeber dann Rückschlüsse auf Ihre Persönlichkeit und auf Ihre Intelligenz.

Diese recht aufwendige Prozedur hat aber auch Vorteile: Ihre Bewerbung mit Ihren Testergebnissen und Ihren Lebenslauf ist gespeichert. Wenn Sie ein Jobabo eingerichtet haben, werden Sie über freie und passende Stellen informiert. Ihre Bewerbung kann auch dann noch zum Erfolg führen, wenn es mit der ersten Stelle nicht geklappt hat.

 **Onlinebewerbung Schritt für Schritt**

Einige große, international agierende Mittelständler und Konzerne stellen auf ihrer Homepage unter Rubriken wie »Karriere« oder »Stellenangebote« Bewerbungsleitfäden zum Download zur Verfügung, in denen sie das Bewerbungsprozedere beschreiben. Dort finden Sie meist auch hilfreiche Tipps zur Stellensuche auf der firmeneigenen Karriereseite und zur Registrierung, mit der Sie Ihren persönlichen Bewerberaccount einrichten können. Auch Leitfäden zur Onlinebewerbung, Informationen über den Bewerbungsprozess mit seinen einzelnen Auswahlstufen bis hin zu Tipps zum Vorstellungsgespräch können Sie dort abrufen. Nutzen Sie diese Fundgrube an firmenspezifischem Bewerbungs-Know-how!

Viele Unternehmen informieren Sie zumindest über den Ablauf der Onlinebewerbung. Typische Hinweise zu Onlineformularen:
- »Für die Eingabe Ihrer Onlinebewerbung in unser System benötigen Sie ca. 15 Minuten.«
- »Bitte halten Sie alle Bewerbungsunterlagen (Zeugnisse, Lebenslauf, Anschreiben) bereit, damit die Eingabe zügig verläuft.«
- »Ein Zwischenspeichern der Bewerbung ist nicht möglich.«
- »Die mit einem Sternchen (*) gekennzeichneten Felder sind Pflichtfelder und müssen ausgefüllt werden.«
- »Bitte übermitteln Sie uns Ihre Bewerbungsunterlagen im Dateiformat PDF, indem Sie den Button »Bewerbungsunterlagen hoch-

Der Bewerbungsprozess

laden« anklicken (maximale Größe einer Datei: 2 MB; Sie können mehrere Dateien hochladen).«

- »Vor dem Versenden Ihrer Bewerbung bekommen Sie eine Gesamtübersicht zu Ihrer Bewerbung angezeigt.«
- »Zum Versenden Ihrer Bewerbung klicken Sie bitte auf den Button ›bewerben‹.«
- »Sind Ihre Daten erfolgreich und vollständig bei uns eingegangen, werden Sie informiert.«
- »Bei technischen Probleme können Sie sich per E-Mail unter personal@unternehmen.de an uns wenden.«

Aufgepasst bei der Eingabe: Mitunter gibt es eine Frist, innerhalb der Sie die Eingaben abgeschlossen und gesendet haben müssen. Wenn das System eine Zwischenspeicherung ermöglicht, nutzen Sie diese Funktion unbedingt. Wenn nicht, vermeiden Sie längere Unterbrechungen bei der Eingabe (etwa für eine Kaffeepause). Es wäre ärgerlich, wenn Sie Eingaben durch einen Server-Time-out verlieren würden. Idealerweise bereiten Sie die Texte zu Ihrer Motivation, zu Ihren Fähigkeiten und Kenntnissen etc. schon vor, sodass Sie sie nur noch ins entsprechende Feld kopieren müssen. Speichern Sie diese im TXT-Format ab, schließen Sie die Datei und öffnen Sie sie anschließend wieder. Das garantiert Ihnen die Kompatibilität auch mit sperrigen E-Recruiting-Systemen. Leider sind nicht alle Onlineformulare, die Arbeitgeber zur Verfügung stellen, besonders nutzerfreundlich.

Wenn das System allerdings nach extrem kurzer Zeit einen Time-out anzeigt oder Ihre Daten beim Speichern einfach verschluckt und Sie zur erneuten Eingabe auffordert, dann zögern Sie nicht, die Personalabteilung bzw. den Administrator zu kontaktieren und höflich auf das Problem hinzuweisen. Es kann nicht im Interesse des potenziellen Arbeitgebers sein, dass der Weg zu guten Bewerberinnen und Bewerbern durch schlechte Handhabbarkeit des E-Recruiting-Systems verbaut ist. Lassen Sie allerdings im Telefonat nicht erkennen, dass Sie sich bei der Eingabe Ihrer Daten geärgert haben.

Der Bewerbungs-
prozess

Risiken

Schnelle Bewerbung – schnelle Absage. Zahlreiche Personalverantwortliche klagen darüber, dass die über Onlineformulare eingehenden Bewerbungen nicht den Anforderungen entsprechen. Viele Unterlagen seien sorglos zusammengestellt, wenig aussagekräftig und damit nicht zu gebrauchen. Solange ein Arbeitgeber ausreichend viele Bewerbungen erhält, ist ihm das jedoch egal, denn dann lässt er die Personalsoftware die Unterlagen ungeeigneter Bewerber einfach aussortieren.

Bewerberinnen und Bewerber, die professionell vorgehen, tappen allerdings erst gar nicht in die Schnelligkeitsfalle. Sie bereiten ihre Unterlagen gründlich vor und nehmen sich die Zeit, um ein Onlineformular sorgfältig und gewissenhaft auszufüllen.

Aber auch viele Bewerberinnen und Bewerber klagen, über das Gefühl, ihre Bewerbung verschwinde irgendwie in einem »schwarzen Loch«. Abgesehen von einer automatischen Eingangsbestätigung und einer sehr schnellen, automatischen Standardabsage komme kein Feedback. Da bei großen, international agierenden Arbeitgebern oft auch keine Kontaktpersonen und Telefonnummern genannt werden, hängen viele Bewerberinnen und Bewerber in der Falle der Onlinebewerbung fest: Sie schaffen es einfach nicht, die Onlinehürde zu überwinden und zum Vorstellungsgespräch eingeladen zu werden. Denn die Bewerbungsunterlagen können noch so gründlich erstellt und Onlineformulare noch so detailliert ausgefüllt sein – wenn sie zu keiner ausgeschriebenen Stelle passen, dann wird eine Personalsoftware dies erkennen und sie aussortieren. Das heißt: Auch bei einer Bewerbung über ein Onlineformular müssen die Qualifikation, die Fähigkeiten, die Erfahrungen und die Persönlichkeit der Bewerberin oder des Bewerbers im Wesentlichen mit den Anforderungen der Stellenausschreibung übereinstimmen.

Und dennoch: 100-prozentige Übereinstimmung von Bewerbervoraussetzungen und Arbeitgeberanforderungen gibt es so gut wie nie. Deshalb sind die folgenden Punkte besonders wichtig, damit Ihre Onlinebewerbung eine reelle Chance hat:

- Prüfen Sie von vornherein, ob der Arbeitgeber mit seinem speziellen Onlineformular für Sie der richtige ist. Möglicherweise ist es sinnvoller, sich auf andere Arbeitgeber zu konzentrieren.

- Achten Sie besonders auf die Schlagwörter, die Arbeitgeber in ihren Stellenanzeigen verwenden und nutzen Sie diese Wörter sowohl in Ihren Bewerbungsunterlagen als auch in den Eingabefeldern des Onlineformulars. Auch wenn Sie Ihre Bewerbung ohne konkrete Stellenausschreibung in das E-Recruiting-System eines großen, internationalen Konzerns eingeben, sind die richtigen Schlagwörter wichtig. Die finden Sie, indem Sie in Jobbörsen und auf Stellenportalen nach Stellenangeboten suchen, die in etwa das widerspiegeln, was Sie anstreben. Nutzen Sie die Schlagwörter, die Sie dort finden. Denn die meisten Schlagwörter gelten branchenübergreifend und sind für vergleichbare Tätigkeiten identisch.

- Füllen Sie jedes Eingabefeld im Onlineformular gewissenhaft aus. Fehlende oder missverständliche Angaben führen schnell dazu, dass eine Bewerbung aussortiert wird.

- Recherchieren Sie nach marktüblichen, realistischen Gehältern für die Position, auf die Sie sich bewerben. Eine zu hohe Gehaltsvorstellung kann auch bei sehr guter Eignung schnell zu einer Absage führen.

- Wann immer es Ihnen möglich ist und sinnvoll scheint, sollten Sie vor Ihrer Bewerbung einen persönlichen telefonischen Kontakt herstellen, auf den Sie sich beziehen können.

- Bei großen, international agierenden Unternehmen können Sie sich per Onlineportal auf verschiedene – selbstverständlich nur auf passende – Stellen gleichzeitig oder auch nacheinander bewerben, ohne lange Wochen oder Monate zu warten. Machen Sie das. Denken Sie aber auch hier wieder an die Schlagwörter, die für die angestrebte Tätigkeit und für die Branche charakteristisch sind.

Onlineformular

○ Haben Sie einen aussagekräftigen und ansprechenden Lebens-lauf erstellt, dessen Schlagwörter Sie je nach Stellenanzeige zügig individualisieren können?

○ Haben Sie ein Anschreiben erstellt, das Sie je nach Unterneh-men, Stellenanzeige, Branche und Motivation individualisieren können?

○ Verfügen Sie über ordentlich eingescannte Nachweise, deren Dateiformat und -größe den digitalen Anforderungen an eine Bewerbung per Onlineformular entsprechen?

○ Haben Sie ein aktuelles, aussagekräftiges Profil auf einem Karrierenetzwerk wie Xing oder LinkedIn und haben Sie Ihre Internetpräsenz mittels einer Namenssuche im Internet ge-prüft? Wer sich per Onlineformular bewirbt, muss besonders damit rechnen, dass Unternehmen sein/ihr Onlineprofil sofort prüfen. Algorithmen hinter den Onlineformularen können direkt auf die Karrierenetzwerke und die entsprechenden Einträge zugreifen.

○ Haben Sie für Ihre Bewerbung per Onlineformular eine stabile Internetverbindung und genügend Zeit eingeplant, falls die Eingabe Ihrer Daten und/oder das Hochladen Ihrer Unterlagen doch länger dauert als erwartet?

Initiativ bewerben

Derzeit bietet der Arbeitsmarkt für Bewerberinnen und Bewerber zahlreiche Chancen. In vielen Regionen Deutschlands, in vielen Bran-chen und Berufsfeldern werden Mitarbeiterinnen und Mitarbeiter gesucht. Die Online-Jobbörsen sind voll von Stellenanzeigen. Dennoch kann es sinnvoll sein, Inititiativbewerbungen zu senden, z. B. wenn Sie trotz intensiver Suche keine passenden Stellenanzeigen finden und Sie über Ihr persönliches Netzwerk oder auf einer Jobmesse erfahren haben, dass ein Unternehmen aktuell oder in absehbarer Zeit jeman-den mit Ihren Qualifikationen sucht oder Sie vielleicht sogar einen persönlichen Kontakt zu einem potenziellen Arbeitgeber haben.

Der Bewerbungs-prozess

Bei Initiativbewerbungen müssen Sie einiges beachten, doch das lohnt sich. Es lohnt sich, weil Arbeitgeber viele Stellen gar nicht öffentlich ausschreiben. Wer sich initiativ bewirbt, hat die Chance, eine dieser Stellen zu ergattern.

Der verdeckte Arbeitsmarkt

Die jährlichen Studien des Instituts für Arbeitsmarkt- und Berufsforschung belegen: Nahezu zwei Drittel aller Stellen werden nicht auf dem Arbeitsmarkt öffentlich angeboten. Arbeitgeber besetzen Hunderttausende von Stellen, ohne dass externe Interessentinnen und Interessenten überhaupt davon erfahren. Vor allem Unternehmen neigen dazu, Stellen so zu vergeben, öffentliche Arbeitgeber sind dagegen meist zur Ausschreibung verpflichtet.

Dabei handelt es sich meist um Stellen, die aufgrund der normalen Personalfluktuation frei werden, z. B. wenn Mitarbeiterinnen und Mitarbeiter kündigen oder in Elternzeit gehen, krank werden und für längere Zeit ausfallen oder in den Vorruhestand oder Ruhestand gehen. Es gibt aber auch Stellen, die neu geschaffen werden, weil neue Geschäftsfelder aufgebaut, vorhandene Geschäftsfelder ausgeweitet oder neue Projekte ins Leben gerufen werden.

Mit einer Initiativbewerbung treffen Sie genau auf diesen Personalbedarf, noch bevor eine Stellenanzeige veröffentlicht wird. Die Vorteile liegen auf der Hand: Die Chancen auf ein Vorstellungsgespräch sind deutlich höher, da es viel weniger Konkurrenzbewerbungen als auf eine veröffentlichte Stellenausschreibung gibt. Ihre Chancen steigen sogar noch, wenn es Ihnen gelungen ist, vorher einen persönlichen Kontakt zum potenziellen Arbeitgeber zu knüpfen.

Wie bei allen Bewerbungen ist auch bei Initiativbewerbungen eine gute Vorbereitung wichtig und für den Bewerbungserfolg entscheidend. Auf drei Wegen können Sie an die freien Stellen auf dem verdeckten Arbeitsmarkt herankommen: Über

- **einen persönlichen Kontakt**, den Sie entweder auf einer Job messe oder einem Karriere-Event geknüpft haben oder der über Ihr persönliches Netzwerk zustande gekommen ist,
- **den regulären Bewerbungsweg** eines potenziellen Arbeitgebers; auf vielen Homepages gibt es Hinweise, dass auch Initiativbewerbungen willkommen sind,

- **eine informelle erste Kontaktaufnahme,** die sich dann anbietet, wenn Sie keinerlei Kontakte zu einem Unternehmen haben und der Arbeitgeber auf der Homepage nicht explizit darauf hinweist, dass bei ihm Initiativbewerbungen willkommen sind.

Wenn Sie keine Stellenanzeige vor Augen haben, die Ihnen eine Zielrichtung für Ihrer Bewerbung gibt, dann müssen Sie diese Zielrichtung selbst festlegen. Das ist einfacher, wenn Sie über eine Empfehlung oder durch einen persönlichen Kontakt von freien Stellen in Unternehmen wissen. Wenn Sie sich ohne Kontakte zu Arbeitgebern initiativ bewerben wollen, dann bestimmen Sie ein Bewerbungsziel (↗ S. 22 ff.), an dem Sie sich orientieren. Daraus erstellen Sie eine Liste mit Arbeitgebern, die konkret für Sie infrage kommen.
In einem weiteren Schritt prüfen Sie, welche der Arbeitgeber die Möglichkeit einer Initiativbewerbung anbieten. Hinweise finden Sie in der Regel auf den Homepages unter Rubriken wie »Karriere« oder »Stellenangebote«: »Kein passendes Stellenangebot gefunden? Dann freuen wir uns auf deine Initiativbewerbung über unser Onlineformular« oder »Sollte keine passende Stellenausschreibung für Sie dabei sein, nehmen wir gern Ihre Initiativbewerbung über unsere E-Mail-Adresse initiativbewerbung@unternehmen.de entgegen.«
Wenn die Möglichkeit zur Initiativbewerbung nicht ausdrücklich angeboten wird, schauen Sie nach, ob auf der Homepage eine Ansprechpartnerin oder ein Ansprechpartner aus der Personalabteilung mit Telefonnummer und/oder persönlicher E-Mail-Adresse genannt wird. Wenn ja, rufen Sie dort für einen ersten persönlichen Kontakt an und erfragen Sie die Chancen Ihrer Initiativbewerbung. Das ist meist der erfolgreichere Weg. Sie können sich aber auch ohne Telefonat initiativ bewerben. Dann sind die Erfolgsaussichten geringer.

Welchen Weg auch immer Sie für Ihre Initiativbewerbung wählen: Mit einer Empfehlung aus Ihrem Netzwerk, mit einem persönlichen Kontakt von einer Jobmesse oder nach einem ersten Telefongespräch mit einem oder einer Personalverantwortlichen fällt Ihnen das Bewerben leichter.
Die Bewerbungsunterlagen bestehen aber auch hier aus einem Anschreiben, einem Lebenslauf und den wichtigsten Nachweisen. Der Lebenslauf ist das Herzstück jeder Bewerbung, auch einer Initiativ-

bewerbung. Denn darin finden sich alle wichtigen Informationen zu Ihren Qualifikationen, Fähigkeiten, Kenntnissen, Erfahrungen und zu Ihren besonderen Stärken. Das Anschreiben dient als Türöffner. Darin finden sich alle relevanten Informationen zu Ihrer angestrebten Stelle. Sie umreißen darin kurz und prägnant, welches Berufsfeld und welche Position Sie sich vorstellen. Darin erklären Sie, warum Sie Ihre Arbeitskraft gerade in dieser Branche und bei diesem Arbeitgeber einsetzen wollen und wann Sie anfangen können.

Idealerweise bestücken Sie auch eine Initiativbewerbung vollständig mit allen erforderlichen Nachweisen. Es kann aber sein, dass Sie im Vorfeld mit Ihrer Kontaktperson aus dem Unternehmen etwas anderes vereinbart haben. So kann es durchaus sein, dass diese Person sich zunächst lediglich mit Ihrem aktuellen Zwischenzeugnis, dem Arbeitszeugnis von Ihrem letzten Arbeitgeber und den Nachweisen für Ihren höchsten Berufsabschluss begnügt.

Wenn Sie Ihre Vorbereitungen abgeschlossen und Ihre Unterlagen zusammengestellt haben, wählen Sie für Ihre Bewerbung den vorgegebenen oder mündlich vereinbarten Weg.

Checkliste

Initiativbewerbung

- ○ Haben Sie Ihr Bewerbungsziel definiert?
- ○ Haben Sie Ihre Bewerbungsunterlagen professionell vorbereitet?
- ○ Haben Sie Ihr Profil auf Xing und/oder LinkedIn auf Aktualität und Aussagekraft geprüft?
- ○ Verfügen Sie über Kontakte zu potenziellen Unternehmen und haben Sie Hinweise auf eine freie Stelle erhalten?
- ○ Haben Sie eine Liste der interessanten Unternehmen angelegt?
- ○ Kennen Sie den vom potenziellen Arbeitgeber bevorzugten Weg für Initiativbewerbungen?
- ○ Haben Sie geprüft, ob sich ein Anruf im Unternehmen im Vorfeld Ihrer Initiativbewerbung lohnen könnte?

Der Bewerbungsprozess

Ausnahme: die Papierbewerbung

Die klassische postalische Bewerbung ist zwar noch nicht (ganz) ausgestorben und wird von einigen Arbeitgebern auch (noch) akzeptiert. Aber sie verursacht in der Personalabteilung einen hohen Aufwand und wird deshalb in der Regel nicht (mehr) berücksichtigt. »Haben wir Ihr Interesse geweckt? Dann senden Sie uns bitte Ihre schriftliche Bewerbung mit den vollständigen und beglaubigten Unterlagen (Anschreiben, Lebenslauf, Nachweise der Studienabschlüsse wie Urkunden, Prüfungszeugnisse, eine Bewertung oder Anerkennung ausländischer Hochschulabschlüsse von der zuständigen Stelle, Diploma Supplement, Transcript of Marks, möglichst mit deutscher Übersetzung, Arbeitszeugnisse) unter Angabe der Kennziffer 01219 bis zum … an …«. Nur noch wenige Arbeitgeber, z. B. bestimmte Stiftungen, einige Behörden und kleinere Handwerksbetriebe oder Einzelhändler, legen auch heute noch Wert auf eine Bewerbungsmappe und akzeptieren nur diesen Bewerbungsweg. Die Gründe dafür:

- Sie glauben, aus einer schriftlichen Bewerbungsmappe besser darauf schließen zu können, ob eine Bewerberin oder ein Bewerber zum Unternehmen passt.
- Sie wollen eine Schriftprobe von ihren Bewerberinnen und Bewerbern für eine grafologische Untersuchung.
- Manche Arbeitgeber, v. a. im öffentlichen Dienst, brauchen beglaubigte Kopien von Zeugnissen und Urkunden.
- Sie verfügen nicht über die Software bzw. die Computerkenntnisse, um elektronische Bewerbungen lesen zu können.
- Für viele kleine Firmen, besonders im Handwerk und Einzelhandel, ist es einfacher, wenn Bewerberinnen und Bewerber ihre Unterlagen auf Papier einreichen.

Inhaltlich unterscheidet sich eine Papierbewerbung von der elektronischen Bewerbung nicht. Auch zur Papierbewerbung gehören ein individuelles Anschreiben, ein Lebenslauf, ggf. mit Bewerbungsfoto, sowie alle relevanten Nachweise (Zeugnisse und Zertifikate, ggf. auch Arbeitsproben). Der Unterschied ist allein der Weg der Übermittlung: Statt elektronisch werden Papierbewerbungen per Post versendet oder persönlich überreicht.

Anforderungen an eine Papierbewerbung

E-Mail-Adresse, Dateiformat, Dateigröße und Dateiname, all das spielt bei Papierbewerbungen keine Rolle. Wohl aber die die sensorische Qualität der Bestandteile: das Papier, die Druckqualität, die Qualität des Bewerbungsfotos und der Nachweiskopien und nicht zuletzt sogar der Geruch der Bewerbung. Vorsicht Raucher: Sorgen Sie dafür, dass Ihre Bewerbung nicht nach Rauch riecht. Das ist schneller der Fall, als Sie wahrscheinlich erwarten. Lassen Sie das einen Nichtraucher außerhalb Ihrer Wohnung testen.

Wenn Sie keine Möglichkeit haben, Ihre Unterlagen selbst in angemessener Qualität auszudrucken, können Sie auch die Dienste eines Copyshops nutzen. Dort wird man Ihnen auch geeignetes Papier anbieten können.

Überlegen Sie zunächst wieder, wie die Empfängerin oder der Empfänger Ihre Papierbewerbung weiterverarbeitet. Wer wird den Umschlag öffnen? Wo wird Ihre Bewerbungsmappe auf dem Schreibtisch liegen? Was wird der Empfänger bzw. die Empfängerin wahrnehmen, wenn sie die einzelnen Seiten umblättert und liest? Wenn ein Arbeitgeber heute, in digitalen Zeiten, eine Papierbewerbung wünscht, dann können Sie davon ausgehen, dass er ein besonderes Augenmerk auf die Qualität aller Bestandteile Ihrer Bewerbung legt. Achten Sie deshalb besonders auf die folgenden Punkte:

- **Papierqualität:** Anschreiben, Lebenslauf und Nachweise sollten auf gleichem Papier, am besten auf weißem Papier der Stärke 80 oder 90 Gramm, ausgedruckt bzw. kopiert sein.

- **Ausdruck:** Verwenden Sie einen Laserdrucker oder einen sehr guten Tintenstrahldrucker mit gereinigter Düse; nur so erhalten Sie gute Ausdrucke.

- **Foto:** Verwenden Sie einen Originalabzug Ihres Bewerbungsfotos auf hochwertigem Fotopapier und kleben Sie es sauber oder in Fotoecken gesteckt oben rechts auf den Lebenslauf oder auf das Deckblatt. Tackern Sie es nicht auf das Papier, heften Sie es nicht mit einer Büroklammer an und drucken Sie es nicht selbst aus!

- **Kopien:** Achten Sie auch bei den Kopien der Nachweise auf ein gestochen scharfes Bild und darauf, dass alle Dokumente gerade und akkurat kopiert sind. Falls für bestimmte Nachweise Beglaubigungen verlangt wurden, schicken Sie beglaubigte Kopien dieser Dokumente, aber keine Originale mit.

- **Bewerbungsmappe:** Machen Sie sich nicht zu viel Gedanken über Farbe, Form und Wertigkeit Ihrer Bewerbungsmappe. Verwenden Sie eine einfache Mappe in einer schlichten Farbe (Weiß, Grau oder Blau). Legen Sie das Anschreiben nicht in die Mappe, sondern lose auf die Mappe. In der Mappe befinden sich dann ggf. ein Deckblatt, der Lebenslauf und die Nachweise. Ideal ist eine transparente Deckseite, weil sie sofort den Blick auf Ihr Foto freigibt. Der öffentliche Dienst verlangt häufig, die Unterlagen lediglich in eine Klarsichthülle zu stecken und keine Bewerbungsmappe zu verwenden. Solche Vorgaben müssen Sie befolgen.
- **Umschlag:** Verwenden Sie einen DIN-A4-Umschlag mit Kartonrücken, damit Ihre Bewerbung bei der Beförderung mit der Post keine Knicke bekommt.
- **Briefmarke:** Sie können auch darauf achten, ein passendes Briefmarkenmotiv zu wählen, z. B. für ein Industrieunternehmen ein technisches Motiv oder für eine gemeinnützige Organisation eine Wohlfahrtsmarke.
- **Absender- und Empfängeradresse:** Wenn Sie die Absender- und Empfängeradresse von Hand auf den Umschlag schreiben, sollten Sie auf eine saubere und gut lesbare Handschrift achten. Sie können auch am Computer Adressetiketten erstellen, die Sie sauber ausdrucken und gerade auf den Umschlag kleben. Das sieht meist ansprechender aus. Ihre Absenderadresse platzieren Sie als einzelne Zeile in Schriftgröße 8 über der Empfängeradresse, für die Sie Schriftgröße 11 oder 12 wählen. Eine Leerzeile zwischen Straße und Ort ist heute nicht mehr üblich, ebenso wenig die früher üblichen Länderkürzel »D-«, »CH-«, oder »A-« vor der Postleitzahl. Möglich ist auch, einen DIN-A4-Fensterumschlag zu verwenden. Achten Sie aber auf eine saubere Platzierung der Empfängeradresse im Anschreiben, damit sie auch wirklich vollständig im Fenster des Umschlags erscheint.
- **Reihenfolge:** Die Reihenfolge der Unterlagen in der Bewerbungsmappe ist identisch mit der Reihenfolge der Unterlagen in einer PDF-Datei für eine Bewerbung per E-Mail (↗ S. 134). Das Anschreiben gehört nicht in die Mappe, sondern auf die Mappe.
- **Der Postweg:** In der Regel versenden Sie Ihre Bewerbung ausreichend frankiert mit der normalen Post, also nicht per Einschreiben. Der Versand per Einschreiben ist allenfalls sinnvoll, wenn Sie

Der Bewerbungsprozess

nachweisen müssen, dass Sie Ihre Bewerbung rechtzeitig einge-
sendet und damit eine Bewerbungsfrist eingehalten haben. Bei
Bewerbungen im öffentlichen Dienst, im Bereich der öffentlichen
Sicherheit, wo oft zahlreiche beglaubigte und sehr persönliche
Unterlagen wie z. B. ein ärztliches Attest oder ein erweitertes
polizeiliches Führungszeugnis verlangt werden, ist ein Einschreiben ungeeignet, da es mit der normalen Post transportiert und
nur die Zustellung dokumentiert wird. Besser ist in solchen Fällen
ein Versandweg mit Sendungsverfolgung, der nicht nur bei Pake-
ten, sondern auch bei Briefen möglich ist. Bei der Deutschen Post
nennt sich diese Form des Versands »Prio«. So mindern Sie das
Risiko, dass die Sendung auf dem Postweg verloren geht.

- **Bewerbungsfrist:** Wenn Sie eine Bewerbungsfrist einhalten müssen, die Zeit aber schon knapp ist, können Sie auch beim Arbeitgeber anrufen und fragen, ob Sie die Unterlagen persönlich abgeben
können. Das wird beispielsweise bei kleineren Handwerksbetrie-
ben und Einzelhandelsunternehmen sogar gern gesehen.

Beispielformulierung

Guten Tag Herr/Frau [Name], mein Name ist [Nachname, Vorname,
Nachname]. Ich habe Ihre Stellenanzeige [Stellenbezeichnung] bei
[Quelle, z. B. meinestadt.de] gesehen und möchte mich gern
bewerben. Da die Bewerbungsfrist heute abläuft, möchte ich
fragen, ob es für Sie passt, wenn ich Ihnen meine Unterlagen
heute Nachmittag persönlich vorbeibringe. Ich wohne in der Nähe
und kann gern kurz vorbeikommen.

Auf jeden Fall sollten Sie, wenn Sie Zweifel haben, ob Ihre Bewerbung
beim Unternehmen eingegangen ist, am letzten Tag der Bewerbungsfrist in der Personalabteilung anrufen und danach fragen.

Beispielformulierung

Guten Tag Frau/Herr [Name], mein Name ist [Nachname, Vorname,
Nachname]. Ich habe mich auf Ihre Stelle als [Stellenbezeichnung]
beworben. Sie war am [Datum] bei [Quelle, z. B. www.indeed.de]
ausgeschrieben. Ich rufe kurz an, um sicherzugehen, dass meine
Bewerbung auch fristgerecht bei Ihnen eingegangen ist. Es ist mir
sehr wichtig, da mir viel an der Stelle liegt.

Auf die Frage, ob Sie die Kopien der Nachweise und den Ausdruck des Lebenslaufs wiederverwenden können, nachdem Ihnen ein Unternehmen abgesagt und Ihnen die Unterlagen zurückgeschickt hat, gibt es eine klare Antwort: Den Lebenslauf verwenden Sie besser kein zweites Mal – ohnehin ist es besser, Sie passen ihn bei jeder Bewerbung aufs Neue an die Erfordernisse an. Das Bewerbungsfoto dagegen lässt sich oft von der Unterlage ablösen, ohne Schaden zu nehmen. Dann können Sie es selbstverständlich wieder einsetzen. Die Bewerbungsmappe können Sie in aller Regel wiederverwenden, jedenfalls wenn sie noch tadellos aussieht. Gleiches gilt für die Kopien Ihrer Nachweise, vorausgesetzt, sie sind frei von Knicken, handschriftlichen Notizen und Markierungen sowie Schmutz. Bewerbungsunterlagen mit Gebrauchs- oder Verschleißspuren und Bewerbungsunterlagen, die nach Rauch riechen, verwenden Sie nicht wieder. Immerhin geht es um Ihre berufliche Zukunft.

Papierbewerbungen können aufwendig sein. Scheuen Sie keine Mühe, diesen Aufwand zu betreiben. Achten Sie akribisch auf die Qualität aller Bestandteile Ihrer Papierbewerbung. Denn Arbeitgeber, die diese traditionelle Form der Bewerbung wünschen, legen in aller Regel großen Wert auf Form und Qualität; sie betrachten die Mappe mitsamt ihren Bestandteilen als eine Art erster Arbeitsprobe.

Checkliste **Papierbewerbung**

- ○ Haben Sie alle Anforderungen des Arbeitgebers erfüllt?
- ○ Haben Sie alle Ihre Bewerbungsunterlagen professionell vorbereitet?
- ○ Sind Anschreiben und Lebenslauf gestochen scharf ausgedruckt? Sind die Nachweiskopien in guter Qualität erstellt?
- ○ Haben Sie eine geeignete Bewerbungsmappe oder (falls vom Arbeitgeber gewünscht) eine Klarsichthülle gewählt?
- ○ Ist sichergestellt, dass Ihre Papierbewerbung fristgerecht beim Arbeitgeber ankommt?

Der Bewerbungs- prozess

Sich selbst präsentieren

Herzlichen Glückwunsch!

Sie haben die erste Hürde genommen und sind zu einem Vorstellungsgespräch eingeladen. Jetzt haben Sie die Chance, den Arbeitgeber restlos davon zu überzeugen, dass es sich für ihn lohnt, Sie einzustellen. Damit Ihnen das gelingt, sollten Sie bei Ihrer Selbstpräsentation – ob im persönlichen Gespräch, im Interview per Telefon oder Videocall, im Assessment-Center oder bei einer Jobmesse – einiges beachten.

Die erste Freude über die Einladung eines Arbeitgebers weicht nicht selten der Panik darüber, was jetzt alles zu beachten ist, um einen guten ersten Eindruck zu hinterlassen. Und überhaupt, was heißt eigentlich »gut«? Das persönliche Kennenlernen ist der vorläufige Höhepunkt des Bewerbungsprozesses. Wer diese Chance zu nutzen versteht, hat die Stelle. Aber worum geht es in einem Gespräch oder einem Assessment-Center wirklich? Was interessiert Arbeitgeber wirklich?

DER ERSTE TERMIN

Sie haben eine Einladung zu einem ersten Termin; ein Arbeitgeber ist an Ihnen und an Ihrer Arbeitskraft interessiert – auch wenn Ihr Lebenslauf vielleicht Lücken aufweist oder erklärungsbedürftige Lebensphasen. Jetzt haben Sie die Chance, Ihren Gesprächspartner oder Ihre Gesprächspartnerin persönlich von sich und von Ihren Fähigkeiten zu überzeugen. Dabei sollten Sie den Blick auf das richten, was in Zukunft wichtig sein wird. Ihre Selbstpräsentation sollte präzise zur angestrebten Stelle passen.

Der erste Termin mit einem Arbeitgeber ähnelt dem ersten Termin bei der Partnersuche: Beide Seiten sind neugierig und unsicher, und für beide Seiten geht es um Elementares. Egal wie der Auswahlprozess des Arbeitgebers aussieht, ob das erste Gespräch über Telefon oder Videocall (z. B. Zoom oder Microsoft Teams) oder persönlich beim potenziellen Arbeitgeber stattfindet, dieses Gespräch ist kein Alltagsgespräch, sondern etwas Besonderes. Beide Seiten müssen herausfinden, ob sie miteinander eine (Arbeits-)Beziehung eingehen wollen.

Auswahlprozesse können von Unternehmen zu Unternehmen, von Organisation zu Organisation und von Behörde zu Behörde stark variieren. Standard ist die Abfolge Bewerbung, Vorstellungsgespräch, Zusage und Arbeitsvertrag (oder Absage).
Je nach Position, auf die sie sich bewerben, erwarten Sie jedoch zusätzliche Auswahlstufen – vor und nach einem Vorstellungsgespräch. Das kann ein Telefoninterview oder ein Videocall sein, womit ausge-

lotet wird, ob sich der Aufwand eines Vorstellungsgesprächs vor Ort lohnt, das kann ein Onlinetest sein, der schon im Vorfeld Aufschluss geben soll über die Persönlichkeit, die kognitive Leistungsfähigkeit des Bewerbers bzw. der Bewerberin, und das kann nach dem Vorstellungsgespräch ein Assessment-Center sein für einen authentischen Eindruck von Ihrer Persönlichkeit und Ihrer Arbeitsweise. Gar nicht so selten sind mehrere dieser Auswahlstufen zu absolvieren. Immer ist es das Ziel der Arbeitgeber, das Risiko einer Fehlentscheidung zu minimieren. Doch unabhängig davon, welche und wie viele Stufen in einem Auswahlprozess auf Sie zukommen – für Sie geht es darum, den Arbeitgeber davon zu überzeugen, dass Sie persönlich und fachlich zu einer bestimmten Stelle und zum potenziellen Arbeitgeber passen. Um das zu schaffen, müssen Sie wissen, was diesen wirklich interessiert.

Die Arbeitgeberperspektive

Arbeitgebern geht es im gesamten Auswahlprozess und damit auch beim ersten Termin weniger darum, eine perfekte Bewerberin oder einen perfekten Bewerber zu finden, sondern darum, die folgenden fünf Fragen zu klären:

- Mögen wir den Bewerber / die Bewerberin?
- Können wir uns vorstellen, mit ihm/ihr zusammenzuarbeiten?
- Bringt er/sie die nötigen Fähigkeiten mit?
- Ist er/sie leistungsmotiviert?
- Passt er/sie in die Unternehmenskultur und ins Team?

Selbstverständlich stellt Ihnen niemand diese Fragen. Aber wer das Gespräch führt, hat sie im Kopf und will sie klären. Wie schaffen Sie es, diese Person von sich zu überzeugen? Wie schaffen Sie es, dass Ihr Gesprächspartner bei diesen fünf Fragen fünf Mal Ja denkt:

- Ja, wir mögen ihn/sie!
- Ja, wir können uns vorstellen, mit ihm/ihr zusammenzuarbeiten!
- Ja, er/sie bringt die Fähigkeiten mit, die wir brauchen!
- Ja, er/sie ist leistungsmotiviert!
- Ja, er/sie passt in die Unternehmenskultur und ins Team!

Sich selbst präsentieren

Um das zu erreichen, ist einiges an Vorbereitung und Hintergrundwissen nötig. Ihr verbaler Pitch, Ihre Selbstdarstellung zu den drei Punkten »Ich bin …, ich kann …, ich will …« hilft Ihnen dabei (↗ S. 56 ff.). Wenn Sie es schaffen, Ihrem Gesprächspartner zu vermitteln, was Sie können (Qualifikation), wer Sie sind (Person) und was Sie wollen (Motivation), und wenn das zum Unternehmen und zur Stelle passt, dann sind Sie Ihrem Ziel, der neuen Stelle, schon einen großen Schritt näher. Beantworten Sie dazu vor jeder einzelnen Auswahlstufe die folgenden Fragen:

- Warum will ich gerade für diesen Arbeitgeber und in dieser Position arbeiten? Was reizt mich an der Branche? An den Aufgaben?
- Welche Qualifikationen, Fähigkeiten und Erfahrungen bringe ich für die gewünschte Stelle mit?
- Wie beschreibe ich mich (und wie beschreiben mich andere)? Wie stelle ich mir die Mitarbeiterinnen und Mitarbeiter beim potenziellen Arbeitgeber vor?

Eine große Rolle beim ersten Termin spielt Ihre Glaubwürdigkeit. Selbstverständlich werden Sie nicht gefragt, ob Sie glaubwürdig sind, ob man Ihnen vertrauen kann, ob Sie die Wahrheit sagen. Glaubwürdigkeit wird nicht ausdrücklich thematisiert. Ihre Glaubwürdigkeit wird anhand Ihrer Antworten (verbal) und Ihres Verhaltens (nonverbal) eingeschätzt. Stimmt das, was Sie mit Worten sagen, mit dem überein, was Sie nonverbal vermitteln? Wenn ja, wirken Sie glaubwürdig. Angenommen, ein Bewerber hat mit der Personalchefin des gewünschten Arbeitgebers einen Zeitpunkt für ein telefonisches Vorstellungsgespräch vereinbart. Zu diesem Termin ist er aber nicht erreichbar, obwohl er betont hat, sehr zuverlässig zu sein. Dann stimmen seine Worte nicht mit seinen Taten überein.
Oder angenommen, eine Bewerberin hat als eine ihrer wesentlichen Stärken Qualitätsbewusstsein genannt. Doch erscheint sie zum Vorstellungsgespräch mit schäbigen Accessoires: einer zerkratzten Armbanduhr, einer Brille mit geknicktem Bügel, einem Kugelschreiber, der nicht funktioniert und einem billigen Jackett, das nicht richtig sitzt. Auch dann fragt sich der oder die Personalverantwortliche, ob das Qualitätsbekenntnis nur ein Lippenbekenntnis, eine leere Phrase war.

Im Zweifel schenken Menschen immer den stärkeren Reizen Glauben, und das sind in der Regel die nonverbalen Signale. Deshalb ist es ungemein wichtig, dass Sie das, was Sie mit Worten sagen und schreiben, mit Ihrem Auftritt und Ihren Taten belegen. »Walk the talk«, sagt man im Englischen dazu. Um Ihrem Gegenüber das sichere Gefühl Ihrer uneingeschränkten Eignung für eine bestimmte Stelle zu geben, müssen Sie sich richtig auf den ersten Termin vorbereiten.

Die Vorbereitung

Unterschätzen Sie nicht die Bedeutung der Vorbereitung! Eine gute Vorbereitung kann den Unterschied zwischen einem Arbeitsvertrag und einer Absage ausmachen. Viele Bewerberinnen und Bewerber denken: »Ach, ich gehe da einfach mal hin und gebe mich ganz natürlich. Ich will mich ja nicht verstellen.« Und sind dann im Gespräch sehr erstaunt darüber, wie steif und angespannt sie sich fühlen und verhalten. Das ist kein Wunder, denn ein Vorstellungsgespräch erfordert weit mehr als ein Alltagsgespräch. Um auf Fragen ungezwungen antworten zu können und authentisch zu wirken, bedarf es eingehender Vorbereitung. Das schafft innere Sicherheit und Selbstvertrauen.

Klären Sie die W-Fragen

Sie haben eine Einladung zu einem ersten Termin. Was nun? Keine Panik. Auch wenn kein Arbeitgeber dem anderen gleicht und Vorstellungsgespräche sehr unterschiedlich verlaufen können – es sind nur wenige Tipps zu beherzigen für eine überzeugende Selbstpräsentation. Prüfen Sie zunächst anhand von sechs einfachen W-Fragen, ob Sie alle wichtigen Informationen haben. Wenn nicht, sollten Sie sie bei der Terminbestätigung per Telefon oder per E-Mail klären:

- Wann findet das Gespräch statt?
- Wo bzw. wie (in welcher Form) findet das Gespräch statt?
- Wer wird das Gespräch führen? Wie viele Personen werden das Gespräch führen?
- Wie lange wird das Gespräch in etwa dauern?
- Was erwartet Sie im Gespräch?
- Wie können Sie sich am besten vorbereiten?

Viele Arbeitgeber geben auf ihrer Homepage, meist unter Rubriken wie »Karriere« oder »Stellenangebote«, Bewerbungstipps, in denen sie auch erläutern, was sie im Bewerbungsprozess und speziell bei einem Vorstellungsgespräch erwarten und wie Sie sich darauf am besten vorbereiten können. Oft informieren sie dort auch über den gesamten Auswahlprozess mit seinen einzelnen Auswahlstufen, z. B. Telefon-interview, Videocall, Vorstellungsgespräch, Assessment-Center sowie Online- und Eignungstests. Zu den übrigen W-Fragen – wann, wo, wer und eventuell wie lange – finden Sie die Antworten in der Regel in Ihrem Einladungsschreiben.

Sorgen Sie für Rollenklarheit

Machen Sie sich klar, wer Ihnen im Gespräch gegenübersitzen wird und wie die Rollen verteilt sind. Sitzt jemand aus der Personalabtei-lung mit am Tisch, ist es dessen Rolle, zu erkennen, was für Sie, aber auch was gegen Sie spricht. Der Fokus des oder der Personalverant-wortlichen ist in der Regel darauf gerichtet, diejenigen Bewerberinnen oder Bewerber zu identifizieren, die guten Gewissens aussortiert werden können. Vertreter und Vertreterinnen der Fachabteilungen sind in der Regel weniger kritisch. Sie wollen Entlastung und sind deshalb stark an Ihnen interessiert – soweit Sie die fachlichen Quali-fikationen und praktischen Erfahrungen, die Sie im Lebenslauf ange-geben haben, auch wirklich mitbringen. Wichtig für Sie zu wissen: Zwar hat die Stimme der Fachabteilung meist mehr Gewicht als die der Personalabteilung, aber kaum eine Fachabteilung entscheidet sich gegen den Rat der Personalabteilung. Deshalb müssen Sie beide überzeugen.

Werden Sie sich auch Ihrer eigenen Rolle bewusst. Sie wurden zu einem ersten Gespräch eingeladen, weil man Sie aufgrund Ihrer Be-werbung für prinzipiell geeignet hält. Sie haben also etwas zu bieten. Machen Sie sich bewusst, wer Sie sind, was Sie können und was Sie wollen und dann begegnen Sie Ihren Interviewern auf Augenhöhe – selbstbewusst.

Holen Sie Informationen ein

Augenhöhe und Authentizität sind leichter möglich, wenn Ihr Informationsniveau und das Ihrer Interviewer ausbalanciert ist. Deshalb sollten Sie sich vor dem Gesprächstermin intensiv über das Unternehmen und Ihre Interviewer informieren. Nutzen Sie dazu die Firmenhomepage und Ihre Suchmaschine. Suchen Sie im Internet nach den Namen Ihrer Interviewer – diese machen dasselbe mit Ihrem Namen.

 **Informationen über das Unternehmen einholen**

Recherchieren und notieren Sie sich Fragen wie:

- Welche und wie viele Firmenstandorte gibt es?
- Welche Produkte/Dienstleistungen werden verkauft?
- Wie entwickelt sich die Marktposition?
- Wer sind die Konkurrenten des Unternehmens?
- Werden gerade neue Produkte/Dienstleistungen eingeführt?
- Wie hoch ist die Mitarbeiterzahl?
- Welches Image hat die Firma in der Öffentlichkeit?
- Wer sind Ihre Interviewer?
- Was haben Ihre Interviewer gelernt?
- Wie lange arbeiten diese Personen schon im Unternehmen?

Üben Sie Ihre Rolle im Gespräch

Wer führt schon täglich ein Vorstellungsgespräch? Die meisten Vorstellungsgespräche finden am Anfang der Berufslaufbahn statt und dann erst wieder an beruflichen Veränderungspunkten im Leben. Wer aber noch nie ein Vorstellungsgespräch geführt hat oder seit Jahren aus der Übung ist, dem fehlt es an Routine, einem oder mehreren Personalverantwortlichen Rede und Antwort zu stehen. Deshalb lohnt es sich, das Frage-und-Antwort-Spiel zu Hause zu üben – zumal die meisten Vorstellungsgespräche dem Ablauf in drei Phasen folgen (↗ S. 191 f.). Lassen Sie sich von einer Freundin oder von einem Freund, Ihrem Partner oder Ihren Kindern befragen. Nehmen Sie Ihre Antworten auf – z. B. mit Ihrem Smartphone. Hören Sie sich an, *was* Sie gesagt und *wie* Ihre Antworten gewirkt haben. Üben Sie so lange, bis Sie

Sich selbst | präsentieren

sicher sein können, dass Ihre Selbstpräsentation sitzt und Ihren Ge-sprächspartner überzeugen wird.

Wählen Sie passende Kleidung

Für den ersten Eindruck gibt es keine zweite Chance. Dieses Sprich-wort gilt für jedes erste Kennenlernen – ob per E-Mail, per Telefon, Videocall oder im persönlichen Gespräch. Die Kleidung spielt immer eine Rolle, wenn Ihr Gegenüber Sie sieht – also beispielsweise im Videocall oder im persönlichen Gespräch im Unternehmen. Bewerbe-rinnen und Bewerber können mit ihrer Kleidung und ihren Accessoires einen entscheidenden Einfluss darauf nehmen, wie überzeugend ihre Selbstpräsentation wirkt.

Denn das Erscheinungsbild trägt maßgeblich zur Unterstreichung der Persönlichkeit bei. In einem Vorstellungsgespräch wollen Ihre Gesprächspartnerinnen und -partner auch herausfinden, ob Sie per-sönlich zum potenziellen Arbeitgeber passen. Deshalb wird eine Interviewerin oder ein Interviewer auch immer darauf schauen, ob Sie den Dresscode kennen und beachten.

Welches Outfit für ein Vorstellungsgespräch angemessen ist, hängt von der ausgeschriebenen Position, vom Arbeitgeber und von der Branche ab. Passen Sie sich deren Gepflogenheiten und Dresscodes an. Wenn Ihnen das widerstrebt, sollten Sie Ihr Bewerbungsziel noch einmal überdenken. Aber vielleicht können Sie auch Kompromisse finden. Die Anforderungen an die Kleidung lassen heute in den meis-ten Branchen und Unternehmen Spielraum, und selbst Vorstände verzichten heute auf die Krawatte.

Und dennoch: Wenn auch die Belegschaft im Arbeitsalltag etwas legerer gekleidet ist, Bewerber und Bewerberinnen brauchen für das Vorstellungsgespräch ein Erscheinungsbild auf höherem Niveau. Ein Vorstellungsgespräch ist kein Alltag. Zur Orientierung:

- Für leitende Positionen gilt generell Business-Outfit, denn ein Arbeitgeber muss sich vorstellen können, dass Sie das Unter-nehmen angemessen nach außen repräsentieren.
- Je konservativer die Branche, desto konservativer die Kleidung. Banken, Anwalts- und Steuerkanzleien sowie Versicherungsunter-nehmen gelten z. B. als konservativ.

- Unternehmen der New Economy pflegen meist einen zwangloseren Kleidungsstil als die der Old Economy. Bei Siemens kleidet man sich z. B. konservativer als in jungen, hippen Start-ups.

Für alle Vorstellungsgespräche gilt: Das Erscheinungsbild muss gepflegt, die Kleidung frisch gewaschen und gebügelt bzw. gereinigt, die Schuhe müssen frisch geputzt sein. Nichts darf deutliche Gebrauchs- oder Abnutzungsspuren aufweisen.

 **In Sachen Kleidung recherchieren**
Viele Unternehmen präsentieren auf ihrer Website Fotos von ihren Mitarbeiterinnen und Mitarbeitern. Schauen Sie sich diese Fotos an. Suchen Sie im Internet auch die Namen Ihrer Gesprächspartnerinnen bzw. -partner. Prüfen Sie, wie sich diese z. B. auf Xing oder LinkedIn darstellen. So bekommen Sie ein Gefühl dafür, wie Sie sich selbst für das Vorstellungsgespräch kleiden sollten.

Business-Outfit: Anzug mit Hemd und Krawatte bzw. Businesskostüm oder Hosenanzug mit Bluse – das ist ein Business-Outfit. Dieser Dresscode gilt für alle leitenden Positionen, ob in der Baubranche oder in einer Bank und generell für konservative Unternehmen. Müssen Sie aber in einem Start-up-Unternehmen ein Business-Outfit tragen? Wahrscheinlich eher nicht.
Beim Business-Outfit können Sie als Mann oder Frau auf die folgenden Details achten:
- **Farben:** Schwarz, Blau, Grau, Braun oder Beige. Vermeiden Sie schrille Farben bzw. setzen Sie diese allenfalls bei Accessoires (Tuch, Krawatte, Schmuck) ein.
- **Material:** Die Art des Materials wird der Branche und dem Unternehmen angepasst. Je gediegener die Branche bzw. das Unternehmen, desto edler das Material. Angemessen ist z. B. ein robustes Material in der Baubranche und ein feiner Zwirn in der Dienstleistungsbranche für Luxusartikel.

Sich selbst | präsentieren

● **Muster:** Achten Sie bei Hemden, Blusen, Tüchern oder Krawatten auf dezente Muster. Schrille Muster lenken zu sehr von Ihrer Persönlichkeit ab.

Beim Business-Outfit müssen auch die Schuhe samt Schnürsenkeln, die Strümpfe und der Gürtel farblich und qualitativ zum Outfit passen. Die gesamte Kleidung sollte gut sitzen. Wenn Sie Ihr Outfit neu kaufen, sollten Sie die Kleidung vor dem eigentlichen Vorstellungsgespräch einige Male tragen, um sich daran zu gewöhnen und sich darin natürlich zu bewegen. Das ist besonders für Berufseinsteigerinnen und Berufseinsteiger wichtig, die noch wenig Gelegenheit hatten, Anzug oder Kostüm zu tragen.

 **Lassen Sie sich beraten**

Besonders für Berufseinsteigerinnen und Berufseinsteiger, die noch wenig Erfahrung auf dem Businessparkett haben, ist es am Anfang der Karriere wichtig, sich sicher zu präsentieren. Ein perfektes Outfit hilft, die eigene Persönlichkeit zu unterstreichen. Wer sich in Sachen Kleidung unsicher ist, sollte sich in einem Modehaus beraten lassen oder vor dem Kauf des Outfits eine professionelle Stilberatung in Anspruch nehmen.

Gehobenes Alltags-Outfit: Nicht jeder muss oder sollte das Business-Outfit wählen. Wer sich auf eine Position in der Sachbearbeitung oder im Lager, im Verkauf oder in der Produktion bewirbt, wäre mit Anzug oder Kostüm overdressed. Für die allermeisten Arbeitsstellen reicht es vollkommen aus, wenn Sie sich so anziehen, wie es Ihrem persönlichen Stil bei der Arbeit entspricht. Selbstverständlich erscheinen Sie nicht im Blaumann oder Laborkittel zum Vorstellungsgespräch. Aber ansprechende Alltagskleidung ist in solchen Fällen durchaus angebracht. Achten Sie bei Ihrer Kleidung jedoch immer auf die folgenden Punkte:

- Die Farben, die Sie tragen, sollten eher dezent sein. Alles, was Sie tragen, sollte farblich aufeinander abgestimmt sein und im Hinblick auf die Machart zusammenpassen.
- Die Kleidung sollte gewaschen und gebügelt sein und keine deutlichen Gebrauchs- und Abnutzungsspuren aufweisen.
- Zeigen Sie – auch im Sommer – keine nackte Haut. Tragen Sie also geschlossene statt offene Schuhe und tragen Sie als Mann stets Socken, die die Knöchel verbergen. Verzichten Sie als Frau auf bauchfreie Kleidung oder transparente Blusen. Wenn Sie einen Rock anziehen, dann sollte der nicht zu kurz sein und mit einer Feinstrumpfhose kombiniert werden.
- Die Kleidung sollte nicht zu sportlich leger sein. Auch aufreizende Outfits sind tabu. Tragen Sie keine Turnschuhe, kein Poloshirt, keine Schuhe mit hohen Absätzen, keine Netzstrumpfhosen und kein tiefes Dekolleté.
- Zum Vorstellungsgespräch kleiden Sie sich in der Regel ein wenig besser als im Arbeitsalltag. Das heißt: Sie wählen die gute Hose, das gute Hemd und die guten Schuhe und nicht die Garnitur, die Sie Tag für Tag tragen. Würdigen Sie den besonderen Anlass, indem Sie sich Gedanken über Ihre Kleidung machen – und über die passenden Accessoires.

Die passenden Accessoires: Was haben Sie bei einem Vorstellungsgespräch bei sich bzw. was tragen Sie in Ergänzung zur Kleidung? Tasche, Schreibblock, Kugelschreiber, Armbanduhr und Schmuck – achten Sie auch bei der Wahl Ihrer Accessoires darauf, was diese über Sie aussagen und inwieweit die Dinge, die Sie zu einem Gespräch mitnehmen, zu Ihrem Bewerbungsziel passen.

Alles, was Sie bei sich tragen, wird in einem Vorstellungsgespräch
wahrgenommen und bewertet; egal ob bewusst oder unbewusst.
So kann ein kleines Detail dazu führen, dass Sie die gewünschte Stelle
nicht bekommen. Ein Fehler wäre z. B. ein Kugelschreiber mit dem
Werbeaufdruck Ihres Ex- oder Noch-Arbeitgebers. Das Gegenüber
könnte Sie für illoyal halten, und Illoyalität ist ein Ausschlusskriterium.
Vergeben Sie sich hier keine Chancen. Es ist einfach, die passenden
Accessoires zu wählen. Beachten Sie dabei die folgenden Punkte:

- Alle Accessoires sollten in gutem Zustand sein und keine deutlichen Gebrauchs- oder Abnutzungsspuren aufweisen. Das gilt für
  die Tasche genauso wie für den Kugelschreiber, den Schreibblock,
  das Uhrenarmband und den Schmuck, den Sie tragen.
- Alle Accessoires sollten neutral und hochwertig sein. Nehmen Sie
  keine billigen Werbekugelschreiber mit und keine Schreibblöcke
  mit Werbung.
- Alle Accessoires sollten farblich und qualitativ zu Ihrer Kleidung
  und damit zur angestrebten Position, zum Unternehmen und zur
  Branche passen.

Sich selbst
präsentieren

- Schmuck sollte dezent sein und passend zum Bewerbungsziel gewählt werden. Auch wenn sich die Benimm-Regeln gelockert haben, gilt noch immer: In konservativen Branchen tragen Männer allenfalls einen Ehering, sonst aber keinen Schmuck.
- Ob Sie als Frau unbedingt geschminkt zum Vorstellungsgespräch gehen müssen, hängt ein wenig von Ihrer Branche ab. Von einer Kundenberaterin oder Marketing-Managerin wird dies sicher eher erwartet als etwa von einer Handwerkerin oder einer Altenpflegerin. Wobei es immer eine Frage des persönlichen Stils ist, ob Sie sich überhaupt schminken. Unbedingt sein muss es nicht. Wenn Sie Make-up wählen, sollte es jedenfalls eher dezent sein: nicht zu viel Lippenstift, nicht zu viel Rouge, keine dicken, kohlschwarzen Lidstriche etc. Auch sollten Sie beim Lippenstift und Augen-Make-up auf knallige Farben verzichten.

DAS PERSÖNLICHE VORSTELLUNGSGESPRÄCH

Nach wie vor nutzen Arbeitgeber das persönliche Vorstellungsgespräch in ihren Räumlichkeiten am häufigsten zur Auswahl geeigneter Bewerberinnen und Bewerber. Da Vorstellungsgespräche meist nach demselben Muster ablaufen und oft die gleichen, klassischen Fragen an Bewerberinnen und Bewerber gestellt werden, haben Sie die Chance, sich optimal darauf vorzubereiten. Nutzen Sie sie!

Der typische Ablauf

Egal ob Sie sich als Verkäufer, als Controllerin, Krankenpfleger, Verwaltungssachbearbeiterin, Techniker oder Ingenieurin bewerben – in den allermeisten Fällen werden Sie im Vorstellungsgespräch den klassischen Ablauf in drei Phasen erleben: Es beginnt mit der Begrüßung und der gegenseitigen Vorstellung und führt dann zu den Fragen über Ihre Erfahrungen, Fähigkeiten und Qualifikationen. Ihr Gegenüber wird Sie auffordern, wichtige Stationen Ihres Werdegangs und Ihrer bisherigen Tätigkeit zu beschreiben. Konzentrieren Sie sich von Anfang an auf die wesentlichen Dinge, die für die avisierte Stelle wichtig sind. Zeigen Sie sich zugewandt, freundlich und konzentriert. Bis zum Schluss des Gesprächs. Erst wenn Sie das Gelände des potenziellen Arbeitgebers wieder verlassen haben, beginnen Sie mit dem Durchatmen.

- **Phase 1:** Begrüßung und Smalltalk sowie Vorstellungsrunde: Ihre Gesprächspartner und -partnerinnen stellen sich selbst und den Ablauf des Vorstellungsgesprächs vor, manchmal werden auch das Unternehmen und die Position vorgestellt
- **Phase 2:** Fragen des potenziellen Arbeitgebers an Sie und Ihre Fragen an den potenziellen Arbeitgeber
- **Phase 3:** Verabschiedung und Informationen zum weiteren Vorgehen

Begrüßung und Vorstellung

Wie sollte ein Gespräch unter Fremden anders starten als mit einer Begrüßung, mit ein wenig Smalltalk und der Vorstellung aller Beteiligten zum gegenseitigen Kennenlernen? Die beiden ersten Phasen sollen das Eis brechen und eine offene Gesprächsatmosphäre schaffen. Sie werden z. B. gefragt, ob Sie gut zum Ort des Gesprächs gefunden haben, wie Ihnen das (neue) Firmengebäude gefällt und ob Sie etwas zu trinken wünschen.

Holen Sie Luft, aber bleiben Sie locker. Lächeln hilft dabei. Antworten Sie immer unverfänglich und freundlich, werfen Sie keine Probleme auf, verschweigen Sie Komplikationen: Selbstverständlich haben Sie gut hergefunden – die Anfahrtsbeschreibung war ja auch prima und Sie haben sich mit dem Anfahrtsweg rechtzeitig vertraut gemacht. Falls Ihnen etwas zu trinken angeboten wird, können Sie das Angebot annehmen, aber wählen Sie ein Getränk, das in der Auswahl ist, äußern Sie keine Sonderwünsche (Fruchtsaft, eine spezielle Teesorte). Das neue Firmengebäude gefällt Ihnen selbstverständlich sehr gut. Lassen Sie sich beim Smalltalk auf keinen Fall zu Kritik hinreißen – und sprechen Sie im Smalltalk niemals über Politik oder Religion. Bei diesen Themen gehen die Meinungen weit auseinander, und Sie wollen das Vorstellungsgespräch nicht mit einer Meinungsverschiedenheit beginnen.

Schauen Sie Ihrem Gegenüber bei der Begrüßung in die Augen. Ihr Händedruck ist moderat fest – nicht zu schwach, aber auch nicht zu fest. Stehen Sie aufrecht und achten Sie auf eine feste Stimme. Begrüßen Sie Ihr Gegenüber mit Namen – Sie wissen ja, mit wem Sie das Gespräch führen. Warten Sie, bis Ihnen am Besprechungstisch ein Platz zugewiesen wird und setzen Sie sich zuletzt, auch wenn mehrere Gesprächspartner oder -partnerinnen dabei sind. Setzen Sie sich aufrecht und richten Sie sich möglichst nicht frontal zu Ihrem Gesprächspartner aus. Rücken Sie Ihren Stuhl ein wenig schräg zur Tischkante, so manövrieren Sie sich aus der »Schusslinie«, was die Gesprächssituation für alle Beteiligten angenehmer macht. Halten Sie den Blickkontakt, ohne Ihr Gegenüber anzustarren. Ihre Gesprächspartner bzw. -partnerinnen sollen das Gefühl haben, dass Ihre Redebeiträge direkt an sie adressiert sind.

Bei der Vorstellungsrunde ist es wichtig, dass Sie sich die Namen merken bzw. nachfragen, sofern Sie diese nicht auf Anhieb richtig verstanden haben. Auch wenn Ihre Gesprächspartnerinnen und -partner aus Ihren Unterlagen wissen, wie Sie heißen, sollten Sie Ihren Namen laut und deutlich aussprechen – das zeugt von Selbstbewusstsein.

Fragen beantworten, Fragen stellen
In der nächsten Phase des Gesprächs versuchen beide Parteien durch Fragen herauszufinden, ob sie sich eine Zusammenarbeit vorstellen können. Allerdings stellen Sie weniger Fragen als Ihre Gesprächspartner. Und dennoch verhalten Sie sich nicht wie in einem Verhör: Sie verstehen alle Fragen als Interesse an Ihrer Person, was Sie ehrt und wofür Sie dankbar sind. Jede Frage gibt Ihnen die willkommene Gelegenheit, sich mit einer Antwort zu positionieren und zu präsentieren, auf Augenhöhe. Wenn Sie etwas nicht oder nicht richtig verstehen, fragen Sie zurück. Das stellt Ihr Interesse am Gegenüber unter Beweis.

Sich selbst präsentieren

Verabschiedung

Auch die letzte Phase, die Verabschiedung und die Abstimmung zum weiteren Vorgehen, ist wichtig. Denn nicht nur der erste Eindruck zählt, sondern auch der letzte. Achten Sie beim Verabschieden auf die gleichen Dinge wie bei der Begrüßung: Augenkontakt, Händedruck, aufrechte Haltung und feste Stimme. Stellen Sie einen verbindlichen Abschluss des Gesprächs her. Falls Ihr Gegenüber nichts über das weitere Vorgehen sagt, fragen Sie nach, bis wann Sie mit einer Entscheidung rechnen können bzw. wie die nächsten Stufen im Auswahlverfahren aussehen. Dann bedanken Sie sich für das Gespräch und die Möglichkeit, sich vorzustellen.

Varianten

Bewerbungs-Casting, Job-Speed-Dating, Kaskaden- oder Kopfstandinterview – manche Arbeitgeber wählen einen anderen als den klassischen Verlauf. Das ist kein Grund zur Beunruhigung. Denn am Ende geht es immer um dasselbe: Zwei oder mehr Beteiligte sitzen einander gegenüber und versuchen herauszufinden, ob eine künftige Zusammenarbeit sinnvoll scheint. Immer geht es darum, ob Sie das haben, was der Arbeitgeber sucht, und ob der Arbeitgeber das hat, was Sie suchen. In der Regel werden Sie mit der Einladung zu einem Vorstellungstermin darüber informiert, was auf Sie zukommt.

Bewerbungs-Casting und Job-Speed-Dating
Werden Sie z. B. zu einem Job-Speed-Dating eingeladen oder sollen Sie an einem offenen Bewerbungs-Casting teilnehmen, dann sollten Sie sich zunächst gut darüber informieren und darauf vorbereiten.
Zu einem Bewerbungs-Casting werden gleichzeitig viele Kandidatinnen und Kandidaten eingeladen, ohne dass der Arbeitgeber sich zuvor die Mühe macht, deren Bewerbungsunterlagen zu prüfen. Ein Kandidat nach dem anderen hat die Chance, sich in sehr kurzer Zeit von meist nicht mehr als drei bis fünf Minuten einem Auswahlgremium vorzustellen. Überzeugt er oder sie, geht es eine Runde weiter in ein klassisches Vorstellungsgespräch.
Das Job-Speed-Dating ist eine aus Großbritannien stammende Variante des Vorstellungsgesprächs. Im Gegensatz zum klassischen Bewerbungsverfahren, das mit dem Einsenden der Bewerbungsunterlagen beginnt, ist das ein schnelles und unkompliziertes Verfahren. Bewerberinnen und Bewerber, die sich online für ein Job-Speed-Dating anmelden und eingeladen werden, führen ein höchstens zehnminütiges Gespräch mit dem Arbeitgeber. In dieser Zeit kann sich der potenzielle Arbeitgeber einen Eindruck von der Bewerberin oder dem Bewerber verschaffen. Statt Informationen aus Lebenslauf, Anschreiben, Zeugnissen oder weiterer Zertifikate bekommt der Arbeitgeber nur einen Eindruck vom Bewerber. Ist der Eindruck gut und überzeugend, kommt er einen Schritt weiter. Überzeugen kann im Job-Speed-Dating v. a. der verbale Pitch, der in kurzer Zeit präzise auf den Punkt bringt, wer der Bewerber oder die Bewerberin ist, was er bzw. sie kann und will – und was der potenzielle Arbeitgeber davon hat, gerade sie oder ihn einzustellen.

Kaskadeninterview
Ein Kaskadeninterview besteht aus mehreren, nacheinander stattfindenden Interviews, die jeweils Vertreter aus anderen Bereichen eines Unternehmens führen. Global agierende Konzerne nutzen Kaskaden-

Sich selbst
präsentieren

interviews häufig bei der Besetzung von höherrangigen Fach- und Führungspositionen. Bis zu acht Gespräche können, im Halbstundentakt, aufeinander folgen. Zuerst treffen Sie auf den Personalverantwortlichen oder die Personalverantwortliche, dann auf den Bereichsleiter oder die Bereichsleiterin, danach auf die Abteilungsleitung, anschließend auf einen Kollegen oder eine Kollegin. Danach sprechen Sie mit der Projektleitung und vielleicht noch einer zweiten Person, die einen Bereich leitet. In agilen Unternehmen folgt womöglich noch ein Interview mit einem Kundenvertreter oder einer Kundenvertreterin und den Schluss bildet ein weiteres Gespräch mit dem oder der Personalverantwortlichen.

Da 30 Minuten jeweils eine recht kurze Zeitspanne sind, fallen Smalltalk und Vorstellung in Kaskadeninterviews knapper aus. Es geht gleich zur Sache. Das Ziel: die Prüfung Ihrer Glaubwürdigkeit. Sieben Personen stellen in acht Gesprächen teilweise die gleichen Fragen, und zum Schluss werden Ihre Antworten auf Konsistenz geprüft. Zudem geben Sie bei einem Kaskaden-Interview eine Kostprobe Ihrer Belastbarkeit, denn es fordert Ihnen einiges an Konzentrationsfähigkeit und Durchhaltevermögen ab.

Auch Ihre Kommunikationsfähigkeit können Sie dabei unter Beweis stellen – und zwar auf unterschiedlichen Ebenen: Sie sprechen schließlich mit der Geschäftsleitung, mit potenziellen Kolleginnen und Kollegen und womöglich ist sogar die Kundenebene vertreten. Sprich, das Unternehmen sorgt für eine 360-Grad-Kommunikation und kann anschließend beurteilen, wie Sie mit den einzelnen Ebenen zurechtgekommen sind. Auch offenbart ein solches Interview, wie gut Sie in das Unternehmensumfeld passen und ob Sie die fachliche und persönliche Eignung für die angestrebte Position mitbringen.

Kopfstandinterview

Das Kopfstandinterview ist weniger originell. Hierbei darf Ihr Gegenüber das Vorstellungsgespräch auf den Kopf stellen: den Ablauf, die Gewichtung der Fragen und in gewissen Umfang sogar die Regeln der Höflichkeit. Der oder die Personalverantwortliche fragt z. B. gleich zu Beginn des Interviews »Warum sollen wir gerade Sie einstellen?« oder »Welche Fragen haben Sie an uns?«. Sprich: Gerade am Anfang stehen Fragen, mit denen Sie zunächst nicht rechnen. Manche Personalverantwortliche versuchen, Sie gleich am Anfang des Gesprächs zu

verunsichern, indem sie etwas in Ihrem Werdegang lange Zurücklie-
gendes kritisch ansprechen, z. B. »Also den Arbeitgeberwechsel 1997,
das müssen Sie mir erklären, das verstehe ich nicht« und dann so
lange darauf herumreiten, bis Sie kurz davor sind zu explodieren. Wie
immer gilt: Bleiben Sie ruhig und freundlich. Informieren Sie Ihren
Gesprächspartner oder Ihre Gesprächspartnerin über das, was er bzw.
sie wissen will, und behalten Sie den Kopf oben. Nur aufrecht sind Sie
souverän.

 **Auch Sie haben die Wahl**

Auch wenn die meisten Vorstellungsgespräche nach demselben
Muster ablaufen, erleben Bewerberinnen und Bewerber doch häufig
ganz unterschiedliche Dinge. Dem einen wird ein Wasser angeboten,
die andere sitzt eineinhalb Stunden auf dem Trockenen. Dem einen
werden in einem Stressinterview provozierende Fragen gestellt, die
andere hat ein sehr angenehmes Gespräch im besten Einvernehmen.
Im Internet, etwa auf Arbeitgeberbewertungsportalen wie
www.kununu.com, sind immer wieder empörte Berichte über den
unprofessionellen Umgang von Arbeitgebern mit Bewerberinnen und
Bewerbern zu lesen. Vielleicht haben auch Sie schon schlechte Erfahrungen gemacht. Ärgern Sie sich nicht darüber. Ihre Erfahrungen im
Vorstellungsgespräch bilden die Grundlage für Ihre Entscheidung,
ob Sie für diesen Arbeitgeber arbeiten wollen oder nicht. Sie haben
die Wahl. Seien Sie froh, wenn sich bereits im ersten Gespräch heraus-
stellt, dass Sie bei diesem Arbeitgeber auf gar keinen Fall arbeiten
möchten, weil es ihm an persönlicher Wertschätzung mangelt.

Die Arbeitgeberfragen

Wer sich im Vorstellungsgespräch überzeugend präsentieren will,
braucht präzise Antworten auf die klassischen Fragen – und manchmal auch auf knifflige und sogar auf unerlaubte Fragen.

Sich selbst
präsentieren

Typische Fragen

Die folgenden 22 Fragen werden immer und immer wieder gestellt. Nutzen Sie diese Gewissheit schon bei der Vorbereitung auf Ihr Vorstellungsgespräch. Was sind passende Antworten auf die folgenden Fragen?

1. »Was können Sie uns zu Ihrer Person und zu Ihrem Werdegang sagen?«

   Können Sie auf diese Frage aus dem Stegreif antworten? Viele, die die Vorbereitung auf das Vorstellungsgespräch für überflüssig hielten, hat diese Frage schon ins Schlingern gebracht. Für ein Vorstellungsgespräch müssen Sie Ihren Lebenslauf nicht nur kennen, sondern auch erzählen können. Das ist etwas anderes. Machen Sie aus Ihrem Lebenslauf eine kleine, in wenigen Minuten vorgetragene Erzählung. Gewichten Sie das, was Ihr Lebenslauf gleichberechtigt nacheinander darstellt, und stellen Sie einen kleinen Spannungsbogen her (indem Sie z. B. einen auf die neue Position zugespitzten Höhepunkt darstellen). Antworten Sie in ganzen Sätzen auf Fragen wie: Was habe ich gelernt und welche Tätigkeiten habe ich ausgeübt? Wo habe ich gelernt und gearbeitet? Warum habe ich meine Abschlüsse und Qualifikationen erworben, meinen Beruf erlernt und meine Tätigkeit ausgeübt? Welche Fähigkeiten und Erfahrungen habe ich dadurch gesammelt? Was davon ist für meinen zukünftigen Arbeitgeber wichtig? Gerade der letzte Punkt kann entscheidend sein: Denn damit können Sie den Bezug zur künftigen Stelle plausibel machen.

2. »Warum wollen Sie in unserem Unternehmen arbeiten?«

   Diese Frage gilt Ihrer Motivation. Arbeitgeber wünschen sich Bewerberinnen und Bewerber, die bewusst für sie arbeiten wollen und nicht für irgendeinen Arbeitgeber. Gut ist es, wenn Sie in Ihrer Vorbereitung auf ein Vorstellungsgespräch Details über das Unternehmen auf dessen Homepage recherchieren und schauen, was Sie davon anspricht. Interessiert Sie z. B. die Branche? Ist das Unternehmen als Top-Arbeitgeber ausgezeichnet? Spricht es Sie besonders an, dass es um die Arbeit in einen Familienbetrieb geht? Interessieren Sie die Produkte, die das Unternehmen herstellt? Beeindruckt Sie die Firmengeschichte? All das sind Punkte, die Sie in Ihrer Antwort verwenden können.

3. »Warum wollen Sie den Arbeitgeber wechseln?«
Achtung, mit dieser Frage prüft der Interviewer Ihre Loyalität!
Bleiben Sie loyal gegenüber Ihrem aktuellen oder letzten Arbeitgeber, sagen Sie nichts Abfälliges, sondern z. B. dass Sie nach so
und so viel Jahren im gleichen Job eine neue berufliche Herausforderung suchen, sich weiterentwickeln wollen, ein neues Unternehmen kennenlernen wollen.

4. »Warum haben Sie sich für diese Position beworben?«
Haben Sie die Stellenanzeige aufmerksam gelesen und wissen Sie,
welche Aufgaben auf Sie zukommen werden? Mit dieser Frage
prüfen Arbeitgeber, inwieweit Sie realistische Vorstellungen von
der Position haben, auf die Sie sich bewerben. Eine gute Antwort
auf die Frage beinhaltet einige Positionsmerkmale, d. h. Aufgaben,
die Sie interessieren und für die Sie bereits Erfahrungen mitbringen, und Anforderungen, die Sie erfüllen und für die Sie Ihre
Fähigkeiten passen.

5. »Wieso haben Sie sich für Ihre Ausbildung / Ihr Studium / Ihren
Beruf entschieden?«
Arbeitgeber wollen mit dieser Frage Ihre Interessen, Leidenschaf-
ten und Talente erkunden. Denken Sie nach. Gibt es einen Grund,
warum Sie gerade diese Ausbildung oder diesen Studiengang
gewählt haben? Eine gute Antwort zeigt den roten Faden Ihrer
Biografie; z. B. waren Sie schon in der Schule gut in Mathematik
und Physik, weshalb ein naturwissenschaftliches Studium nahelag.
Möglich ist auch ein Zusammenhang mit den Berufen der Eltern,
z. B. die Ausbildung zur Krankenpflegerin, weil die Mutter Krankenschwester ist. Wer partout keine bewusste Entscheidung für
einen bestimmten Ausbildungsweg getroffen hat, sollte nichts
konstruieren. Das wäre unglaubwürdig. Wenn es so ist, dann
sagen Sie ehrlich, dass Sie z. B. nach der Schule gar nicht so genau
wussten, was Sie wollten. Dass Sie dann, eher aus Zufall oder dem
Vorbild eines Freundes folgend, diese Ausbildung oder dieses
Studium gewählt und bereits in den ersten Monaten gemerkt
haben, dass es genau die richtige Entscheidung war, weil Sie Ihre
Interessen und Ihre Talente ganz einbringen konnten.

Sich selbst
präsentieren

6. »Was halten Sie für die wichtigsten Aspekte Ihrer bisherigen Laufbahn?«

Mit Fragen dieser Art, z. B. auch mit der Frage nach Ihren größten beruflichen Erfolgen (oder Misserfolgen), prüfen Arbeitgeber Ihre persönlichen Eigenschaften. Antwortet ein Krankenpfleger z. B., dass er einem Patienten das Leben gerettet hat, weil er schnell zur Stelle war und sofort die richtigen Notfallmaßnahmen einleiten konnte, sagt das etwas anderes aus, als wenn er antwortet, dass er auf der Station von Professor X, einem anerkannten Experten für Herztransplantation, gearbeitet hat. Verstehen Sie den Hintergrund? Die eine Antwort deutet darauf hin, dass der Krankenpfleger eine sehr hohe Motivation dafür hat, das Wohlbefinden seiner Patientinnen und Patienten sicherzustellen. Die andere Antwort lässt darauf schließen, dass er viel Ehrgeiz hat, die neuesten medizinischen Verfahren anzuwenden. Die eine Antwort ist so gut wie die andere. Arbeitgebern kommt es darauf an, ob das, was Sie durch Ihre Antwort erkennen lassen, zu dem passt, was benötigt wird.

7. »Welche Aufgaben haben Sie in Ihrer aktuellen Position?«

Auch wenn Ihnen die Antwort auf diese Frage einfach scheint, sollten Sie sich darauf vorbereiten. Denn alles Selbstverständliche ist Ihnen nur dann bewusst zugänglich, wenn Sie zuvor darüber nachgedacht haben. Bevor Sie bei Ihrer Antwort auf diese Frage also die Hälfte vergessen, sollten Sie sich überlegen, wie ein klassischer Arbeitstag, eine klassische Arbeitswoche, ein klassischer Arbeitsmonat und ein klassisches Arbeitsjahr bei Ihnen abläuft. Welche täglichen Aufgaben übernehmen Sie und welche außeralltäglichen? Welche Fähigkeiten setzen Sie ein? Und welche Erfolge erzielen Sie? Listen Sie in Ihrer Antwort nicht nur Ihre Aufgaben auf. Ergänzen Sie, welche Fähigkeiten Sie einsetzen, und berichten Sie auch davon, dass Sie die Aufgaben erfolgreich bearbeiten.

8. »Welche Erfahrungen bringen Sie für die Aufgaben bei uns mit?«

Sie haben Erfahrungen in dem Aufgabenspektrum, das in der neuen Position auf Sie zukommen würde. Sonst hätte man Sie nicht eingeladen. Überlegen Sie, wo, wann und wie Sie diese Erfahrungen gesammelt haben und erzählen Sie genau das.

Sich selbst präsentieren

9. »Welche drei Stärken zeichnen Sie aus?«
Ihre Stärken können persönlich sein, z. B. Eigenschaften wie
Engagement, Belastbarkeit oder Fähigkeiten, z. B. sehr gute Eng-
lisch- oder Excelkenntnisse. Überlegen Sie, welche Ihrer Eigenschaften und Fähigkeiten Sie in Ihrer Bewerbung besonders
hervorgehoben haben.

10. »An welchen Schwächen wollen Sie noch arbeiten?«
Niemand gibt gern Schwächen zu, und doch ist eine Antwort auf
diese Frage nötig. Wichtig: Ihre Antwort sollte dem Arbeitgeber
keine Angst einflößen. Er sollte nicht das Gefühl bekommen, dass
es ein Risiko wäre, Sie einzustellen. Also berichten Sie nicht etwa
von großen Schwächen, die Ihnen (und anderen) das Leben
schwermachen. Denken Sie an Schwächen, die für die zu besetzende Position unwichtig sind, z. B. eine irrelevante Fremdsprache
oder ein Computerprogramm, das keine Rolle spielt. Bei persönlichen Schwächen sollten Sie vorsichtig sein. Vermeiden Sie die
häufig genannten Schwächen »Ungeduld« und »Perfektionismus«,
es sei denn, sie treffen wirklich auf Sie zu und Sie können sehr
genau erklären, wann sie sich in Ihrem Berufsleben wo und wie
ausgewirkt haben und v. a. was Sie unternehmen, um damit umzugehen.

11. »Wie würden Sie Ihren Arbeitsstil beschreiben?«
Das ist eine Frage danach, wie Sie sich und Ihre Persönlichkeit
beschreiben. Arbeiten Sie z. B. eher selbstständig oder eher unter
Anleitung, eher engagiert oder eher nach Vorschrift, eher genau
oder eher ungenau, eher gewissenhaft oder eher fahrig, eher
kreativ-chaotisch oder eher planvoll? Selbstverständlich sollte Ihre
Antwort zu Ihrer Persönlichkeit und diese zur angestrebten Stelle
passen.

12. »Wie ist Ihr idealer Kollege oder Ihre ideale Kollegin?«
Auch mit Ihrer Antwort auf diese Frage geben Sie viel über Ihre
Persönlichkeit preis. Nach dem psychologischen Motto »Sag' mir,
wie Du Dir Deine Kollegen wünschst, und ich sage Dir, wer Du
bist«, wird aus Ihrer Antwort abgeleitet, ob Ihre Persönlichkeit
zum Unternehmen und zum Team passt. Sagen Sie z. B., dass ein
idealer Kollege oder eine ideale Kollegin respektvoll und wertschätzend sein sollte, freundlich und offen in der Kommunikation,
ehrlich und durchaus kritisch Feedback geben sollte, verrät das

Sich selbst
präsentieren

viel über Ihre Person. Arbeitgeber gehen davon aus, dass Sie das, was Ihnen an anderen wichtig ist, selbst verkörpern.

13. »Wie ist Ihr idealer Chef oder Ihre ideale Chefin?«

Auch diese Frage ist eine Frage nach Ihrer Persönlichkeit: Wie stellen Sie sich die Zusammenarbeit mit Ihrem Chef oder Ihrer Chefin vor. Überlegen Sie, was Ihnen wichtig ist, z. B. Werte wie Respekt, Wertschätzung, Freundlichkeit und Ehrlichkeit. In der Zusammenarbeit zählt vielleicht, dass der Chef oder die Chefin offenes, konstruktives Feedback gibt, transparent informiert und bei Fragen zur Verfügung steht.

14. »Wie ist Ihr idealer Kunde oder Ihre ideale Kundin?«

Und wieder: Auch mit Ihrer Antwort auf diese Frage geben Sie etwas über Ihre Persönlichkeit preis. Wer sich z. B. wünscht, dass ein Kunde kauft und ansonsten möglichst den Mund hält, ist anders strukturiert als derjenige, der es als Herausforderung ansieht, auch kritische Kunden zu gewinnen.

15. »Mit welchem Typ von Kolleginnen oder Kollegen kommen Sie nicht aus?«

Diese Frage ist eine Umkehrung von Frage 12. Werden Ihnen beide Fragen in einem Vorstellungsgespräch gestellt, sollten Sie aufpassen, dass Sie sich nicht selbst widersprechen. Ihre Antwort auf diese Frage spiegelt wider, welche Eigenschaften Ihnen nicht liegen. Das kann der Typ Kollege oder Kollegin sein, der verschlossen ist, unfreundlich, der wenig kommuniziert und informiert, sich wenig respektvoll und wertschätzend verhält. Machen Sie sich immer auf eine Nachfrage gefasst, z. B.: »Und was machen Sie, wenn in Ihrem Team genau so ein Typ Kollegin oder Kollege ist?«

16. »Wo sehen Sie sich beruflich in fünf Jahren?«

Je nachdem, wo in Ihrer beruflichen Laufbahn Sie sich befinden, ob am Berufseinstieg oder schon kurz vor dem Ruhestand, wird Ihre Antwort anders ausfallen. Eine Bewerberin am Anfang ihrer Karriere wird anders antworten als ein 58 jähriger Bewerber, der in fünf Jahren die Altersteilzeit antreten will. Fragen Sie sich selbst und antworten Sie ehrlich, wenn Sie in fünf Jahren eine Führungsposition innehaben oder Ihr Know-how und Ihre Erfahrung weitergegeben haben wollen, um sich dann aus dem Berufsleben zurückzuziehen.

17. »Wie verbringen Sie Ihre Freizeit?«
Ihre Antwort auf diese Frage rundet das Bild ab, das sich Ihr
Gegenüber im Laufe des Gesprächs von Ihnen gemacht hat. Sind
Sie in Ihrer Freizeit eher aktiv oder passiv? Passen Ihre Hobbys
zum Beruf? Sorgen Sie privat für Ausgleich? Halten Sie sich nach
Feierabend fit? Achten Sie darauf, dass Sie weder zu viele Gefah-
rensportarten noch sehr zeitintensive Hobbys nennen. Bei Moto-
cross oder Fallschirmspringen wähnt Sie ein Arbeitgeber oft mit
gebrochenem Bein oder Schlimmerem im Krankenhaus statt am
Arbeitsplatz. Und wer nebeneinander bei der Freiwilligen Feuerwehr und als Ersthelfer beim Deutschen Roten Kreuz und im
Ehrenamt in der Gemeinde und im Sportverein aktiv ist, lässt die
Sorge aufkommen, dass er montags morgens ziemlich erschöpft
am Arbeitsplatz auftauchen wird.

18. »Was unterscheidet Sie von anderen Bewerbern?«
Achtung, Sie kennen die anderen Bewerber nicht und Sie sollten
auch nichts Abfälliges über andere sagen. Bleiben Sie in Ihrer
Antwort ganz bei sich selbst, z. B. »Ich kenne die anderen Bewerber nicht, die sicherlich auch sehr gute Fähigkeiten mitbringen,
sonst hätten Sie sie nicht eingeladen. Was für mich spricht: dass
ich nach dem Gespräch ein gutes Gefühl habe, dass ich zu Ihnen,
zu Ihrem Unternehmen passe, dass ich die Fähigkeiten und Erfahrungen mitbringe, die auf der Position gebraucht werden, dass
ich hochmotiviert bin und meine ganze Person und mein Engagement, meine Fähigkeiten und meine Erfahrungen einbringen will,
um zum Erfolg Ihres Unternehmens beizutragen.«

19. »Wann können Sie frühestens bei uns anfangen?«
So einfach diese Frage klingt, hier ist Vorsicht geboten. Nehmen
Sie Bezug auf den in der Stellenanzeige oder beim ersten telefonischen Kontakt genannten Einstellungstermin. Nennen Sie Ihre
Kündigungsfrist – soweit Sie sich in Anstellung befinden. Wenn
der Arbeitgeber Sie früher will oder braucht, bieten Sie an, beim
aktuellen Arbeitgeber nachzufragen, ob eine frühere Auflösung
Ihres Arbeitsvertrages möglich ist. Sollten Sie einen Urlaub ge-
bucht haben, ist das kein Grund, einen Einstellungstermin zu
verschieben. Das würde den Arbeitgeber an Ihrer Motivation
zweifeln lassen.

Sich selbst
präsentieren

20. »Wie viel wollen Sie bei uns verdienen?«
Auf diese Frage müssen Sie sich wirklich gründlich vorbereiten, und das heißt: Sie brauchen eine realistische Gehaltsvorstellung. Die nennen Sie, offen und selbstbewusst, aber weder aggressiv noch fordernd. Sie müssen in der Lage sein, Ihre Gehaltsvorstellung zu begründen und bei Bedarf zu korrigieren (➚ S. 229 ff.).

21. »Warum sollten wir gerade Sie einstellen?«
Antworten Sie mit den drei wesentlichen Faktoren: Sie sind motiviert, Sie können gute Arbeit leisten, weil Sie die nötigen Fähigkeiten und Erfahrungen mitbringen, und mit Ihrer Persönlichkeit passen Sie ins Unternehmen und ins Team. Ihre Antwort ähnelt Ihrem Pitch, den Sie von Anfang Ihres Bewerbungsprozesses bis zur Unterschrift unter den Arbeitsvertrag nutzen können, und entspricht im Wesentlichen der Antwort auf die Frage 18.

22. »Haben Sie noch Fragen?«
Mit eigenen Fragen zum Unternehmen oder zur Stelle signalisieren Sie, dass Sie an beidem interessiert sind und sich schon intensiv damit befasst haben. Das ist gut! Fragen Sie aber nichts, was Sie durch Recherche selbst hätten herausfinden können, und fragen Sie nicht zu viel (➚ S. 213 ff.).

 **Authentizität**

Authentizität ist das A und O. Das gilt besonders bei schwierigen Fragen wie der nach Ihren Schwächen. Sie punkten, wenn Sie Ihre Schwächen kennen, sie klar benennen und bereit sind, daran zu arbeiten. Wer z. B. eher zurückhaltend ist, sollte sich nicht als kontaktfreudig beschreiben, sondern etwa als im ersten Kontakt mit fremden Personen eher vorsichtig, und sagen, dass er bzw. sie daran arbeitet, z. B. in einem VHS-Kurs zum Thema »Small Talk«. Doch Vorsicht: Wichtig ist, dass Ihr Gegenüber die offenbarten Schwächen nicht als Problem sieht, die Sie daran hindern, die angestrebte Tätigkeit kompetent und effektiv auszuüben. Das sollte Ihnen jedoch ohnehin nicht passieren, da Sie im ersten Schritt ein Bewerbungsziel definiert haben, das Ihrer Persönlichkeit und Ihren Fähigkeiten entspricht. Um im Beispiel zu bleiben: Eine eher zurückhaltende Persönlichkeit wird sich nicht um einen Vertriebsjob bewerben.

Knifflige Fragen

Je nach Position und Interviewer müssen Sie sich außer auf die typischen Fragen auch auf knifflige Fragen einstellen. Wie würden Sie auf die folgenden elf Fragen antworten?

1. »Was gefällt Ihnen an Ihrer aktuellen Arbeit gut und was eher weniger?«
   Achtung, hier kommt es auf Loyalität an! Auch wenn Sie Ihre aktuelle Stelle für die Hölle halten, lassen Sie sich nicht dazu hinreißen, das zu äußern. Irgendetwas gefällt Ihnen auch daran – überlegen Sie vor einem Gespräch, was das ist. Vielleicht passt das, was Sie an Ihrer bisherigen Stelle mögen, sogar zur neuen Stelle, z. B.: »Ich kann selbstständig und eigenverantwortlich arbeiten«, »Ich bin gern im Kundenkontakt«, »Ich mag die Branche«.

2. »Was zeichnet Sie für die Stelle bei uns besonders aus?«, »Warum wollen Sie gerade in diesem Tätigkeitsbereich arbeiten?«
   Legen Sie schlüssig dar, warum der Tätigkeitsbereich und die angestrebte Stelle ein konsequenter Schritt Ihrer Laufbahn ist. Zählen Sie alle für die Position vorausgesetzten Fähigkeiten und Erfahrungen auf, über die Sie verfügen. Schauen Sie sich vor dem Gespräch die Stellenanzeige und Ihren Lebenslauf noch einmal genau an und notieren Sie sich Ihre Pluspunkte.

3. »Was war die größte Herausforderung, die Sie in den letzten beiden Jahren zu bewältigen hatten?«
   Nennen Sie konkrete berufliche Erfolge, z. B. den erfolgreichen Abschluss eines Projekts, einen erfolgreichen Kundenabschluss, zufriedene Kunden, die immer wiederkommen, oder, als Absolvent einer handwerklichen Ausbildung, die ausgezeichnete Note fürs Gesellenstück. Gehen Sie vor dem Gespräch Ihre beruflichen Leistungen und Erfolge gedanklich durch.

4. »Gab es schon einmal eine Aufgabe, die Sie nicht lösen konnten?«, »Wie sind Sie damit umgegangen?« (»Was halten Sie bislang für den größten Misserfolg in Ihrer Laufbahn?«, »Wie sind Sie damit umgegangen?«)
   Jeder Mensch hat mal einen Misserfolg oder steht manchmal vor unlösbaren Aufgaben. Personalverantwortliche sind sich darüber im Klaren und wollen wissen, wie Sie damit umgehen. Geben Sie schnell auf? Wie lange halten Sie durch? Versuchen Sie, neue Lösungsansätze zu finden? Bei dieser Frage geht es viel mehr um

Sich selbst präsentieren

Ihre Einstellung zu Problemen und Herausforderungen als um unlösbare Aufgaben oder um Misserfolge. Überlegen Sie vor dem Gespräch, mit welchen schwierigen Aufgaben Sie in der Vergangenheit konfrontiert waren, wie Sie damit umgegangen sind und was Sie daraus gelernt haben.

5. »Haben Sie schon einmal erlebt, dass die Arbeit in einem Team nicht funktioniert hat? Wie haben Sie sich verhalten?«
Jeder kennt das. Teamarbeit kann nervenaufreibend und ineffizient sein – ob in der Lerngruppe an der Universität oder im Projektteam im Beruf. Vermitteln Sie, dass Sie Probleme im Team offen und konstruktiv angehen. Der Austausch über die Erwartungen ist dazu das Mittel der Wahl. Denken Sie vor dem Vorstellungsgespräch darüber nach, wo Sie entsprechende Situationen erlebt haben und wie Sie damit umgegangen sind.

6. »Wie gehen Sie mit Konflikten um?«
Wo mehrere Menschen arbeiten, gibt es immer auch Missverständnisse. Deshalb wäre es wenig glaubwürdig, auf die Frage nach Konflikten zu antworten: »Ich hatte noch nie Konflikte im Team.« Überlegen Sie sich vor einem Gespräch, wann und welche Missverständnisse in der Zusammenarbeit mit Kolleginnen oder Kollegen Sie in Ihrer beruflichen Laufbahn bereits erlebt haben. Überlegen Sie in einem zweiten Schritt, wie Sie damit umgegangen sind. Worum ging es? Vielleicht waren es ja nur alltägliche Differenzen, etwa darum, ob das Bürofenster geöffnet werden darf oder nicht. Wie sind Sie damit umgegangen? Haben Sie das Gespräch gesucht, um eine Lösung zu finden? Was war das Ergebnis? Konnten Sie dazu beitragen, den Konflikt zu lösen oder einen Kompromiss zu finden?

7. »Haben Sie schon einmal Ihren Chef kritisiert? Wofür? Wie ist das Gespräch verlaufen?«
Wenn Sie diese Frage mit Ja beantworten, dann nennen Sie allenfalls ein Beispiel, und zwar ein Beispiel, bei dem die Sache und nicht die Person im Zentrum Ihrer Kritik stand. Suchen Sie nach einer Situation, in der Sie ein konstruktives Feedback zu einem geschäftlichen Vorfall gegeben haben und nicht etwa um eine Kritik etwa an den Eigenschaften Ihres Vorgesetzten. Auch hier gilt es, Loyalität zu zeigen! Es geht bei dieser Frage darum, ob Sie hierarchiefähig sind, sich also unterordnen können und den-

noch in der Sache kritisch mitdenken. Vor einem Gespräch sollten Sie sich überlegen, welche unverfängliche Situation aus Ihrem Berufsleben Sie hier thematisieren können.

8. »Wie halten Sie sich fachlich auf dem Laufenden?«
Da diese Frage häufig gestellt wird, um die Lernbereitschaft zu prüfen, sollten Sie vor einem Gespräch – und am besten kontinuierlich in Ihrer Berufslaufbahn – etwas für Ihre berufliche Weiterbildung tun. Einen Sprachkurs zur Auffrischung Ihrer Englischkenntnisse z. B., einen EDV-Kurs, um den Umgang mit der neuesten Software zu erlernen oder einen Kommunikationskurs für den Umgang mit schwierigen Kunden. Als Faustformel können Sie sich merken: Absolvieren Sie jedes Jahr mindestens eine (kleine) Fortbildung. Ob Sie das auf eigene Kosten bei der Volkshochschule, Handwerks- oder der Industrie- und Handelskammer tun oder ob Sie auf Firmenkosten eine betriebsinterne Weiterqualifizierung wahrnehmen: Fortbildungsbereitschaft wird von potenziellen Arbeitgebern gern gesehen.

9. »Wie motivieren Sie sich selbst?«
Wer kennt das nicht: Es gibt Tage und Phasen im Berufsleben, in denen sich die Lust aufs Arbeiten in engen Grenzen hält. Dennoch müssen alle Berufstätigen eine gewisse Leistung erbringen – dafür werden sie schließlich bezahlt. Jeder Mensch kennt ganz eigene Strategien, um sich selbst zu motivieren. Denken Sie vor einem Vorstellungsgespräch über Ihre Strategien nach. Vielleicht motiviert Sie der Arbeitsfortschritt in einem spannenden Projekt oder die gute Zusammenarbeit im Team. Vielleicht aber lassen Sie sich auch durch eine inspirierende Chefin zu mehr Leistung motivieren? Vielleicht arbeiten Sie streng mit Tages- und Wochenzielen, für die Sie sich nach dem Erreichen eine kleine Belohnung gönnen? Die Antwort auf diese Frage kann ganz individuell ausfallen.

10. »Wie gehen Sie mit Belastung und Stress um?«
Wahrscheinlich gibt es nur noch wenige Stellen, in denen Mitarbeiterinnen und Mitarbeiter ohne Belastung und Stress arbeiten können. Deshalb wird zunehmend danach gefragt, wie Sie damit umgehen. Vor einem Gespräch sollten Sie darüber nachdenken, wie Sie unter Stress arbeiten und was Sie tun, um ihn abzubauen. Treiben Sie Sport zum Ausgleich? Meditieren Sie? Ernähren Sie sich gesund? Delegieren Sie – als Führungskraft – genügend

Tätigkeiten an Ihre Mitarbeiterinnen und Mitarbeiter? Ist die gute Zusammenarbeit im Projektteam für Sie eine Unterstützung?

11. »Gibt es Gründe, aus denen wir Sie nicht einstellen sollten?«
Über den Sinn oder Unsinn dieser Frage kann man trefflich streiten. Selbstverständlich gibt es aus Ihrer Sicht keine Gründe, warum der potenzielle Arbeitgeber Sie nicht einstellen sollte. Mit dieser Frage will Ihr Gegenüber Sie ein wenig aus der Reserve locken. Nehmen Sie die Frage ernst. Sie bietet Ihnen die Chance, Einstellungshürden zu thematisieren und Argumente, die mutmaßlich gegen Sie sprechen, zu entkräften. Beispiel: »Ich könnte mir vorstellen, dass mein Teilzeitwunsch, den wir bereits telefonisch besprochen haben, Sie vor Probleme stellt, denn ausgeschrieben ist die Position ja eigentlich als 100-Prozent-Stelle. Deshalb noch einmal meinen Dank, dass Sie mich dennoch eingeladen haben! Falls Sie Bedenken haben: Ich betrachte meine Berufstätigkeit nicht als nachrangig, sondern sie ist mir sehr, sehr wichtig. Lassen Sie uns gern gemeinsam überlegen, welche Arbeitszeitregelung wir finden können, damit ich mich voll und ganz bei Ihnen einbringen kann und meine Arbeit gleichwohl mit der Erziehung meiner Kinder vereinbaren kann.«
Ein weiteres Beispiel: »Ich bin ein eher ruhiger, introvertierter Mensch, das ist Ihnen womöglich schon aufgefallen. Vielleicht fragen Sie sich, ob ich es im technischen Vertrieb wirklich schaffe, Kunden zu begeistern. Hier kann ich Ihnen aber versichern: Ich mag zwar kein Ass sein in der Neukundenakquise, aber Bestandskunden schätzen mich wegen meiner Zuverlässigkeit und der Kompetenz, mit der ich auf ihre Anfragen reagiere und mich um ihre Bedürfnisse kümmere. Und gerade zu Ingenieuren und Industriemeistern habe ich schnell einen guten Draht.«
Anschließend führen Sie all die positiven Dinge an, die für Sie sprechen, z.B.: »Jetzt, nach unserem Gespräch, würde ich sagen, dass Ihre Anforderungen und mein Profil sehr weit übereinstimmen. Ich kann mir sehr gut vorstellen, meine Erfahrungen in der Branche und meine Fähigkeiten für Ihr Unternehmen einzubringen. Ich habe das Gefühl, dass das gut passen kann. Wie ist Ihre Einschätzung dazu?«

Überlegen Sie vor dem Gespräch, welche kniffligen Fragen auf Sie zukommen können. Schauen Sie sich dazu Ihren Lebenslauf und die Stellenanzeige genau an. Gibt es erklärungsbedürftige Lücken oder fehlen Ihnen bestimmte Voraussetzungen für die Stelle? Worauf wollen Sie am wenigsten gern angesprochen werden? Damit sollten Sie sich beschäftigen, denn Personalverantwortliche werden Sie genau darauf ansprechen (↗ S. 310 ff.).

Unerlaubte Fragen

Arbeitgeber wollen möglichst viel über potenzielle Mitarbeiter erfahren. Manche Personalverantwortliche schrecken nicht einmal davor zurück, unerlaubte Fragen zu stellen. Da ist es hilfreich zu wissen, dass Sie nur diejenigen Fragen wahrheitsgemäß beantworten müssen, die mit der Ausübung der zukünftigen Tätigkeit unmittelbar im Zusammenhang stehen. Fragen zum Geschlecht, zur ethnischen Herkunft, zur Religion oder Weltanschauung, zum Alter, zu einer Behinderung oder zur sexuellen Identität sind nach dem Allgemeinen Gleichbehandlungsgesetz verboten. Auch Fragen nach einer Schwangerschaft oder nach Ihrer Familienplanung müssen Sie nicht wahrheitsgemäß beantworten.

Wenn Ihnen ein Interviewer unzulässige Fragen stellt, können Sie die Antwort darauf verweigern oder Sie können lügen. Überlegen Sie sich vor dem Gespräch, was Sie machen werden. Verweigern Sie die Antwort, bekommen Sie die angestrebte Stelle nicht. Doch wollen Sie überhaupt in einem Unternehmen arbeiten, in dem so mit zukünftigen Mitarbeiterinnen und Mitarbeitern umgegangen wird? Man muss das Kind selbstverständlich auch nicht gleich mit dem Bade ausschütten. Auf einige unerlaubte Fragen lohnt sich durchaus eine elegante Lüge. Sie müssen als werdender Vater ja nicht unbedingt offenbaren, dass Ihre Frau schwanger ist und dass Sie beabsichtigen, einige Monate Elternzeit zu nehmen. Generell gilt: Lassen Sie sich nicht provozieren, bleiben Sie ruhig und fragen Sie bei unzulässigen Fragen einfach nach, inwieweit das Thema relevant ist und inwiefern es mit dem zukünftigen Tätigkeitfeld zu tun hat. Verschaffen Sie sich einen Überblick über die im Folgenden aufgeführten häufigsten unzulässigen Fragen.

Sich selbst präsentieren

1. »Wie steht es um Ihre sexuelle Orientierung?«
Selbstverständlich darf ein Arbeitgeber unter keinen Umständen
nach Ihrem Sexualleben fragen. Tut er das trotzdem, sollten Sie
sehr schlagfertig zurückfragen »Und selbst so?« Reagiert der
Interviewer darauf nicht mit einem Lachen und der Antwort »Gute
Reaktion, Sie sind schlagfertig« und am besten auch mit einer
Entschuldigung und einer Erklärung, warum er so etwas fragt,
sollten Sie überlegen, ob Sie für einen Arbeitgeber tätig werden
wollen, für den das wichtig ist. Vielleicht ist es tatsächlich das
Beste, aufzustehen und zu gehen.

2. »Sind Sie schwanger oder haben Sie vor, bald schwanger zu
werden?«
Diese Frage brennt Personalverantwortlichen besonders bei
Bewerberinnen zwischen 20 und 40 unter den Nägeln. Selbst
wenn Sie wirklich schwanger sein sollten, müssen Sie grundsätzlich keine Auskunft darüber geben – es sei denn, Sie bewerben
sich für eine Stelle, auf der mit für Ungeborene gefährlichen
Stoffen gearbeitet wird, z. B. in einem Biologie- oder Chemielabor.
Auf diese Frage können Sie ruhig und gelassen mit »Nein« antworten und darauf hinweisen, dass jetzt Ihre Karriere an erster Stelle
steht und sich das in den nächsten Jahren auch nicht ändern wird.

3. »Haben Sie eine Behinderung/Schwerbehinderung?«
Auf diese Frage können Sie mit Nein antworten, es sei denn, Ihre
Behinderung hat Auswirkungen auf die künftige Arbeit. Haben
Sie einen Grad der Behinderung (GdB) von 30, 50 oder höher und
hat dieser keinen Einfluss auf Ihre Leistungsfähigkeit für die
avisierte Stelle, können beide Seiten daraus einen Vorteil ziehen:
Sie erhalten einige Tage mehr Urlaub und einen gesonderten
Kündigungsschutz, im Gegenzug spart sich ein Arbeitgeber eine
jährliche Schwerbehindertenabgabe an den Staat, wenn er Sie
einstellt. In Stellenanzeigen des öffentlichen Dienstes finden Sie
den Zusatz: »Menschen mit Behinderung werden bei gleicher
Eignung bevorzugt eingestellt.« Erkundigen Sie sich im Vorfeld
über Ihre Möglichkeiten und den Umgang eines Arbeitgebers mit
behinderten Bewerberinnen und Bewerbern. Informationen
erhalten Sie u. a. bei der Bundesarbeitsgemeinschaft der Integra-
tionsämter und Hauptfürsorgestellen (BIH) unter dem Link
www.integrationsaemter.de.

4. »Wie steht es um Ihren Gesundheitszustand? Wie häufig sind Sie krank?«

Je nach Berufsfeld werden Ihnen im Interview oder in einem Personalfragebogen spezifische Fragen nach Allergien gegen Stoffe, nach psychischen Einschränkungen oder nach ansteckenden Krankheiten gestellt. Im Gesundheitsbereich, bei Ärztinnen und Krankenpflegern sind die Fragen nach einer bestehenden HIV- oder Hepatitis-C-Infektion zulässig. Im Laborbereich, bei Chemikern und Biologinnen ist die Frage nach Allergien gegen Stoffe erlaubt. Im technischen Bereich, z. B. bei Kranführern oder Wartungstechnikern in der Aufzugtechnik sind Fragen nach einer Klaustrophobie (Angst vor engen Räumen) oder Akrophobie (Höhenangst) zulässig. Ansonsten sind Fragen dieser Art unzulässig, erst recht, wenn potenzielle Unverträglichkeiten, Erkrankungen oder psychische Einschränkungen sich nicht auf die Arbeitsfähigkeit auswirken. Ist dies die einzige unerlaubte Frage, die Ihnen gestellt wird, sollten Sie nicht gleich aufspringen und den Raum verlassen. Antworten Sie besser ruhig und gelassen, dass Sie fit sind und sich fit halten – durch regelmäßige Bewegung und Ausgleich zur Arbeit – und dass Sie bisher nur sehr selten krank waren.

5. »Sind oder waren Sie schon einmal vorbestraft?«

Für diese Frage gilt das gleiche wie für alle generell unzulässigen Fragen: Sie ist nur ausnahmsweise erlaubt, und zwar dann, wenn eine Vorstrafe für die Stelle, auf die Sie sich bewerben, relevant ist. Das ist bei Positionen und in Berufsfeldern mit einer besonderen Vertrauensstellung der Fall, etwa bei Assistenzpositionen in der Geschäftsführung oder im Vorstand oder in der Sicherheits- oder der Finanzbranche und in der Regel bei staatlichen Institutionen. Hier müssen Sie bei Ihrer Bewerbung aber ohnehin ein erweitertes polizeiliches Führungszeugnis bereithalten.

6. »Sind oder waren Sie schon einmal verschuldet?«

Bewerben Sie sich auf eine Stelle, auf der Sie mit Geld oder anderen Wertgegenständen in Berührung kommen, spielen Ihre Vermögensverhältnisse eine Rolle. Das ist z. B. im Banken- und Finanzbereich oder bei Juwelieren der Fall. Hier darf nach Ihren Finanzen gefragt werden. Möglicherweise wird ohnehin eine Schufa-Auskunft gefordert. Spielt Ihre finanzielle Situation für den Job, auf den Sie sich bewerben, keine Rolle, können Sie auf die Frage ruhig

und gelassen antworten: »Alles gut, ich bin und war nicht verschuldet, und so soll es auch bleiben« – selbst wenn das nicht
stimmen sollte.

7. »Wurden Sie schon einmal gewalttätig?«
Vielleicht wird Ihnen diese Frage gestellt, wenn Sie sich bei einem
Sicherheitsdienst auf eine Stelle im Personenschutz bewerben,
um zu prüfen, inwieweit Sie Ihre Impulse unter Kontrolle halten
können. Dann ist die Frage erlaubt und eine ehrliche Antwort
ratsam, da ein Gewaltvergehen in der Regel ohnehin in einem
polizeilichen Führungszeugnis auftauchen würde. Ansonsten
antworten Sie ruhig: »Oh nein, ich bin ein friedliebender Mensch
und löse Auseinandersetzungen mit Worten.«

8. »Gehören Sie einer Religionsgemeinschaft, einer politischen Partei
oder einer Gewerkschaft an?«
Einen Arbeitgeber geht das nichts an, es sei denn, es handelt sich
um einen gewerkschaftlichen, parteigebundenen oder kirchlichen
Arbeitgeber – und dann ist es in Ihrem eigenen Interesse, aus
einer Mitgliedschaft Kapital zu schlagen. Ihre Mitgliedschaft ist
dann wahrscheinlich einer der Gründe dafür, dass Sie sich bei
dieser Institution beworben haben, und auch dafür, dass Sie
eingeladen wurden. In allen anderen Fällen können Sie auf diese
Frage freundlich mit Nein antworten.

9. »Was macht Ihr Partner beruflich?«
Eigentlich geht auch das den Personalverantwortlichen nichts an.
Doch warum sollten Sie nicht kurz erzählen, in welcher Stellung
und Branche Ihr Partner – sofern Sie einen haben – arbeitet. Sie
müssen ja nicht gleich den Firmennamen offenbaren. Eventuell ist
es auch ganz hilfreich für Ihre Bewerbung, wenn Ihr Partner in
einem ähnlichen Berufsfeld arbeitet oder einen spannenden und
angesehenen Job hat, der in Erinnerung bleibt. Nur eine Tätigkeit
bei einem direkten Wettbewerber des potenziellen Arbeitgebers
geben Sie besser nicht preis. Das könnte ein Einstellungshindernis
sein.

Wichtig: Kommt es zu einem Arbeitsvertrag, dann ist dieser gültig,
auch wenn Sie auf eine unzulässige Frage eine unwahre Antwort
gegeben haben. Antworten Sie jedoch auf eine zulässige Frage wahr-
heitswidrig, kann der Arbeitgeber den Arbeitsvertrag wegen Irrtums

oder arglistiger Täuschung anfechten. Je nach Berufsfeld und Position sind Sie sogar in der Informationspflicht gegenüber einem potenziellen Arbeitgeber. Das heißt: Auch ohne dass der Arbeitgeber danach fragt, müssen Sie über einige persönliche Dinge unaufgefordert Auskunft geben, z. B. über eine infektiöse Krankheit wie Hepatitis C oder eine Infektion mit HIV, wenn Sie im medizinischen Bereich arbeiten, über Vorstrafen oder eine Privatinsolvenz im Finanzbereich. Sonst gilt das als arglistige Täuschung des Arbeitgebers und eine fristlose Kündigung mit strafrechtlichen Konsequenzen könnte die Folge sein.

Die eigenen Fragen

Das Vorstellungsgespräch ist ein Dialog, auch wenn das ungleiche Verhältnis von Fragen, die Ihnen gestellt werden, und Fragen, die Sie an den Arbeitgeber stellen, den Eindruck erweckt, es sei eher ein Verhör. Sie haben, genauso wie der Arbeitgeber, die Wahl, sich für oder gegen eine Zusammenarbeit zu entscheiden. Nutzen Sie das persönliche Kennenlernen, um herauszufinden, ob das Unternehmen und die angestrebte Stelle zu Ihnen passen. Denken Sie vor dem Gespräch darüber nach, welche Informationen Ihnen fehlen und notieren Sie sich Ihre Fragen an den Arbeitgeber.
Arbeitgeber gehen davon aus, dass Sie sich vor einem Gespräch intensiv mit der Firmenhomepage und der Stellenanzeige beschäftigt und alle für Sie zugänglichen Informationen genutzt haben, um sich viele Ihrer Fragen bereits selbst zu beantworten. Für Ihre Bewerberfragen im Vorstellungsgespräch gelten deshalb zwei Regeln:

1. Fragen Sie Ihre Gesprächspartnerin oder Ihren Gesprächspartner nichts, was Sie durch Recherche selbst hätten herausfinden können. Sonst gelten Sie als schlecht vorbereitet – und als schlecht informiert.
2. Fragen Sie nicht zu viel. Löchern Sie Ihren Interviewer nicht. Denn sonst gelten Sie als schwierig – womöglich sogar als Erbsenzähler.

Insgesamt fünf Fragen – zwischendurch und am Ende des Gesprächs gestellt – sind angemessen. Halten Sie sich mit Fragen, die sich auf Ihren persönlichen Nutzen beziehen, zumindest im ersten Gespräch eher zurück. Damit sind alle Fragen nach Arbeitszeit, Gleitzeit, Home-

Sich selbst | präsentieren

office, Urlaub, Geld und anderen Extras gemeint, die Sie sich von einem Arbeitgeber wünschen. Diese Punkte werden in der Regel gegen Ende eines ersten oder in einem zweiten Interview ohnehin vom Arbeitgeber angesprochen. Außerdem werden diese Details im Arbeitsvertrag geregelt. Wenn man Ihnen einen solchen anbietet, können Sie Einzelheiten nachverhandeln.

Es lohnt sich übrigens doppelt, eigene, passende Fragen an einen potenziellen Arbeitgeber vorzubereiten und auch zu stellen. Denn abgesehen von Ihrem Wunsch, sich dadurch eine gute Informations-basis für Ihre Entscheidung für oder gegen die Stelle zu verschaffen, signalisieren Sie durch gezielte und präzise Fragen dem Arbeitgeber auch Ihr Interesse am Unternehmen und an der Stelle.

Generell gilt: Fragen Sie nichts, was im Gespräch bereits gesagt wurde. Das heißt: Hören Sie Ihren Gesprächspartnerinnen bzw. -partnern immer aufmerksam und konzentriert zu.

Beispielformulierungen

Mit welcher Software arbeitet die Abteilung?

Wie werden die Aufgaben gewichtet sein?

Wie viele Mitarbeiterinnen und Mitarbeiter arbeiten in der Abteilung?

Wie groß ist das Team, in dem ich arbeite?

Wer ist mein direkter Vorgesetzter / meine direkte Vorgesetzte?

Arbeiten Sie mit Zielvorgaben?

Warum wird die Position neu besetzt?

Aus welchem Grund ist die Stelle auf zwei Jahre befristet?

Besteht die Aussicht auf eine Weiterbeschäftigung nach Ablauf dieser zwei Jahre?

Welche Weiterentwicklungsmöglichkeiten gibt es für Mitarbei-tende im Unternehmen?

Wie stellen Sie sich den idealen Mitarbeiter / die ideale Mitarbei-terin vor?

Wie wird bei Ihnen die Arbeitszeit geregelt und besteht die Möglichkeit auf Homeoffice?

In welchem zeitlichen Umfang finden die erforderlichen Dienst-reisen in der Regel statt?

Wie sieht die Einarbeitung bei Ihnen aus?

Können Sie sich vorstellen, mich für die Position einzustellen?

Sich selbst präsentieren

Je nachdem, wie dringend Sie die angestrebte Stelle wollen oder brauchen, können Sie das gemeinsame Gespräch dazu nutzen, durch eigene Fragen herauszufinden, ob wirklich alles Gold ist, was der Arbeitgeber so glänzend darstellt. Dazu gibt es eine Fragetechnik, die Ihnen hilft herauszufinden, ob die jeweilige Firma und Stelle wirklich zu Ihnen passen. Diese Technik ist einfach: Spiegeln Sie eine Frage des Interviewers als Gegenfrage zurück. Immer dann, wenn Ihnen eine Frage gestellt wird, deren Inhalt Sie aus Firmensicht interessiert, dann stellen Sie ans Ende Ihrer Antwort auf die Frage des Interviewers die Gegenfrage.

Beispielformulierungen

Interviewerin: Wie gehen Sie mit Konflikten im Team um?
Bewerber (nach der Antwort auf diese Frage): Was würden Sie sagen, was für eine Konfliktkultur herrscht in Ihrem Unternehmen?
Interviewer: Ist Ihnen schon einmal ein massiver beruflicher Fehler unterlaufen und wie sind Sie damit umgegangen?
Bewerber (nach der Antwort auf diese Frage): Wie würden Sie die Fehlerkultur in Ihrem Unternehmen beschreiben?
Interviewerin: Wann haben Sie Ihre letzte Weiterbildung absolviert und was haben Sie dabei gelernt, das für uns wichtig sein kann?
Bewerber (nach der Antwort auf diese Frage): Wie fördern Sie Ihre Mitarbeiterinnen und Mitarbeiter? Welche internen und externen Weiterbildungsprogramme gibt es bei Ihnen, um die Belegschaft fit zu halten für ihre Aufgaben?

Selbstverständlich sollten Sie das Spiel nicht überreizen. Aber es ist durchaus legitim, bei den Dingen gezielter nachzufragen, die für Sie besonders wichtig sind, v. a. bei Themen, mit denen Sie womöglich bei Ihrem letzten Arbeitgeber sehr unzufrieden waren, z. B. mit der Konflikt- und Fehlerkultur oder mit den Weiterbildungsmöglichkeiten.

 **Fragen formulieren,**
die sich auf den persönlichen Vorteil beziehen

Homeoffice, Gleitzeit, Teilzeit, Gehalt, Dienstwagen und Urlaubsregelung – diese Dinge werden in der Regel angesprochen und dann im
Arbeitsvertrag geregelt. Wenn Sie diese Punkte von sich aus ansprechen, sollten Sie die Sicht des Arbeitgebers beachten. Denn bei diesen
Details zu Ihren Arbeitsbedingungen geht es (leider) weniger darum,
was Sie sich wünschen. Vielmehr geht es darum, was in der Branche
und speziell im Unternehmen und in dem Arbeitsbereich, in dem Sie
tätig werden wollen, üblich ist. Jedes Unternehmen hat ein Gehaltsgefüge, eine Arbeitszeitstruktur, eine Urlaubsregelung und viele
bieten spätestens seit der Corona-Pandemie auch Homeoffice an.
Kein Arbeitgeber kann alle internen Regeln über Bord werfen, um
für eine Person eine Ausnahme zu machen. Wenn es Ihre Position,
die Tätigkeit und die Firmenpolitik erlauben, wird ein Arbeitgeber
Ihnen sämtliche Vorzüge gewähren, die möglich sind. Wenn nicht,
beharren Sie nicht darauf. Sie riskieren sonst eine Absage.

Die Tabus beim persönlichen Kennenlernen

Das Einmaleins des menschlichen Miteinanders gilt auch für das
persönliche Kennenlernen im Gespräch mit dem potenziellen Arbeitgeber. Das ist in der Business-Welt genauso wie im übrigen Leben.
Beachten Sie die folgenden neun Tabus.

1. Unpünktlich sein
   Pünktlich zu sein heißt, respektvoll mit der Zeit Ihres Gegenübers
   umzugehen. Planen Sie immer genügend Zeit ein, um pünktlich
   zum Interview per Telefon- oder Videocall oder zu einem persönlichen Gespräch im Unternehmen zu erscheinen. Wenn Sie Ihre
   Gesprächspartner warten lassen, dann vermitteln Sie einen sehr
   schlechten Eindruck. Speichern Sie die Telefonnummer Ihres
   Gesprächspartners oder Ihrer Gesprächspartnerin auf Ihrem
   Mobiltelefon, damit Sie auch noch von unterwegs anrufen können, um wenigstens rechtzeitig zu informieren, dass Sie trotz aller
   Planung, Zeitpuffer und Sorgfalt wegen eines Notfalls zu spät

Sich selbst präsentieren

kommen werden. Selbstverständlich kann es umgekehrt auch Ihnen passieren, dass ein Interviewer oder eine Interviewerin Sie warten lässt. Nett ist das nicht, es kann aber in einem hektischen Arbeitsalltag schon mal vorkommen. Wo dies der Fall ist, sollten Sie sich freundlich wohlwollend verhalten und darauf achten, wie man mit Ihnen umgeht. Glauben Sie, man hat sie bewusst hingehalten und warten lassen? Oder werden Sie z. B. durch eine Assistentin angemessen über die Verspätung informiert? Gibt es eine Entschuldigung? Denken Sie immer daran: Auch Sie haben die Wahl, ob Sie mit einem Arbeitgeber eine Beziehung eingehen wollen, der sich Ihnen gegenüber schon beim ersten Kennenlernen nicht wertschätzend verhält.

2. Den Namen des Gesprächspartners oder der Gesprächspartnerin vergessen
»Guten Tag, Frau … äh, wie war noch gleich Ihr Name?« Stellen Sie sich vor, Sie gingen zu einer ersten Verabredung und die Person, mit der Sie sich treffen, hätte Ihren Namen vergessen. Sie hätte ihre Chancen doch von Anfang an verspielt, oder nicht? Deshalb gilt auch beim ersten Kennenlernen Ihres neuen Arbeitgebers: Lernen Sie die Namen der Person oder Personen auswendig, mit denen Sie sich treffen. Suchen Sie im Internet die Namen, um ein Foto der Personen bei Xing oder LinkedIn oder auf der Firmenhomepage zu finden. Speichern Sie sich die Namen in Ihr Mobiltelefon, nehmen Sie das Einladungsschreiben mit bzw. speichern Sie die Einladungs-E-Mail im Smartphone. Wie auch immer: Stellen Sie sicher, dass Sie die Namen derer, mit denen Sie sich treffen, im Kopf haben. Wenn Ihnen im Gespräch Menschen vorgestellt werden, dann merken Sie sich die Namen. Machen Sie sich dafür z. B. eine kleine Notiz auf Ihrem Schreibblock.

3. Zu wenig über den potenziellen Arbeitgeber wissen
»Was wissen Sie über unser Unternehmen?« »Was finden Sie an unseren Produkten gut?« »Warum wollen Sie bei uns arbeiten?« Auf solche Fragen brauchen Sie Antworten.

4. Die Stellenanzeige nicht kennen
»Was reizt Sie an der Stelle besonders?« »Welche Aufgaben finden Sie besonders spannend?« Im Vorstellungsgespräch werden viele Fragen zu den einzelnen Schlagwörtern aus der Stellenanzeige kommen. Wer die Details kennt, wer alle Aufgaben und Anforde-

Sich selbst präsentieren

rungen parat hat, wird im Vorstellungsgespräch punkten. Alle anderen werden als Bewerberin oder Bewerber schnell aussortiert.

5. Den eigenen Lebenslauf nicht erzählen können

»Stellen Sie bitte sich und Ihren Werdegang vor. Stellen Sie dabei bitte einen Bezug zu den Aufgaben der ausgeschriebenen Position her.«

Es ist unerlässlich, im Vorstellungsgespräch den eigenen Lebenslauf zu kennen und mit einem kleinen Spannungsbogen erzählen zu können. Bereiten Sie sich auf diese Frage deshalb intensiv vor (↗ S. 198).

6. Unstimmige nonverbale Signale senden

Bei wichtigen und riskanten Entscheidungen spielen die nonverbalen Signale die entscheidende Rolle. Ein Bewerber oder eine Bewerberin kann noch so eloquent versuchen, mit Worten zu überzeugen; wenn der Körper eine andere Sprache spricht und das Erscheinungsbild nicht stimmt, ist es aussichtslos (↗ S. 220 f.).

7. Unüberlegte Kritik äußern

»Was sagen Sie zu unserem neuen Firmengebäude?« »Wie gefällt Ihnen unsere Website?« Wer hier gleich mit Kritik und mit Verbesserungsvorschlägen glänzen will, wird vermutlich keinen Arbeitsvertrag erhalten. Das Vorstellungsgespräch ist nicht der Ort, um anzumerken, wie man die Homepage oder das Firmengebäude hätte besser gestalten können. Halten Sie sich mit Kritik zurück.

8. Illoyalität an den Tag legen

»Ihr aktueller Arbeitgeber steckt ja ganz schön in der Krise, was sagen Sie denn zum Management der Firma?« Achtung, Loyalitätsfalle! Sprechen Sie niemals, wirklich niemals, schlecht über jemanden. Wer über Kollegen lästert oder den Chef schlechtmacht, wird nicht eingestellt. Ein potenzieller Arbeitgeber hätte viel zu viel Angst davor, dass Sie bei nächster Gelegenheit ihn vor anderen bloßstellen würden. Selbst wenn Sie Ihren aktuellen Chef schlimm finden und Ihr derzeitiger Arbeitgeber eine heruntergewirtschaftete Firma oder Organisation ist, brauchen Sie andere Argumente, warum Sie wechseln wollen. Führen Sie an, was für den potenziellen Arbeitgeber und die Stelle spricht, für die Sie gerade im Gespräch sind.

9. Am Schluss nachlässig werden
Es gibt keine zweite Chance für den ersten Eindruck – aber der letzte Eindruck bleibt. Verhalten Sie sich aufmerksam, konzentriert und freundlich, bis Sie das Gelände des potenziellen Arbeitgebers verlassen haben. Ein allzu salopper Spruch zum Schluss eines Gesprächs, wenn die Anspannung abgefallen ist, kann selbst gute Chancen auf eine angestrebte Stelle zunichtemachen. Bedanken Sie sich zum Schluss für das Gespräch und fragen Sie, bis wann Sie mit einer Entscheidung rechnen können.

Tipps für das Gespräch

Im Vorstellungsgespräch wollen Sie sich sympathisch zeigen. Gute Umgangsformen allein reichen dafür nicht; sie sind ganz selbstverständlich vorauszusetzen. Geben Sie sich respektvoll, zugewandt, freundlich und loyal!

Achten Sie auf die Redezeiten

Eine wichtige Gesprächsregel für Vorstellungsgespräche lautet schlicht: 50:50. In ca. 50 Prozent der Gesprächszeit sollten Sie reden, in ca. 50 Prozent der Zeit zuhören. Wer zu wenig redet, verpasst die Chance, die eigene Persönlichkeit und Kompetenz darzustellen. Wer zu viel redet, ignoriert die Bedürfnisse seiner Gesprächspartnerinnen oder Gesprächspartner. Eine weitere Gesprächsregel lautet: 30 bis 120. Ihre Antworten sollten nicht länger als ca. 120 Sekunden (zwei Minuten), aber auch nicht viel kürzer als 30 Sekunden sein. Wer zu lange antwortet, wird wahrgenommen als jemand, der nicht auf den Punkt kommt. Wer allzu kurze, knappe Antworten gibt, wirkt leicht wortkarg und mürrisch. Üben Sie Ihre Antworten ruhig mit der Stoppuhr – dann bekommen Sie ein Gefühl für die richtige Länge.

Lächeln Sie von Zeit zu Zeit

Gewöhnen Sie es sich an, von Zeit zu Zeit ein Lächeln einzustreuen. Damit wirken Sie freundlicher und sympathischer. Außerdem lockert ein Lächeln Ihre Kiefermuskulatur. Sie lösen damit automatisch Anspannungen. Das gilt übrigens auch für das Vorstellungsgespräch per Telefon oder Videocall.

Achten Sie auf nonverbale Signale

Studien aus aller Welt sind sich einig: Bei wichtigen und riskanten Entscheidungen spielen nonverbale Signale die größte Rolle. Sie mögen sprechen wie gedruckt, Sie mögen jedes Detail korrekt darstellen können – wenn Ihre Körpersprache Ihren Aussagen widerspricht, wirken Sie unglaubwürdig und nicht überzeugend. Wer sich beispielsweise als zupackend beschreibt, sollte keinen schwachen Händedruck haben. Wer von sich selbst behauptet, Konflikte schnell und freundlich verbal zu lösen, sollte die Stirn nicht in Zornesfalten legen. Wer sich als ordnungsliebend beschreibt, sollte keine wirren, ungeordneten Notizen machen.

Überlegen Sie immer, was Ihre Kleidung und Accessoires, Ihre Körperhaltung, Gestik und Mimik über Sie aussagen. Diese Überlegungen stellen Sie nicht während eines Vorstellungsgesprächs an, das schafft unter Anspannung fast keiner. Aber zur Vorbereitung auf das Gespräch sind sie goldrichtig.

Da Menschen statistisch über 80 Prozent ihrer Entscheidungen aufgrund von optischen Reizen treffen, ist es zuallererst wichtig, was ein Interviewer von Ihnen sieht. Achten Sie auf:

- Kleidung, Frisur, Zähne, Haut, Fingernägel,
- Gang, Haltung im Stehen und im Sitzen, Gestik, Mimik,
- Brille, Uhr, Tasche, Kugelschreiber, Schreibblock (bzw. Tablet).

Mit Ihrem gesamten Erscheinungsbild treffen Sie eine Aussage über sich selbst. Ihr Gegenüber, das Sie noch nicht kennt, macht sich damit ein Bild von Ihnen. Der Gesamteindruck von Ihrer Person entsteht durch zusätzliche Reize, die ein Interviewer oder eine Interviewerin mit Nase, Hand und Ohren wahrnimmt, das sind:

- Geruch der Kleider, des Atems, des Körpers,
- Hautfeuchtigkeit und Stärke des Händedrucks,
- Lautstärke, Verständlichkeit, Sprachrhythmus, Tonhöhe (bei Aufregung neigen wir Menschen dazu, unnatürlich hoch zu sprechen).

Besonders beim nonverbalen Ausdruck haben Bewerberinnen und Bewerber die Chance, Ihre Selbstpräsentation überzeugend zu gestalten. Dabei geht es nicht darum, sich zu verstellen, wohl aber darum, sich auf ein Gegenüber einzustellen. Immerhin wollen Sie ja zum potenziellen Arbeitgeber als neuem Partner in einer (Arbeits-)Beziehung passen. Achten Sie auf die folgenden Aspekte:

- **Erscheinungsbild:** Verfügen Sie über ein gepflegtes Erscheinungsbild? Kleidung und Accessoires sollten keine deutlichen Gebrauchs- oder Abnutzungsspuren aufweisen. Die Frisur sollte ordentlich und der Haarschnitt frisch sein. Zähne und Haut sollten gepflegt und gesund aussehen (↗ S. 186 ff.).
- **Geruch:** Der Geruch sollte unaufdringlich und frisch sein. Die Kleidung muss frisch gewaschen und gebügelt, die Zähne sollten frisch gesputzt sein und der Atem sollte nicht nach Nikotin, Alkohol oder Knoblauch riechen. Benutzen Sie nicht zu viel Aftershave oder Parfüm, das wirkt schnell aufdringlich.
- **Auftreten:** Gehen Sie zielstrebig und sicher auf Ihre Gesprächspartnerinnen oder Gesprächspartner zu, die Haltung im Stehen oder Sitzen sollte aufrecht und gerade sein. Die Mimik sollte freundlich und zugewandt sein. Halten Sie Augenkontakt mit Ihrem Gegenüber und lächeln Sie, wo es passt. Die Gestik sollte das Gesagte unterstreichen.
- **Stimme:** Die Stimme sagt viel über Ihre Stimmung aus. Wer aufgeregt ist, neigt dazu, schneller, undeutlicher, leiser oder lauter zu reden und zudem in höherer Tonlage zu sprechen als sonst. Bei Nervosität hilft eine bewusst ruhige Atmung. Konzentrieren Sie sich vor allem aufs Ausatmen. Versuchen Sie, bei Ihrer gewohnten Stimmlage zu bleiben.
- **Händedruck:** Bei Aufregung zu schwitzen, ist nicht weiter ungewöhnlich. Wischen Sie Ihre Hand kurz vor der Begrüßung an einem Taschentuch ab. Der Händedruck sollte nicht zu kräftig, aber auch nicht zu schwach ausfallen. Seit der Corona-Pandemie ist ein Händedruck aber nicht mehr selbstverständlich. Wenn Ihr Gegenüber Ihnen von sich aus nicht die Hand entgegenstreckt, verzichten auch Sie auf diese Form der Begrüßung.

Antworten Sie anhand konkreter Beispiele

Antworten Sie, sooft es möglich ist, indem Sie konkrete Beispiele aus Ihrer Ausbildungs- oder Arbeitspraxis anführen. Das macht Ihre Antworten anschaulich und glaubwürdig. Wenn es Ihnen an Belegen aus dem Beruf fehlt, können Sie auch aufs Privatleben zurückgreifen. Wenn

Sich selbst präsentieren

Sie sich etwa als führungsstark beschreiben wollen, aber noch nie eine Führungsposition innehatten, dann können Sie auf entsprechende Rollen in Ihrem Privatleben hinweisen, z. B. als jahrelanger Fußballtrainer oder als erfahrener Chordirigent.

Zeigen Sie sich loyal
Reden Sie niemals schlecht über jemanden – besonders nicht über ehemalige Arbeitgeber oder frühere Vorgesetzte. Selbst wenn Ihr Ex-Chef oder Ihre Ex-Chefin aus Ihrer Sicht ein unfähiger Mensch ist oder einen schlechten Charakter hat, sollten Sie diese Regel beherzigen. Ein zukünftiger Arbeitgeber argwöhnt sonst, dass Sie auch über ihn und seine Führungskräfte schlecht reden, nachdem er Sie angestellt hat – oder, schlimmer noch, wenn Sie irgendwann nicht mehr für ihn arbeiten. Wenn Sie gefragt werden, können Sie durchaus sagen, dass es unterschiedliche Auffassungen zu bestimmten Fragen gab oder dass nach einem Vorgesetztenwechsel die Chemie nicht mehr gestimmt hat. Auf keinen Fall aber sollten Sie sich zu negativen Aussagen hinreißen lassen oder sich als Opfer von Mobbing oder Intrigen darstellen.

Die Gehaltsverhandlung

Geld ist nicht alles; und dennoch scheitern viele Arbeitsverträge an den Gehaltsvorstellungen von Bewerberinnen und Bewerbern. Da Arbeitgeber das wissen, fragen sie oft schon in der Stellenanzeige nach Ihrem Gehaltswunsch. Stellensuchende, die dazu keine Angaben in ihren Bewerbungen machen, werden entweder nicht eingeladen oder kurz angerufen und nach ihren Gehaltsvorstellungen gefragt. Spätestens aber im Vorstellungsgespräch werden Sie auf jeden Fall mit der Gehaltsfrage konfrontiert: »Was wollen Sie bei uns verdienen?« Auf diese Frage müssen Sie eine Antwort haben. Und am allerbesten haben Sie auch Alternativen, denn: Wer Alternativen hat, also nicht von dem einen Vorstellungsgespräch und dem einen Stellenangebot bei dem einen Arbeitgeber abhängig ist, der kann ganz anders in die Gehaltsverhandlung gehen. Wer die Absage nicht fürchtet, kann freier verhandeln. Wer auf die angestrebte Stelle angewiesen ist, über deren Gehalt er gerade verhandelt, wird eine schwächere Verhandlungsposition haben. Schaffen Sie sich Alternativen. Aber auch ohne Alternativen können Sie souverän verhandeln, wenn Sie wissen, worauf es ankommt. Eine gute Vorbereitung zahlt sich aus: Es gibt im Berufsleben selten eine Gelegenheit, bei der Sie in kürzerer Zeit mehr Geld herausholen können als in einer Gehaltsverhandlung.

Das Gehaltsgefüge

Arbeitgeber müssen wissen, wen einzustellen sie sich leisten können – und das vor einem aufwendigen und teuren Auswahlverfahren. Um einschätzen zu können, wie viel Ihre Arbeitskraft auf welcher Position wert ist, sollten Sie die Arbeitgeberseite verstehen lernen.

Jedes Unternehmen und jede Organisation hat ein Gehaltsgefüge. In manchen Unternehmen, v. a. in kleineren und mittleren, entsteht das Gehaltsgefüge eher zufällig. Die meisten größeren Unternehmen und Organisationen gestalten das Gehaltsgefüge jedoch systematisch und transparent; so können sie die Personalkosten besser kalkulieren und damit steuern und überdies Motivation und Leistungsbereitschaft der Belegschaft gezielter fördern.

Arbeitgeber vieler Branchen sind – abgesehen von betriebswirtschaftlichen Aspekten – auch an die Mindestanforderungen aus Tarifverträgen und weiteren Vereinbarungen mit den Gewerkschaften gebunden, die regeln, für welche Position wie viel Entgelt (mindestens) zu zahlen ist. Wenn auch die Gewerkschaften weniger mit Blick auf den Markt verhandeln, sondern mehr mit Blick auf die Arbeitnehmerinteressen, so orientieren sie sich doch an den gleichen Faktoren wie die Arbeitgeber: der Qualifikation und der Erfahrung, die für eine konkrete Tätigkeit benötigt werden, einerseits und dem Verhältnis von Angebot und Nachfrage auf dem Arbeitsmarkt andererseits.

Ausbildung und Studium sind teuer. Wer in der Ausbildung ist oder studiert, kann den eigenen Lebensunterhalt kaum bzw. gar nicht selbst bestreiten. Ausbildung und Studium sind also eine Investition in die Zukunft; sie sollten sich im Laufe eines Arbeitslebens rentieren (sonst wären es Fehlinvestitionen). Und das tun sie in aller Regel auch: Wer eine aufwendige Ausbildung absolviert hat, verdient statistisch betrachtet mehr als eine ungelernte Kraft, eine Akademikerin mehr als ein Facharbeiter. Aber garantiert ist das nicht.

Arbeitgeber wollen nur die Qualifikation bezahlen, die für die konkret anstehende Tätigkeit unbedingt erforderlich ist. Wer dafür überqualifiziert ist, muss mit Abstrichen rechnen. Ebenso verhält es sich mit der Berufserfahrung. Arbeitgeber werden immer prüfen, ob die Berufserfahrung einer Bewerberin oder eines Bewerbers für sie tatsächlich interessant ist. Irgendeine Berufserfahrung, die sie nicht brauchen, wollen sie nicht bezahlen.

Das Verhältnis von Arbeitskraftangebot (Bewerberinnen und Bewerbern) und Arbeitskraftnachfrage (offenen Stellen) ändert sich ständig und variiert je nach Standort, Branche und Berufsfeld. In vielen Bereichen herrscht im deutschsprachigen Raum derzeit eine sehr geringe Arbeitslosigkeit und damit eine hohe Arbeitskraftnachfrage, weshalb die Gehälter in diesen Bereichen eher steigen, so etwa in der IT, aber auch im Handwerk. Andererseits fallen die Gehälter bzw. Löhne vieler Berufe, weil sie auf dem Arbeitsmarkt immer weniger nachgefragt werden. Und das sind nicht allein heute so exotisch anmutende Berufe wie Notenstecher, Schirmmacher oder Hufschmied. Berufe in der Land- und Forstwirtschaft sowie Maschinenführer werden seltener nachgefragt, weil Maschinen heute viele Arbeiten selbstständig ausführen können, aber auch Berufe wie der des Steuerberaters, der durch die Digitalisierung bedroht wird.

Außer den Faktoren Qualifikation und Erfahrung wirkt sich leider auch das Geschlecht auf das Gehaltsgefüge der meisten Arbeitgeber aus: Frauen erhalten – selbst wenn man statistisch bereinigte Werte anschaut – bei gleicher Qualifikation, gleicher Erfahrung und auf gleicher Position noch heute weniger Gehalt bzw. Lohn als Männer. Nicht dass die Gewerkschaften oder die Arbeitgeber das Geschlecht bewusst in die Entgelte einrechneten. Aber die typischen Frauenberufe sind historisch schlechter bezahlt, und das ändert sich nur schleichend langsam. Vielleicht beschleunigt sich der Prozess: In Deutschland und in Österreich gilt seit 2017 ein Entgelttransparenzgesetz (nicht so in der Schweiz), dessen Ziel es ist, die Löhne und Gehälter besonders von Frauen und Männern bei gleicher oder gleichwertiger Arbeit einander anzugleichen.

Die Gehaltsrecherche

Bevor Sie zu einem Vorstellungsgespräch gehen, brauchen Sie eine konkrete Größenordnung für Ihre Gehaltsvorstellung. Das heißt: Sie müssen nach den marktüblichen Gehältern in Ihrem Berufsfeld recherchieren. Nutzen Sie für Ihre Recherche Suchmaschinen und geben Sie Suchwörter wie »Gehalt«, »Gehalts-Check« oder »Gehaltsdatenbank« zusammen mit der Position und der Organisation ein, bei der Sie sich bewerben wollen oder bereits beworben haben. Mit einem Mausklick und ein wenig Glück haben Sie vielleicht sogar einen direkten Treffer zum Gehaltsgefüge des Arbeitgebers. Auf Webseiten wie z. B. www.gehalt.de, www.gehaltsvergleich.com oder www.glassdoor.de können Sie die marktüblichen Gehaltsspannen verschiedener Positionen in verschiedenen Branchen bei verschiedenen Arbeitgebern einsehen. Stellen Sie sich darauf ein, dass die Informationen widersprüchlich sind. Das liegt daran, dass die tatsächlich gezahlten Gehälter durchaus davon abweichen.

Manche Arbeitgeber, wie beispielsweise der öffentliche Dienst oder tarifgebundene Industriebetriebe, bezahlen ihre Mitarbeiterinnen und Mitarbeiter nach Tarifen. Diese Tarife finden Sie, wenn Sie per Suchmaschine im Internet z. B. nach TVöD (Tarifvertrag des öffentlichen Diensts) oder ERA (Entgeltrahmenabkommen) suchen. Bei www.lohnspiegel.de der gewerkschaftsnahen Hans-Böckler-Stiftung erhalten Sie Informationen der Gewerkschaften wie z. B. der IG Metall, von Ver.di, der IG BAU (Bau, Agrar, Umwelt) oder IG BCE (Bergbau, Chemie, Energie). Unter weiterführenden Links finden Sie außerdem die aktuellen Tarifverträge dieser Branchen.

Die realistische Gehaltsvorstellung

Auch wenn die Realität manchmal schwer zu akzeptieren ist: Der Maßstab für Ihren Gehaltswunsch sollte das marktübliche Gehalt sein und nicht etwa das Gehalt, das auf Ihrem letzten Gehaltszettel stand, nicht das Gehalt, das eine Bekannte (angeblich) bekommt, nicht das Gehalt, mit dem Sie besser über die Runden kämen, nicht das Gehalt, von dem Sie finden, dass sie es verdienten.

Das marktübliche Gehalt wird wesentlich bestimmt durch vier Faktoren:

- **den Standort;** in Deutschland herrscht ein Nord-Süd- und ein Ost-West-Gefälle, d.h. im Süden und im Westen sind die Gehälter höher als im Norden und Osten. In Städten und Ballungsgebieten sind sie höher als auf dem Land.
- **die Branche;** Industrie- und High-Tech-Firmen zahlen mehr als Handwerksbetriebe, Handelsunternehmen und Dienstleister, Unternehmen mehr als Non-Profit-Organisationen.
- **die Unternehmensstruktur;** Konzerne und Großunternehmen zahlen mehr als kleine und mittlere Betriebe, Firmen der Old Economy mehr als Start-ups der New Economy.
- **das Berufsfeld;** in manchen Berufsfeldern wie z.B. der IT, dem Handwerk und der Pflege fehlen Arbeitskräfte, die Nachfrage nach Arbeitskraft ist größer als das Angebot. In solchen Berufsfeldern sind heute höhere Gehälter realisierbar als noch vor einigen Jahren.

Der Wert Ihrer Arbeitskraft bemisst sich also nicht nach dem, was Sie aktuell verdienen oder zuletzt verdient haben. Sind Sie z.B. seit über 20 Jahren in einem Unternehmen beschäftigt und ist Ihr Gehalt entsprechend hoch, dann heißt das nicht, dass Sie bei einem Arbeitgeberwechsel mit einem ebenso hohen oder sogar höheren Gehalt rechnen können. Das ist nur dann möglich, wenn Ihre gesamte Qualifikation und Berufserfahrung beim neuen Arbeitgeber und in der neuen Position benötigt werden und die Faktoren Standort, Branche, Unternehmensstruktur sowie Berufsfeld dem Gehalt entsprechen.

Auch wenn Sie die Branche wechseln, wird sich Ihr Gehalt verändern. Bei einem Branchenwechsel, z.B. aus der Industrie in den öffentlichen Dienst wird sich Ihr Gehalt (deutlich) verringern, bei einem Wechsel aus einem Handwerksbetrieb in die Industrie wird sich Ihr Gehalt deutlich erhöhen.

Wenn Sie sich mit einem akademischen Abschluss auf eine Stelle als Sachbearbeiter bewerben, wird Ihnen Ihr Bildungsabschluss nicht vergütet. Überqualifikation ist aber ohnehin meist ein Einstellungshindernis. Denn Arbeitgeber befürchten, dass überqualifizierte Mitarbeiter und Mitarbeiterinnen auf Dauer unzufrieden werden und deshalb

bald wieder gehen. Wenn Sie sich mit über 50 und beeindruckend langer Berufserfahrung auf eine Stelle bewerben, die Ihrer Erfahrung nicht bedarf, dann wird sie Ihnen auch nicht vergütet werden.
Wenn Sie sich räumlich verändern wollen und sich z. B. von Bremen nach München bewerben, werden Sie für die gleiche Tätigkeit in der gleichen Branche ein höheres Gehalt realisieren. In München liegen die Gehälter (und leider auch die Mieten) deutlich höher als in Bremen. Abstriche müssen Sie machen, wenn Sie sich von Karlsruhe in Baden-Württemberg nach Bad Bentheim in Niedersachsen bewerben. Im ländlichen Raum Niedersachsens liegen die Gehälter deutlich unter denen in Baden-Württemberg.

Bietet Ihnen ein Arbeitgeber also ein geringeres Gehalt an als das, das Sie sich vorgestellt haben, kann das schlichtweg am Standort, an der Branche, am Berufsfeld oder an der Unternehmensstruktur liegen.

Die meisten Arbeitgeber haben bei der Dotierung einer Stelle etwas Spielraum – so viel, wie es Wirtschaftlichkeit und Gehaltsgefüge eben zulassen. Jenseits dieses Spielraums können die Personalentscheider und -entscheiderinnen keine Zusagen machen. Bewerberinnen und Bewerber, die zu hoch pokern, aber auch diejenigen, die sich unter Wert verkaufen, werden nicht eingestellt. Wer zu hoch pokert, wirkt weltfremd oder ist schlicht zu teuer. Aber auch wer sich unter Wert verkaufen will, kann weltfremd wirken. Arbeitgeber entscheiden sich immer für Kandidaten oder Kandidatinnen mit realistischen Gehaltsvorstellungen. Deshalb kommen Sie nicht umhin, eine ordentliche Recherche nach marktüblichen Gehältern durchzuführen und spätestens im Vorstellungsgespräch ein konkretes Bruttojahresgehalt zu nennen. Diese Summe ist Ihr Ausgangspunkt für die Gehaltsverhandlung. Ohne geht es nicht.
Erst wenn Sie sich hinreichend informiert haben, können Sie Ihre Gehaltsvorstellung eingrenzen. Üblich ist die Angabe des Bruttojahreseinkommens. Diese Zahl geben Sie, wenn verlangt, im Onlineformular oder im Anschreiben an. Im Kopf aber legen Sie sich ergänzend zur konkreten Zahl eine Spanne zurecht sowie eine untere Schmerzgrenze. Dann können Sie je nach Situation im Gespräch noch ab- und zugeben, ohne ihre Mindestgehaltsvorstellung leichtfertig zu unterschreiten.

Sich selbst präsentieren

Der richtige Zeitpunkt für das Thema Geld

Dass Sie zu einem Interview eingeladen wurden, können Sie als Zeichen dafür werten, dass Ihre Gehaltsvorstellungen den Arbeitgeber nicht abgeschreckt haben. Meist wird das Thema Gehalt gegen Ende des Gesprächs angesprochen. Sind mehrere Gesprächstermine vorgesehen, dann meist noch nicht im ersten. Doch keine Regel ohne Ausnahme. Manche Personalverantwortliche stellen den Ablauf eines Vorstellungsgespräches auch auf den Kopf und fragen gleich am Anfang »Kommen wir doch gleich zu Beginn zum Wesentlichen: Was wollen Sie bei uns verdienen?«. Sie sollten in puncto Gehalt also immer auf die folgenden Szenarien gefasst sein.

1. Die Gehaltsfrage kommt gegen Ende des Gesprächs.
    Das ist der übliche Zeitpunkt, um über Geld zu reden. Der Arbeitgeber hat Sie kennengelernt und kann einschätzen, welche Qualifikationen, Fähigkeiten und Erfahrungen Sie für die angebotene Stelle mitbringen. Sie haben den Arbeitgeber, die Aufgaben und den Verantwortungsbereich kennengelernt und können einschätzen, ob Ihre Gehaltsvorstellungen angemessen sind oder zu hoch bzw. zu niedrig liegen.

2. Die Gehaltsfrage kommt gar nicht.
    Warten Sie im Gespräch, bis Sie gefragt werden, was Sie verdienen wollen. Kommt dieses Thema bis zum Schluss des ersten Gesprächs nicht aufs Tapet, können Sie nachfragen, wie der weitere Bewerbungsprozess ablaufen wird und ob es noch ein zweites Gespräch geben wird. Antwortet Ihr Gegenüber mit, »Nein, es gibt kein zweites Gespräch«, können Sie das Gehaltsthema ansprechen. Formulieren Sie z. B.: »Dann möchte ich doch noch eine Frage stellen. Liege ich mit meinen Gehaltsvorstellungen, die ich in meiner Bewerbung angegeben habe, im Budget für die geplante Stelle?« Sollten Sie bislang noch keinen Gehaltswunsch genannt haben, fragen Sie: »Dann möchte ich doch noch eine Frage stellen. Wann werden wir über die Vergütung sprechen?«

3. Die Gehaltsfrage kommt gleich zu Beginn des Gesprächs
    Überfällt Sie der Interviewer oder die Interviewerin gleich am Anfang mit der Frage nach dem Geld, ist das kein Grund zur Panik. In der Regel haben Sie Ihre Gehaltsvorstellungen ja sowieso schon im Onlineformular oder im Anschreiben genannt. Sie wiederholen also einfach nur, was Sie bereits angegeben haben. Wenn Sie noch

Sich selbst präsentieren

nichts angegeben haben, dann nennen Sie Ihre Gehaltsvorstellung, z. B. so: »Im Vorfeld meiner Bewerbung habe ich mich über marktübliche Gehälter informiert. Für die in Ihrer Anzeige beschriebenen Aufgaben stelle ich mir ein Gehalt von xx xxx € vor. Liege ich damit im Budget für die Stelle?« Damit halten Sie sich eine Tür offen, denn es kann nötig werden, die Gehaltsvorstellung nach oben oder nach unten anzupassen. Wenn Sie im weiteren Gespräch z. B. erfahren, dass die Aufgaben, die die angestrebte Position mit sich bringt, doch komplexer sind, als aus der Stellenausschreibung ersichtlich war, können Sie noch nach oben korrigieren. Sollte sich dagegen herausstellen, dass ein Teil Ihrer Qualifikation und Erfahrung für die Tätigkeit nicht erforderlich ist, können Sie noch nach unten korrigieren.

Die richtigen Argumente vorbringen

Je nachdem, wie die Gehaltsverhandlung anläuft, werden Sie für den weiteren Verhandlungsverlauf unterschiedliche Argumente brauchen. Möglich sind verschiedene Szenarien:

1. Es gibt nichts zu verhandeln; die Gehaltsvorstellungen decken sich.
2. Sie müssen Ihre Gehaltsvorstellung verteidigen.
3. Sie wollen Ihre Gehaltsvorstellung nach oben korrigieren.
4. Sie sind bereit, Ihre Gehaltsvorstellung nach unten zu korrigieren.

 **Auch Frauen sollten hart verhandeln!**

Auch in Deutschland werden Männer und Frauen noch immer unterschiedlich bezahlt. Im Wesentlichen geht das auf historisch gewachsene Strukturen zurück, für die die einzelne Frau nichts kann. Andererseits sind viele Frauen beim Verhandeln auch zögerlicher und vorsichtiger als die meisten Männer. Sie sollten Mut fassen und ihre Gehaltsvorstellung, die selbstverständlich realistisch sein muss, mit Argumenten beharrlich vertreten. Gut möglich, dass sie die Erfahrung machen, dass das viel besser klappt als erwartet.

1. **Es gibt nichts zu verhandeln; die Gehaltsvorstellungen decken sich.**
Am einfachsten ist es, wenn Ihre Gehaltsvorstellung mit der des potenziellen Arbeitgebers übereinstimmt. Dann gibt es nichts verhandeln.

Beispiel **Jan F.** Jan F., Ingenieur für Oberflächentechnik, 46 Jahre, hat sich aus einem Konzern heraus auf eine vergleichbare Position als Teamleiter in einem mittelständischen Unternehmen im ländlichen Raum des gleichen Bundeslandes beworben. Auch die Branche ist gleich. Für die angestrebte Tätigkeit benötigt Jan F. sowohl seine hohe Qualifikation als auch seine langjährige Berufserfahrung. In der Bewerbung hat er als Gehaltsvorstellung 86 000 € p. a. angegeben. Das entspricht seinem aktuellen Gehalt. Die Gehaltsverhandlung ist kurz und erfreulich für beide Seiten.
Interviewerin: Sie haben in Ihrer Bewerbung 86 000 € Jahresgehalt angegeben. Damit liegen Sie im Budget der Stelle. Das ist ziemlich genau die Summe, die wir für die Position vorgesehen haben. Sind Sie jetzt, nachdem Sie mehr über Ihre Aufgaben erfahren haben, mit diesem Gehalt einverstanden?
Jan. F.: Das ist erfreulich. Die beschriebenen Aufgaben entsprechen recht genau meinem bisherigen Tätigkeitsfeld, weshalb ich mich freue, für 86 000 € Jahresgehalt als Teamleiter bei Ihnen anzufangen.

2. **Sie müssen Ihre Gehaltsvorstellung verteidigen.**
Versetzen Sie sich in die Lage eines Arbeitgebers. Für ihn zählt einzig und allein, welchen Beitrag zum Erfolg des Unternehmens Sie leisten können. Dieser Beitrag hängt von Ihrer Qualifikation, von Ihren Schlüsselqualifikationen, Erfahrungen und Ihren Fachkenntnissen, von Ihrer Leistungsmotivation und Ihrer persönlichen Einstellung ab. Argumentieren Sie immer aus der Arbeitgeberperspektive: also z. B. mit dem wertvollen Beitrag, den Sie zum Erfolg des Unternehmens leisten können, mit hoher Leistungsbereitschaft, fundierten Fähigkeiten in den geforderten Bereichen, kurzer Einarbeitungszeit, umfangreichen Branchenkenntnissen, einem guten Netzwerk in der Branche, Fachwissen, kurzfristiger Verfügbarkeit oder nachweisbaren beruflichen Erfolgen.

Argumente aus der Arbeitnehmerperspektive dagegen interessieren Arbeitgeber nicht und können Sie weltfremd oder egozentrisch wirken lassen. Die hohe Miete, die teure Ausbildung Ihrer Kinder, der Jobverlust Ihres Ehepartners oder Ihrer Ehepartnerin oder Ihr letztes Gehalt erwähnen Sie nicht einmal.

Beispiel **Marlene M.** Marlene M., gelernte Bankkauffrau, 38 Jahre, bewirbt sich aus dem Kundenservice einer Bank in den Vertriebsinnendienst eines Telekommunikationsunternehmens. Ihr Gehalt in der Bank lag bei 44 000 € im Jahr – was im Hinblick auf die angestrebte Tätigkeit recht viel ist. In der Telekommunikationsbranche sind die Gehälter etwas niedriger. Außerdem gibt es aktuell viele jüngere, gut ausgebildete Kaufleute auf dem Arbeitsmarkt. Die Konkurrenz ist also groß. Im Onlineformular ihrer Bewerbung hat Marlene M. deshalb bereits eine geringere Gehaltsvorstellung in Höhe von 40 000 € p. a. angegeben. Sie wurde zum Vorstellungsgespräch eingeladen. Die Gehaltsverhandlung gestaltet sich so:

Interviewer: Kommen wir zum Gehalt. Sie haben in Ihrer Bewerbung eine Gehaltvorstellung von 40 000 € Jahresgehalt angegeben. Damit liegen Sie recht hoch. So viel können wir Ihnen nicht bezahlen.

Marlene M.: Wie hoch ist die Stelle dotiert, wie viel können Sie mir bezahlen?

Interviewer: Zum Einstieg dachten wir an 36 000 € und das wäre schon mehr, als wir neu eingestellten Mitarbeitern allgemein bezahlen. Sind Sie bereit, für diesen Betrag bei uns anzufangen?

Marlene M.: Hm, 36 000 € liegen unterhalb meiner Schmerzgrenze. Ich biete Ihnen eine hohe Einsatzbereitschaft und eine fundierte Erfahrung im Kundenservice. Das heißt, ich werde mich in kurzer Zeit einarbeiten können und schnell produktiv arbeiten. Auf meiner letzten Stelle wurde ich für meine Kundenfreundlichkeit und meinen Einsatz für die Kundenbindung ausgezeichnet. Ich will auch für Sie diese hohe Kundenzufriedenheit erreichen. Welchen Spielraum haben Sie?

Interviewer: Hm, das sind gute Argumente. Unser Spielraum ist im Gehaltsgefüge allerdings begrenzt. Wir können Ihnen maximal 38 000 € bieten.

Marlene M.: Und wie sieht die Gehaltsentwicklung nach der Probezeit und nach dem ersten Jahr aus? Bieten Sie zusätzliche Leistungen an?

Interviewer: Nach der Probezeit können wir um 100 € pro Monat aufstocken. Ihr Gehalt wird, wie bei allen unsere Mitarbeitenden, durch die jährliche Gehaltsrunde steigen. Und bei besonderer Leistung zahlen wir auch einen Bonus am Ende des Jahres.

Marlene M.: Das hört sich gut an. Dann steige ich mit 38 000 € im ersten Halbjahr ein, bekomme nach sechs Monaten Probezeit monatlich 100 € mehr, bin in der jährlichen Gehaltsrunde drin. Wenn Sie mit meiner Leistung zufrieden sind, gibt es die Chance auf einen zusätzlichen Jahresbonus. Damit bin ich einverstanden.

3. Sie wollen Ihre Gehaltsvorstellung nach oben korrigieren.

Wenn Sie im Gespräch den Eindruck gewonnen haben, dass Sie Ihre Gehaltsvorstellung besser nach oben korrigieren, dann gehen Sie ähnlich vor wie bei der Verteidigung einer Gehaltsvorstellung: Sie nehmen die Arbeitgeberperspektive ein und weisen auf den Beitrag zum Unternehmenserfolg hin, den Sie leisten werden, auf Ihre hohe Leistungsbereitschaft, Ihre Fähigkeiten in den geforderten Bereichen, eine kurze Einarbeitungszeit, Ihre umfangreichen Branchenkenntnisse, Ihr gutes Netzwerk in der Branche, Ihr Fachwissen, Ihre kurzfristige Verfügbarkeit oder Ihre nachweisbaren berufliche Erfolgen – was Sie eben zu bieten haben. Darüber hinaus können Sie auch noch einmal betonen, was sich vielleicht im Gespräch schon ergeben hat: dass es um eine besonders verantwortungsvolle Position geht oder um besonders komplexe Aufgaben.

Selbstverständlich aber kommt es auch auf die Differenz zwischen Ihren Vorstellungen und den Vorstellungen des Arbeitgebers an. Ist diese Differenz zu groß, liegt sie also außerhalb des Spielraums der oder des Personalverantwortlichen, dann nutzen auch die besten Argumente nichts.

Sich selbst
präsentieren

Beispiel **Cora B.** Cora B., Informatikerin, 34 Jahre, hat sich auf eine Position als Business Process Engineer beworben. Im Online-formular hat sie einen Gehaltswunsch von 75 000 € p. a. angegeben. Im Vorstellungsgespräch stellt sich heraus, dass sie – anders als aus der Stellenbeschreibung ersichtlich war – auch für zwei Mitarbeitende die fachliche Verantwortung übernehmen soll. Dazu ist sie bereit; die nötigen Fähigkeiten und Erfahrungen dafür bringt sie mit, aber für die Teamleitung will sie zusätzlich bezahlt werden.

Interviewer: 75 000 € haben Sie als Gehaltswunsch angegeben. Das ist aus unserer Sicht realistisch. Sie stehen dazu, oder nicht?

Cora B.: Sie bieten eine sehr spannende und anspruchsvolle Tätigkeit, allerdings hatte ich bei dieser Angabe nicht berücksichtigt, dass ich Personalverantwortung für zwei Mitarbeiterinnen bzw. Mitarbeiter bekomme. Eine solche Teamleitung übernehme ich ausgesprochen gern und ich bringe auch die erforderlichen Fähigkeiten und Erfahrungen dafür mit. Diese Verantwortung und die zusätzlichen Tätigkeiten waren der Stellenanzeige allerdings nicht zu entnehmen, deshalb möchte ich meine Gehaltsvorstellung entsprechend nach oben auf 82 000 € im Jahr korrigieren.

Interviewer: Hm, das verstehen wir. Allerdings scheinen uns 82 000 € zu hoch gegriffen. Wie kommen Sie darauf?

Cora B.: Ich habe mich im Vorfeld über marktübliche Gehälter in meinem Berufsfeld informiert und dabei auch die Gehaltsspannen einer Teamleitung recherchiert. Wie sind die Teamleiterpositionen bei Ihnen dotiert?

Interviewer: Also zum Einstieg, bis wir Sie kennenlernen, können wir 80 000 € im Jahr zahlen. Was sagen Sie dazu?

Cora B.: Wie sieht dann die Gehaltsentwicklung aus?

Interviewer: Einstieg mit 80 000 €. Nach einem Jahr Gehaltsgespräch. Wenn Ihre Leistung überzeugt, reden wir über eine erste Gehaltserhöhung in Höhe von ca. fünf Prozent.

Cora B.: Das ist fair. Ich bin bereit für 80 000 € einzusteigen. Halten wir vertraglich fest, dass es ein Gehaltsgespräch und eine Gehaltserhöhung nach einem Jahr geben wird, wenn meine Leistung stimmt?

Interviewer: Das können wir schriftlich festhalten, ja.

Cora B.: Dann stimmt das Angebot für mich. Vielen Dank.

Sich selbst präsentieren

Beispiel Simon H. Simon H., 28 Jahre, Bachelor Wirtschafts-
wissenschaften mit fünf Jahren Berufserfahrung im Vertrieb im
Außendienst, bewirbt sich für den Außendienst eines Konkurrenz-
unternehmens in der gleichen Branche. Bislang hat er mit Fixum
und Provision durchschnittlich 70 000 € im Jahr verdient. Da er ein
Vertriebler mit Herz und Seele ist und im Konkurrenzunternehmen
seine ganze Erfahrung gewinnbringend einbringen kann, hat er im
Onlineformular den Gehaltswunsch von 80 000 € angegeben, der
ebenfalls Fixum und Provision enthält. Im Gespräch erfährt er, dass
er auch die Bezirksleitung unterstützen und zeitweise vertreten
soll. Er will daher seine Gehaltsvorstellung nach oben korrigieren.
Interviewer: 80 000 € Fixum und Provision im bereits besprochenen Verhältnis – zu Ihrem Gehaltswunsch stehen Sie, oder?
Simon H.: Für die Außendiensttätigkeit mit dem erwarteten Erfolg,
den ich für Ihr Unternehmen bringen will und werde, ja. Aber wenn
ich die Bezirksleitung unterstützen und vertreten soll, dann
brauche ich dafür noch ein finanzielles Zugeständnis von Ihnen.
Wie viel ist Ihnen diese zusätzliche Verantwortung und Arbeit wert?
Interviewer: Sie gefallen uns, sind hart in der Sache. Also 3000 €
im Jahr zusätzlich?
Simon H.: Wir sprechen über einen großen Bezirk und viele
zusätzliche Stunden Einsatz. Ich stelle mir eher 6000 € im Jahr vor.
Interviewer: Fangen wir mit 4000 € an und, wenn alles gut läuft,
können wir nach dem ersten Jahr auf 6000 € gehen. Einverstan-
den?
Simon H.: Einverstanden. Ich bin an Bord. 80 000 € Fixum und
Provision im besprochenen Verhältnis plus 4000 € für die zusätz-
liche Verantwortung. Nach dem ersten Jahr sprechen wir, und
wenn Sie mit meiner Leistung zufrieden sind, steigt mein Gehalt.
Das unterschreibe ich gern.
Interviewer: Wir freuen uns auf Sie!

4. Sie sind bereit, Ihre Gehaltsvorstellung nach unten zu korrigieren.
Auch hier kommt es auf die Differenz zwischen Ihren Vorstellungen
und denen des Arbeitgebers an. Ist diese Differenz zu groß, machen
Sie sich unglaubwürdig, wenn Sie Ihre Gehaltsvorstellungen extrem
nach unten korrigieren. Glaubwürdig bleiben Sie, wenn Sie argumentieren, dass Sie das Unternehmen gut und die Aufgaben spannend

finden, dass Sie den Einstieg in das Unternehmen als Chance sehen und an einer Weiterentwicklung interessiert sind. Darüber hinaus sollten Sie nach Zusatzleistungen und nach Möglichkeiten zur Gehaltssteigerung in den nächsten Jahren fragen. Sagen Ihnen die Angebote des Arbeitgebers zu, dann zeigen Sie sich bereit, auch für zehn Prozent weniger Gehalt zu arbeiten als ursprünglich angegeben.

Beispiel **Carina F.** Carina F., 28 Jahre, hat gerade ihr Masterstudium in Biologie abgeschlossen. Manche ihrer Mitstudierenden sind in die Pharmabranche gegangen und haben beachtliche Einstiegsgehälter. Carina F. bewirbt sich auf eine Stelle im öffentlichen Dienst. Sie weiß zwar, dass sie dort weniger verdient, will jedoch trotzdem prüfen, was gehaltlich möglich ist, und gibt im Gespräch die Entgeltgruppe 13, zweite Stufe, an. Das entspricht einem Jahresbruttogehalt von rund 52 000 € und ist für eine Berufseinsteigerin zu hoch.

Interviewerin: Sie wissen, dass wir im öffentlichen Dienst nach Tarif bezahlen. Haben Sie sich erkundigt, wie hoch das Einstiegsgehalt liegen wird und wo stufen Sie sich selbst ein?

Carina F.: Ja, das habe ich und ich stelle mir die Entgeltgruppe 13, Stufe 2, vor.

Interviewerin: Damit liegen Sie zu hoch. Wie kommen Sie zu dieser Einstufung?

Carina F.: Die Entgeltgruppe 13 entspricht meiner Qualifikation als Master. Da ich schon während meines Studiums ein Praktikum in der öffentlichen Verwaltung absolviert habe und Erfahrung mitbringe, denke ich, dass die Stufe 2 angemessen ist.

Interviewerin: Das Praktikum können wir nicht als einschlägige, ausreichend lange verwaltungsbezogene Tätigkeit werten. Deshalb können wir Ihnen auch lediglich die Stufe 1 bieten. Sind Sie damit einverstanden?

Carina F.: Das wusste ich nicht, dass ein Praktikum nicht angerechnet werden kann. Dann bin ich mit Entgeltgruppe 13 und Stufe 1 natürlich einverstanden. Ich sehe den Einstieg als Chance und möchte mich gern langfristig im öffentlichen Dienst weiterentwickeln. Deshalb bin ich sehr an dieser Stelle interessiert.

Interviewerin: Das freut uns. Dann können wir den Auswahlprozess mit Ihnen weiterführen.

Sich selbst
präsentieren

Andreas M. Andreas M., Techniker, 52 Jahre, wurde nach 23 Jahren Betriebszugehörigkeit bei einem Anlagenbauer gekündigt. Sein letztes Gehalt belief sich auf 68 000 € brutto im Jahr. Andreas M. hat sich bei einem mittelständischen Unternehmen im Anlagenbau beworben. Als Gehaltsvorstellung hat er 65 000 € p. a. angegeben. Er wurde eingeladen, aber seine Gehaltsvorstellung ist dem Arbeitgeber zu hoch.

Interviewer: Sie haben in Ihrer Bewerbung 65 000 € Jahresgehalt angegeben. Ist das die Gehaltshöhe, die Sie zuletzt verdient haben?

Andreas M.: In etwa. Mein letztes Gehalt betrug 68 000 €.

Interviewer: Hm, dann sind Sie uns mit 65 000 € ja bereits entgegengekommen. Dennoch ist das für die Stelle und Ihre Qualifikation in unserem Gehaltsgefüge zu hoch.

Andreas M.: Wie ist die Stelle eingruppiert?

Interviewer: Die Stelle ist zum Einstieg mit 56 000 € budgetiert. Sie müssten in den ersten Monaten nicht nur eingearbeitet werden, sondern auch eine Weiterbildung zu unserer Software absolvieren, wir könnten Sie also nicht sofort profitabel einsetzen.

Andreas M.: Hm, das verstehe ich. 56 000 € liegen zwar deutlich unter meinem letzten Gehalt, aber ich bin dennoch an der Stelle interessiert.

Interviewer: Aber Sie haben im letzten Job doch gut 12 000 € im Jahr mehr Gehalt bezogen. Werden Sie damit wirklich dauerhaft zufrieden sein? Oder müssen wir befürchten, dass Sie uns schon bald wieder verlassen?

Andreas M.: Wissen Sie, bei meinem letzten Arbeitgeber war ich 23 Jahre angestellt und ich habe deswegen dort eine entsprechend hohe Gehaltsstufe erreicht. Mir ist aber klar, dass in Ihrer Branche und hier in der Region für meine Qualifikation und für meine Fähigkeiten ein geringeres Gehalt marktüblich ist. Da bin ich ganz realistisch. Außerdem ist das ein Ansporn, um mit guter Leistung und Zielerreichung mein Gehalt nach oben zu entwickeln. Wie sehen bei Ihnen die Möglichkeiten der Gehaltsentwicklung aus und gibt es Zusatzleistungen bei Ihnen?

Interviewer: Da haben Sie realistische Vorstellungen. Wenn Sie bei uns für 56 000 € anfangen, dann haben Sie die Chance, entsprechend Ihrer Leistung einen jährlichen Bonus zu erhalten. Nach der

Probezeit erhöhen wir die Gehälter in der Regel nicht. Aber nach dem ersten Jahr, wenn Sie sich gut eingearbeitet haben und die Leistung stimmt, können wir über eine erste Gehaltserhöhung sprechen. Außerdem bieten wir Ihnen eine kostenlose Verbundkarte für den öffentlichen Personennahverkehr und freies Essen in unserer Kantine an.

Andreas M.: Das hört sich gut an. Ich will mich voll für Ihr Unternehmen einsetzen und mich schnell weiterentwickeln. Den Einstieg bei Ihnen sehe ich als Chance an.

Es genügt nicht, wenn Sie Ihre Gehaltsvorstellung genannt oder verhandelt haben und der Personalverantwortliche sich diese Zahl notiert hat. Sie brauchen eine Rückmeldung dazu, ob Ihre Vorstellung im Budget des Arbeitgebers und im Gehaltsgefüge des Unternehmens liegt. Fragen Sie bei Zweifeln immer nach. »Entspricht meine Gehaltsvorstellung dem Budget der Stelle?« Erst wenn Sie darauf eine Antwort erhalten haben, ist die Gehaltsfrage verbindlich geklärt.

Checkliste Gehaltsverhandlung

- ◯ Haben Sie Ihre Gehaltsvorstellung als Zahl und als Spanne sowie eine untere Schmerzgrenze im Kopf?
- ◯ Ist Ihr Gehaltswunsch realistisch und der geforderten Qualifikation und Berufserfahrung angemessen?
- ◯ Haben Sie Ihre Argumente für Ihre Gehaltsvorstellung präsent?
- ◯ Wissen Sie, wie Sie Ihre Gehaltsvorstellung in einer Verhandlung verteidigen, nach unten oder nach oben korrigieren?
- ◯ Wissen Sie, wie Sie reagieren sollten auf die Frage: »Was wollen Sie bei uns verdienen?«

Nach dem Vorstellungsgespräch

Jedes einzelne Vorstellungsgespräch ist wertvoll für Sie. Denn Sie können Ihre Erlebnisse und Erfahrungen nutzen, um sich beim nächsten Gespräch – sei es ein Zweitgespräch im gleichen Unternehmen oder ein Gespräch bei einem anderen Arbeitgeber – noch überzeugender zu präsentieren. Deshalb lohnt sich eine Nachbereitung der einzelnen Gespräche. Außerdem empfiehlt es sich, Kontakt zum potenziellen Arbeitgeber zu halten.

Das Gedächtnisprotokoll

Sobald Sie wieder zu Hause sind, sollten Sie sich ein kurzes Gedächtnisprotokoll des Vorstellungsgesprächs anfertigen. Sie werden es als Stütze brauchen, wenn es zu einem weiteren Termin kommt. Nur wenn Sie konkret und präzise wissen, worüber Sie mit Ihrem Gesprächspartner bzw. Ihrer Gesprächspartnerin gesprochen haben, können Sie dann überzeugen. Notieren Sie in Stichworten:

- Namen und Kontaktdaten aller Personen, mit denen Sie gesprochen haben
- Gesprächsverlauf
- Gesprächsdauer
- Fragen des Interviewers, der Interviewerin
- eigene Antworten (welche Antworten sind Ihnen leichtgefallen, welche nicht?)
- eigene Fragen (welche Antworten haben Sie erhalten?)
- Eindruck vom potenziellen Arbeitgeber und von den Personen, mit denen Sie Kontakt hatten
- offene Fragen
- weiteres Vorgehen (was wird der nächste Schritt sein und wann wird er erfolgen?)

Zu einer gewissenhaften Nachbereitung gehört auch eine Nachfass-E-Mail an Ihre Interviewpartner, in der Sie für das Gespräch danken und nochmals Ihr Interesse an der Stelle bekunden (↗ S. 244).

Das Zweitgespräch

Je nachdem wie das erste Gespräch abgelaufen ist, werden Sie womöglich zu einem weiteren Termin eingeladen. Das ist v. a. bei gut dotierten Stellen, teuren Ausbildungen und in begehrten Branchen üblich. Beim zweiten Termin kann es sich um ein Zweitgespräch oder um ein Assessment-Center handeln. Beachten Sie: Für Ihren zweiten Vorstellungstermin gilt das Gleiche wie für das erste persönliche Kennenlernen: Es dreht sich alles um eine überzeugende Selbstpräsentation.

In einem Zweitgespräch lernen Sie weitere Firmenvertreterinnen oder -vertreter kennen. Anwesend sind beispielsweise eine Bereichsleiterin oder ein Abteilungsleiter, eine Projektleiterin oder ein zukünftiger Teamleiter und häufig auch ein oder zwei potenzielle Kolleginnen und Kollegen. Ihnen werden teilweise die gleichen oder ähnliche Fragen wie im ersten Gespräch gestellt – und auch einige zusätzliche. Diese zusätzlichen Fragen beziehen sich auf noch ungeklärte Punkte und auf Bereiche, in denen Sie im Erstgespräch noch nicht überzeugt haben. Bereiten Sie sich deshalb auch auf einen zweiten Vorstellungstermin sehr gut vor. Nutzen Sie dazu Ihr Gedächtnisprotokoll. Bedenken Sie: Es ist erfreulich, dass Sie im Erstgespräch einen guten Eindruck hinterlassen haben und dass Sie in die nähere Auswahl gekommen sind. Das heißt aber noch nicht, dass Sie den Arbeitsvertrag in der Tasche haben.

Checkliste Vorstellungsgespräch

- ◯ Haben Sie den Termin bestätigt?
- ◯ Haben Sie geklärt, wann, wo, mit wem das Gespräch stattfinden, wie lange es ungefähr dauern, was Sie erwarten wird?
- ◯ Haben Sie die pünktliche Ankunft sichergestellt?
- ◯ Haben Sie alle wichtigen Informationen zum potenziellen Arbeitgeber parat?
- ◯ Haben Sie Ihr Erscheinungsbild (v. a. die Kleiderfrage) geklärt?
- ◯ Haben Sie Antworten auf die typischen, auf knifflige und auf unerlaubte Fragen?
- ◯ Können Sie Ihren Lebenslauf erzählen?
- ◯ Haben Sie eigene Fragen zusammengestellt?
- ◯ Haben Sie Ihre Rolle im Gespräch geübt?

Sich selbst präsentieren

DAS TELEFONINTERVIEW

»Ihre Unterlagen haben wir mit Interesse gelesen. Jetzt würden wir Sie gern in einem ersten Telefoninterview näher kennenlernen.« Das Telefoninterview ist ein Vorstellungsgespräch im Kleinformat. Arbeitgeber nutzen es, um Informationslücken zu schließen, Unklarheiten zu beseitigen und eine Vorauswahl von Bewerberinnen und Bewerbern zu treffen. Am Telefon werden einzelne Punkte Ihrer Bewerbung angesprochen, zudem werden Ihre Kommunikationsfähigkeit und Ihre Souveränität geprüft. Ein Telefoninterview erfordert genauso viel und in weiten Teilen die gleiche Vorbereitung wie ein persönliches Gespräch.

Auch wenn es doch eigentlich um nichts weiter geht als ein Telefonat, fühlen sich die meisten Bewerberinnen und Bewerber vor einem Telefoninterview angespannt. Das ist kein Wunder, denn ein Telefoninterview ist etwas anderes als ein alltägliches Telefongespräch mit Freunden. Schieben Sie die Vorbereitung nicht auf! Manche Arbeitgeber kündigen Telefoninterviews nicht an. Rechnen Sie während der Bewerbungsphase jederzeit damit, dass Sie unvermittelt einen Anruf erhalten.

Die Vorbereitung

Wo führe ich das Telefoninterview? Telefoniere ich besser mobil oder über Festnetz? Welche Unterlagen sind wichtig? Klären Sie bei der Vorbereitung alle wichtigen Punkte:

- **Ort:** Führen Sie das Telefoninterview an einem ruhigen, vertrauten Ort, an dem Sie ungestört telefonieren können.
- **Mobiltelefon oder Festnetz:** Entscheidend ist eine gute Verbindung. Stehen Ihnen ein stabiles Netz und ein geladener Akku zur Verfügung, spricht nichts gegen das Mobiltelefon.
- **Störungen ausschließen:** Wirklich ungestört telefonieren zu können, ist ungemein wichtig. Informieren Sie Ihre Mitbewohner oder hängen Sie am besten einen Zettel an die Tür »Bitte nicht stören – Besprechung«. Deaktivieren Sie auch alle Benachrichtigungsfunktionen der elektronischen Geräte in Ihrer Umgebung wie Smartphone, Tablet und PC.

- **Kleidung:** Unterschätzen Sie die Wirkung der Kleidung nicht – auch ohne Sichtkontakt. Ob Sie ein Business-Outfit oder eine Trainingshose tragen, hat Auswirkungen auf Ihr Selbstbewusstsein und auf Ihre Stimme. Die Kleidung zeigt damit indirekt auch Wirkung bei Ihrem Gesprächspartner oder Ihrer Gesprächspartnerin. Ziehen Sie sich deshalb so an, wie Sie zu einem persönlichen Vorstellungstermin erscheinen würden.
- **Unterlagen:** Legen Sie sich Ihre Bewerbungsunterlagen, die Stellenanzeige und Notizen mit den wichtigsten Firmendaten sowie Papier und Stift zurecht.
- **Zeitplanung:** Nehmen Sie sich 15 Minuten vor dem Termin Zeit für die Einstimmung. Planen Sie für danach noch einmal 15 Minuten ein, falls das Gespräch länger dauern sollte als geplant und um Stichworte zu protokollieren. Denn sollten Sie zu einem persönlichen Vorstellungsgespräch eingeladen werden, wird das Vorgestellungsgespräch auf dem Telefoninterview aufbauen.
- **Fragen:** Bereiten Sie sich auf typische, auf knifflige und auf unerlaubte Fragen vor (↗ S. 197 ff.). Prüfen Sie noch einmal die Anforderungen in der Stellenanzeige und die Qualifikationen, die Sie dafür mitbringen. Hierzu wird ein Interviewer oder eine Interviewerin Ihnen auf jeden Fall Fragen stellen. Notieren Sie, was Ihnen unklar ist, und was Sie selbst fragen wollen.
- **Foto des Gesprächspartners oder der Gesprächspartnerin:** Wenn es Ihnen hilft und Sie im Internet eines finden, können Sie ein Foto Ihrer Gesprächspartnerin oder Ihres Gesprächspartners ausgedruckt oder auf Ihrem Bildschirm vor sich platzieren.

Die Durchführung

Das Telefon klingelt, das Adrenalin schießt Ihnen in die Adern. Jetzt heißt es, durchatmen, zweimal klingeln lassen und dann abnehmen. Melden Sie sich mit Ihrem Vor- und Nachnamen, sprechen Sie langsam, deutlich und laut genug. Nachdem sich Ihr Gesprächspartner mit Namen und Arbeitgeberbezeichnung gemeldet hat, können Sie ihn begrüßen. Wenn Sie mit einem Dank starten, ebnen Sie den Weg für einen positiven Verlauf.

Beispielformulierungen

Bewerberin: Marlene Messner, guten Tag.

Arbeitgeber: Vincent Heister, Firma ..., guten Tag, Frau Messner. Wir sind heute zum Telefoninterview verabredet.

Bewerberin: Guten Tag, Herr Heister, vielen Dank für Ihren Anruf. Ich freue mich über die Gelegenheit, mich bei Ihnen vorzustellen.

Ob Sie während des Telefoninterviews an einem Tisch sitzen oder stehen, bleibt Ihnen überlassen. Achten Sie jedoch auf eine aufrechte und ruhige Haltung. Laufen Sie nicht umher, das vermittelt Ihrem Gegenüber Unruhe.

Lächeln Sie während des Gesprächs immer wieder. Dadurch lockert sich Ihre Kiefermuskulatur, Sie entspannen sich und Ihre Stimme klingt freundlicher und voller.

Notieren Sie sich während des Gesprächs alles Wichtige, das in einem Vorstellungsgespräch eine Rolle spielen könnte. Achten Sie jedoch darauf, sich voll und ganz auf das Gespräch zu konzentrieren und sich durch Notizen nicht zu sehr ablenken zu lassen.

Telefoninterviews können sehr unterschiedlich ablaufen. Immer aber drehen sich wie im persönlichen Vorstellungsgespräch auch hier alle Fragen um Ihre Motivation und Ihre Qualifikation für die Stelle, um Ihre Person und um die Frage, ob Sie zum Unternehmen und zur Stelle passen, und um Ihre Konditionen, also um Ihre Gehaltsvorstellungen und Ihren frühestmöglichen Eintrittstermin. Nebenbei achtet die Person am anderen Ende der Leitung darauf, wie Sie kommunizieren und wie souverän, überzeugend und glaubwürdig Sie sich präsentieren.

Beispiel Telefoninterview

Arbeitgeber: Lassen Sie uns gleich anfangen. Wir werden so ca. 30 Minuten telefonieren, und ich habe noch einige Fragen zu Ihrem Lebenslauf.

Bewerberin: Gern, Herr Heister. Fragen Sie!

Arbeitgeber: Für die Position im internationalen Kundenservice ist Englisch sehr wichtig. Sie schreiben, dass Sie fließend Englisch sprechen. Do you mind if we continue our interview in English?

Bewerberin: That's fine. I'm happy to answer your questions in English.

Arbeitgeber: Well. Thank you. Tell me about your previous work experience as Customer Service Manager?

Bewerberin (antwortet, auf Englisch)

Arbeitgeber: That sounds pretty interesting. And what strengths could you bring to the job at …?

Bewerberin (antwortet, auf Englisch)

Arbeitgeber: What weaknesses might hamper you?

Bewerberin (antwortet, auf Englisch)

Arbeitgeber: Thank you. Das überzeugt mich Frau Messner. Lassen Sie uns auf Deutsch weitermachen.

Bewerberin: Gern.

Arbeitgeber: Was reizt Sie an der Stelle und an unserer Firma?

Bewerberin (antwortet)

Arbeitgeber: Warum wollen Sie wechseln?

Bewerberin (antwortet)

Arbeitgeber: Wann könnten Sie uns frühestens zur Verfügung stehen?

Bewerberin (antwortet)

Arbeitgeber: Wie schnell können Sie mit unserem SAP-System produktiv arbeiten?

Bewerberin (antwortet)

Arbeitgeber: Wie gehen Sie mit Konflikten im Team um? Was tragen Sie zur Lösung von Konflikten bei?

Bewerberin (antwortet)

Arbeitgeber: Sie haben im Onlineformular als Gehaltsvorstellung 65 000 € im Jahr angegeben. Wie kommen Sie auf diese Summe und was verdienen Sie aktuell?

Bewerberin (antwortet)

Arbeitgeber: Überzeugen Sie mich abschließend mit wenigen Sätzen davon, warum wir gerade Sie einstellen sollen.

Bewerberin (antwortet)

Arbeitgeber: Das waren meine Fragen. Haben Sie jetzt noch Fragen an mich?

Bewerberin: Wie geht es weiter? Bis wann treffen Sie eine Entscheidung?

Arbeitgeber: Wir wollen die Stelle schnell besetzen, deshalb hören Sie bis Ende der Woche von mir, ob wir Sie in die engere Auswahl nehmen. Der nächste Schritt wäre ein persönliches Gespräch bei uns im Unternehmen.

Bewerberin: Vielen Dank, Herr Heister. Die Aufgabe reizt mich sehr und ich kann mir gut vorstellen, für Sie zu arbeiten. Ich danke Ihnen für das Gespräch und freue mich, wieder von Ihnen zu hören.

Arbeitgeber: Das freut mich. Vielen Dank und auf Wiederhören, Frau Messner.

Bewerberin: Danke und auf Wiederhören, Herr Heister.

Nach dem Telefoninterview

Wie nach einem Vorstellungsgespräch sollten Sie auch ein Telefon-interview nachbereiten. Erstellen Sie ein Gedächtnisprotokoll (↗ S. 238); es wird Ihnen eine wichtige Stütze sein, wenn es zu einem weiteren Termin kommt. Überzeugend werden Sie dann nur wirken, wenn Sie konkret und präzise wissen, worüber Sie mit Ihrem Gesprächspartner bzw. Ihrer Gesprächspartnerin gesprochen haben.

Um mit dem Arbeitgeber in Kontakt zu bleiben, können Sie Ihrer Gesprächspartnerin bzw. Ihrem Gesprächspartner am nächsten Tag eine kurze Nachfass-E-Mail schreiben – allerdings nur dann, wenn Sie nicht gebeten wurden, das zu unterlassen. Darin danken Sie für das Gespräch, bekräftigen Ihr Interesse an der Stelle und signalisieren, dass Sie sich auf die Entscheidung freuen.

Beispielformulierung

Sehr geehrter Herr Heister,

haben Sie vielen Dank für das angenehme und interessante Telefongespräch gestern. Ich kann mir sehr gut vorstellen, meine Erfahrungen als Customer Service Manager für Sie bzw. Ihr Unternehmen einzusetzen und ich bin gespannt auf Ihre Ent-scheidung. Bei weiteren Fragen bin ich gern für Sie da.

Mit freundlichen Grüßen

Marlene Messner

Signatur

DAS INTERVIEW PER VIDEOCALL

Eine weitere, durch die Auswirkungen der Corona-Pandemie zunehmend beliebte Form des ersten Termins ist der Videocall, beispielsweise mit Zoom, Microsoft Teams, Cisco Webex oder Skype. Der Videocall passt zur digitalen Arbeitswelt und er spart Zeit und Kosten, weil
die Anreise zum Unternehmen entfällt. Für Bewerberinnen und Bewerber kann das Interview per Videocall dank der gewohnten, sicheren
Atmosphäre zu Hause weniger Druck und Stress bedeuten. Der Unterschied zum Telefon: Sie sitzen einem oder mehreren Interviewern am
Bildschirm gegenüber; Sie sehen einander und die jeweilige Umgebung. Das ist nicht zu unterschätzen. Anders als beim Telefoninterview
und erst recht anders als beim Vorstellungsgespräch müssen Sie auch
für eine Umgebung sorgen, die der Situation angemessen ist, und Sie
müssen mit der einschlägigen Kommunikations-Software souverän
umgehen können.
Alle anderen Anforderungen an den Videocall entsprechen denen des
Vorstellungsgesprächs (↗ S. 191 ff.). Wie dort kommt es auf die gewis-
senhafte Vorbereitung an.

Die Vorbereitung

Sie benötigen für den Videocall nur ein Laptop mit Kamera, Mikrofon
und Lautsprecher oder alternativ ein Tablet bzw. Smartphone. Die
Teilnahme via Dektop-Rechner ist möglich, wenn Sie als externes
Zubehör Kamera, Mikrofon und Lautsprecher angeschlossen haben.
Den Link für den Videocall erhalten Sie per E-Mail. Sie brauchen dafür
keine Software herunterzuladen; der Videocall lässt sich auch über den
Browser durchführen. Doch lohnt sich manchmal ein Download der
kostenlosen Testversion der Software, die potenzielle Arbeitgeber
nutzt, etwa Zoom, Microsoft Teams oder Cisco Webex. Damit lässt sich
ein neutraler, virtueller Hintergrund einstellen, statt den Raum zu
zeigen, in dem Sie sich während des Interviews befinden.
Mit einem Klick auf den Link betreten Sie das virtuelle Besprechungs-
zimmer. Sie müssen dem System dann noch den Zugriff auf Kamera
und Mikrofon erlauben. Falls Sie ein Tablet oder Smartphone nutzen,
platzieren Sie es in einer Halterung. Nehmen Sie das Gerät während

Sich selbst
präsentieren

des Gesprächs nicht in die Hand; ein wackeliges Bild würde keinen guten Eindruck machen. Versuchen Sie, von Zeit zu Zeit in die Kamera zu blicken statt auf das Bild Ihres Gegenübers auf dem Bildschirm. Nur dann hat der- oder diejenige das Gefühl, Sie würden ihm oder ihr direkt ins Gesicht blicken.

Die Technik versagt, die Frisur ist verrutscht, im Hintergrund ist ein unpassendes Poster zu sehen: Es gibt viele kleine Fauxpas mit großer Wirkung. Damit es so weit nicht kommt, sollten Sie sich gut vorbereiten!

- **Technik:** Nutzen Sie ein gutes Mikrofon (bei Laptops ist das Mikrofon eingebaut) und idealerweise ein Headset für eine einwandfreie Übertragung. Stellen Sie Ihre Bildschirmkamera auf Ihre Augenhöhe ein. Wenn Sie Laptop, Tablet oder Smartphone nutzen, können Sie das betreffende Gerät auf einen Stapel Bücher stellen, um die Kamera auf Augenhöhe zu positionieren. Stellen Sie eine stabile Netzverbindung sicher. Halten Sie die Telefonnummer Ihres Gesprächspartners oder Ihrer Gesprächspartnerin bereit, um zurückrufen können, falls die Verbindung doch unterbrochen wurde.
- **Name:** Üblicherweise werden Sie vom Programm zunächst aufgefordert, Ihren Namen einzugeben. Hier sollten Sie weder Spitznamen noch Abkürzungen verwenden und sich auch nicht nur auf den Vornamen beschränken. Empfehlenswert ist die Eingabe des Vor- und Nachnamens.
- **Ort:** Wählen Sie den Ort für Ihren Videocall bewusst aus. Was immer außer Ihnen noch auf dem Bildschirm erscheint, wird gesehen, gedeutet und bewertet. Halten Sie den Hintergrund deshalb so neutral wie möglich oder wählen Sie einen virtuellen Business-Hintergrund aus. Achten Sie besonders auf eine gute Ausleuchtung. Licht sollte von vorn kommen, damit Ihr Gesicht gut zu sehen ist.
- **Kleidung:** Ein Interview per Videocall ist ein Vorstellungsgespräch, ein entsprechendes Erscheinungsbild ist unerlässlich. Blau-, Natur- oder Pastelltöne eignen sich sehr gut für eine Videoübertragung. Grün, Gelb oder Lila, feine Streifen und Muster irritieren hingegen das Auge des Gegenübers.
- **Unterlagen:** Drucken Sie die Stellenanzeige und Ihre Bewerbungsunterlagen auf Papier aus. Legen Sie Ihren Lebenslauf und eventuelle Notizen zu den einzelnen Stationen Ihres Berufslebens neben den Monitor. Der oder die Personalverantwortliche bezieht

sich auf Ihr Profil, Sie beziehen sich auf die Stellenausschreibung. Sie können sich während des Gesprächs ruhig Notizen machen – sollten das aber nicht ständig tun. Denn die meiste Zeit sollten Sie Augenkontakt zu Ihrem Gegenüber halten.

- **Störungen ausschließen:** Wie beim Telefoninterview ist es sehr wichtig, dass Sie kurz vor, während und kurz nach dem Videocall nicht gestört werden. Hängen Sie außen an die Tür einen Zettel »Bitte nicht stören, bin in einer Telefonbesprechung«. Stellen Sie Ihr Smartphone und Ihr Festnetztelefon samt Anrufbeantworter auf lautlos. Beenden Sie vor dem Gespräch alle Programme auf Ihrem Rechner – auch das E-Mail-Programm (oder zumindest die optische und akustische Signalfunktion beim Eingang neuer E-Mails). Räumen Sie alles beiseite, was Sie ablenkt. Schaffen Sie eine Atmosphäre, in der Sie sich ganz auf das Gespräch konzentrieren können.
- **Übung:** Üben Sie den Videocall vorab mit einem Partner oder einer Partnerin und prüfen Sie dabei Ton- und Bildqualität sowie Internetverbindung. Mit einer kostenlosen Testversion der jeweiligen Software ist das problemlos möglich. Sorgen Sie dafür, dass technisch alles einwandfrei ist. Kontrollieren Sie außerdem, welcher Bildausschnitt zu sehen ist und wie der Hintergrund wirkt.

Außerdem achtet Ihr Gegenüber im Videocall darauf, wie souverän Sie auftreten, wie sie gekleidet sind, wie Ihre Umgebung aussieht, ob Sie pünktlich sind, wie Sie mit der Technik umgehen können und wie Sie mit verschiedenen Fragen und Situationen zurechtkommen.

Die Durchführung

Schalten Sie Rechner, Tablet oder Smartphone einige Minuten vor dem vereinbarten Termin an und klicken Sie auf den Link, den Ihnen der potenzielle Arbeitgeber hat zukommen lassen. Achten Sie darauf, dass Ihre Kamera und Ihr Mikrofon eingeschaltet sind. Dann sind Sie bereit, wenn der potenzielle Arbeitgeber Sie anruft. Klingelt es, klicken Sie auf das Videosymbol, und schon sind Sie mit Sichtkontakt mit Ihrem Interviewer verbunden.

Ob Sie die ersten Begrüßungsworte sprechen oder Ihr Gegenüber, das kommt auf die Situation an. Viele Interviewer sagen zunächst »Guten

Sich selbst präsentieren

Tag«. Dann begrüßen Sie Ihr Gegenüber mit Namen. Sprechen Sie langsam, deutlich und laut genug und danken Sie für die Einladung zum Gespräch.

Bleiben Sie ruhig sitzen und machen Sie keine Bewegungen, die aus dem Kamerafeld herausführen. Sitzen Sie aufrecht, schauen Sie in die Kamera und lächeln Sie ab und an. Das entspannt nicht nur Sie selbst, sondern wirkt auch freundlicher.

Notieren Sie sich während des Gesprächs ruhig wichtige Punkte. Achten Sie jedoch auch beim Videocall darauf, sich voll und ganz auf das Gespräch zu konzentrieren und sich durch Notizen nicht zu sehr ablenken zu lassen. Die oder der Interviewer sollten das Gefühl bekommen, dass Sie konzentriert und präsent sind.

Vorstellungsgespräche per Videocall können unterschiedlich ablaufen. Immer aber drehen sich wie im persönlichen Vorstellungsgespräch oder im Telefoninterview alle Fragen um Ihre Motivation und Ihre Qualifikation für die Stelle, um Ihre Person und um die Frage, ob Sie zum Unternehmen und zur Stelle passen, sowie um Ihre Konditionen, also Ihre Gehaltsvorstellungen und Ihren frühestmöglichen Eintrittstermin. Nebenbei achtet die Person am anderen Bildschirm darauf, wie Sie kommunizieren und wie souverän, überzeugend und glaubwürdig Sie sich präsentieren.

Je nach vereinbarter Dauer des Vorstellungsgesprächs per Videocall erwartet Sie eine mehr oder weniger umfangreiche Fragenliste. Die Fragen selbst, genauso wie der Ablauf des Gesprächs, unterscheiden sich nicht von denen in einem persönlichen Vorstellungsgespräch (↗ S. 197 ff.).

Nach dem Videocall

Wie nach einem Vorstellungsgespräch und nach einem Telefoninterview sollten Sie auch nach einem Videocall ein Gedächtnisprotokoll erstellen (↗ S. 238); es wird Ihnen bei einem weiteren Termin eine wichtige Stütze sein: Dann müssen Sie konkret und präzise wissen, worüber Sie mit Ihrem Gesprächspartner bzw. Ihrer Gesprächspartnerin gesprochen haben. Sonst wirken Sie nicht überzeugend.

Um mit dem Arbeitgeber in Kontakt zu bleiben, können Sie Ihrer Gesprächspartnerin bzw. Ihrem Gesprächspartner am nächsten Tag eine kurze Nachfass-E-Mail schreiben – allerdings nur dann, wenn Sie nicht gebeten wurden, das zu unterlassen. Darin danken Sie für das Gespräch, bekräftigen Ihr Interesse an der Stelle und signalisieren, dass Sie sich auf die Entscheidung freuen.

 **Die Technik darf nicht im Vordergrund stehen**
In einem Interview per Videocall darf die Technik nicht im Vordergrund stehen. Sie muss funktionieren und Sie müssen damit souverän umgehen können. Wenn Sie zu viel Aufmerksamkeit auf die Technik verwenden, statt konzentriert auf die Fragen des Interviewers zu antworten, hinterlassen Sie keinen überzeugenden Eindruck. Planen Sie deshalb genügend Zeit ein, um die Technik einzurichten und sich damit vertraut zu machen. Üben Sie Ihren virtuellen Auftritt, wenn das neu für Sie ist!

DAS ASSESSMENT-CENTER

Boot Camp, Career Day, Einstellungs- oder Eignungstest, Auswahltag oder Assessment-Center – die Begriffe sind unterschiedlich. Das, was Sie erwartet, ist hingegen weitgehend das Gleiche: Ein Arbeitgeber will Ihre Fähigkeiten und Ihre Persönlichkeit auf ihre Eignung für eine bestimmte Position prüfen.

Die Vorbereitung

Manche Bewerberinnen und Bewerber meinen, dass man sich auf ein Assessment-Center nicht vorbereiten und deshalb einfach hingehen und sich ganz natürlich verhalten könne. Das stimmt nicht. Ein Assessment-Center ist eine Ausnahmesituation. Sie zu meistern, gelingt nur, wenn man konkret weiß, was auf einen zukommt. Es geht also bei der Vorbereitung nicht darum zu üben, wie man sich verstellt, sondern darum, sich mit den typischen Aufgaben, Übungen, Tests und Gesprächsthemen zu befassen.

Sie können sich vorbereiten, indem Sie darüber nachdenken, wie Sie damit am besten umgehen werden. Welche Ihrer Fähigkeiten und Soft Skills sind für die Position, auf die Sie sich bewerben, gefordert? Wie gehen Sie am besten an die verschiedenen Aufgaben heran? Was müssen Sie an organisatorischen Dingen beachten?

Planen Sie im Vorfeld eines Assessment-Centers Zeit ein, um sich mit dem Ablauf und den Aufgaben, die auf Sie zukommen werden, vertraut zu machen. Üben Sie z. B. Ihre Selbstpräsentation. Denken Sie darüber nach, wie Sie an eine Postkorbübung, eine Präsentation oder ein Rollenspiel herangehen werden. Ein Beispiel für ein Rollenspiel wäre etwa ein Kundengespräch: »Wie telefonieren Sie mit einem Kunden, der sich lautstark über die schlechte Qualität eines Produktes und den miserablen Service Ihres Unternehmens beschwert – und zwar so, dass Sie den Kunden behalten?« Auch ein Rollenspiel zu einem Mitarbeitergespräch kann gefordert sein: »Wie führen Sie das Gespräch mit einer Mitarbeiterin, deren Leistungen seit mehreren Wochen ständig abnehmen? Wie motivieren Sie die Mitarbeiterin, wieder zu Ihrer Leistungsfähigkeit zurückzufinden?«

Tipp: Finden Sie heraus, was auf Sie zukommen kann

Überlegen Sie sich, welche typischen Situationen in der angestrebten Position auf Sie zukommen könnten; Assessment-Center-Aufgaben haben in der Regel etwas mit den echten Aufgaben der ausgeschriebenen Stelle zu tun (und im besten Fall etwas mit dem, was Sie bereits machen oder sich zutrauen): Kontakt zu schwierigen Kunden? Viele dringende Aufgaben, die gleichzeitig anfallen? Ein Konflikt in dem Team, das Sie leiten? Denken Sie darüber nach, wie Sie ähnliche Situationen bisher gemeistert haben. Das hilft Ihnen im Assessment-Center, sich überzeugend zu präsentieren.

Bei der Postkorbübung prüfen Sie z. B. zuerst, welche Vorgänge sowohl wichtig als auch dringend sind. Darunter fallen alle Aufgaben, die zu einem Desaster führen, wenn sie nicht sofort bearbeitet werden. Das sind die Aufgaben mit Priorität A. Das kann beispielsweise die Beschwerde eines Großkunden sein, mit dem Sie einen großen Teil des Firmenumsatzes erwirtschaften. Wartet ein solcher Kunde auf Ihren Rückruf, sollten Sie ihn nicht lange zappeln lassen. Danach prüfen Sie alle Vorgänge, die dringend, aber erst einmal nicht so wichtig sind. Überlegen Sie, für wen ihre Bearbeitung dringend ist. Teilen Sie dringende Anfragen in interne und externe ein, und solche, die bei aufgeschobener Bearbeitung kurz-, mittel- oder langfristig Auswirkungen haben (für wen?). Und dann entscheiden Sie, ob Sie diese Vorgänge mit Priorität B versehen können und erst einmal etwas nach hinten schieben. An den Schluss setzen Sie mit Priorität C diejenigen Aufgaben, die weder wichtig noch dringend sind. Dazu gehört z. B. das Archivieren alter Akten.

In einer Präsentation zählen Augenkontakt, ein fester, aufrechter Stand, ein freier Vortrag, eine deutliche Aussprache, eine unterstützende Gestik und Mimik, eine gute Strukturierung des Inhalts, die Nutzung unterstützender Medien (z. B. Flipchart oder Powerpoint) und das Einmaleins der Rhetorik. Wenn Sie in Ihrem Leben schon einmal einen Vortrag gehalten oder die Ergebnisse einer Projektarbeit präsentiert haben, dann können Sie das auch in einem Assessment-Center. Sollten Sie Schwierigkeiten damit haben, üben Sie vor Freunden oder Familienmitgliedern, die Ihnen konstruktive Kritik geben können. Fangen Sie an mit Präsentationen zu Themen, die Ihnen liegen. Es gibt auch Rhetorik- und Präsentationskurse, z. B. bei Volkshochschulen und anderen Bildungseinrichtungen. Die Teilnahme kann sich lohnen, weil Sie sich dabei nicht nur die erforderlichen Präsentationstechniken aneignen, sondern zugleich lernen, Ihre Aufregung oder gar Angst in den Griff zu bekommen.
Das Gleiche gilt auch für die Gruppendiskussion, für das Mitarbeiter- oder Kundengespräch im Rollenspiel, für eine Moderation, eine Fallstudie und alle anderen Assessment-Center-Aufgaben: Schöpfen Sie immer aus Ihrem Erfahrungs- und Fähigkeitsschatz und überlegen Sie sich, wie Sie an eine Aufgabe herangehen – so, wie Sie das auch in der Ausbildung oder im Studium gelernt und gemacht haben, und so, wie Sie das auch in Ihrer aktuellen Arbeit tun.

Sich selbst präsentieren

Für kognitive Leistungstests, die Sie unter Zeitdruck durchführen müssen, gilt: Machen Sie sich im Vorfeld mit den Aufgaben vertraut. Üben Sie die gängigen Tests zum formallogischen Denkvermögen, zum sprachlogischen Verständnis, zur räumlichen Vorstellung und zu weiteren kognitiven Bereichen, die für die angestrebte Stelle wichtig sind. Zwar können Sie dadurch Ihre Intelligenz nicht steigern, aber wohl kostbare Zeit sparen, wenn es ernst wird. Schon das verbessert Ihre Testergebnisse, weil Sie in der verfügbaren Zeit mehr Aufgaben lösen werden.

Die Bearbeitung von Persönlichkeitsfragebogen erfolgt ohne Zeitdruck. Hier geht es darum, sich selbst einzuschätzen. Meist müssen Sie bei vorgegebenen Aussagen ankreuzen, inwieweit diese auf Sie zutreffen, z. B.: »Ich kann mich gut durchsetzen« oder »Die besten Leistungen erziele ich allein«. Sie treffen ihre Auswahl in einer meist fünfstufigen Skala, die von »trifft vollkommen zu«, über »trifft zu«, »trifft teilweise zu«, »trifft nicht zu« bis hin zu »trifft überhaupt nicht zu« reicht.

Denken Sie auch an die organisatorische Vorbereitung des Assessment-Centers. Haben Sie die pünktliche Ankunft sichergestellt? Passen Ihr Outfit und Ihre Accessoires zum Anlass? Haben Sie ein wenig Wasser, etwas Traubenzucker und für den Notfall eine Kopfschmerztablette eingesteckt? Auch wenn Sie an einem solchen Auswahltag aller Wahrscheinlichkeit nach in den Pausen verköstigt werden, ist es gut, auch körperlich gut vorbereitet zu sein. Am Tag vor dem Assessment-Center sollten Sie früh schlafen gehen und keinen Alkohol trinken. Die Länge und Intensität eines Assessments können sehr fordernd sein. Ihre Leistungs- und Konzentrationsfähigkeit ist besser, wenn Sie ausgeruht und wach sind.
Bei einem Assessment-Center will der Arbeitgeber Sie kennenlernen – auch hier geht es also um den ersten Eindruck. Der erste Eindruck kann darüber entscheiden, wie die Assessoren und Assessorinnen, aber auch die Mitbewerber und die Mitbewerberinnen Sie im weiteren Verlauf wahrnehmen. Sind die Weichen erst einmal auf Sympathie gestellt, werden Sie es sehr viel leichter haben. Um einen guten ersten Eindruck zu machen, sollten Sie die folgenden Empfehlungen beachten:

- Erscheinen Sie pünktlich.
- Wählen Sie angemessene Kleidung.
- Lächeln Sie häufiger.
- Begrüßen Sie alle Teilnehmenden mit Handschlag.
- Begrüßen Sie alle Assessorinnen und Assessoren mit Handschlag.
- Achten Sie auf Augenkontakt.
- Verhalten Sie sich zuvorkommend.
- Zeigen Sie gute Manieren bei Tisch.

Höflich und zuvorkommend zu sein, bedeutet z. B., anderen die Tür aufzuhalten oder in der Kaffeepause den Vorrang am Buffet zu lassen. Zu Tischmanieren gehört es, nicht mit vollem Mund zu sprechen, nicht den Mund zur Gabel zu führen statt die Gabel zum Mund, das Essen nicht hinunterzuschlingen oder zu schmatzen. Ihr ganzes Auftreten und Verhalten über die gesamte Zeitdauer eines Assessment-Centers zählt – von der Ankunft am Veranstaltungsort und der freundlichen Begrüßung am Empfang bis zu dem Zeitpunkt, an dem Sie das Firmengelände wieder verlassen haben.

Denken Sie auch daran, während des gesamten Tages genug zu trinken, damit Sie stets aufmerksam und konzentriert sind. Nutzen Sie die kleinen Pausen zum Durchatmen und erinnern Sie sich immer daran, worum es geht: um einen spannenden, gut bezahlten Arbeitsplatz für die nächsten Jahre.

 **Assessment-Center als Chance sehen**

Selbst wenn Sie nach einem intensiven Assessment-Center mit vielen Aufgaben eine Absage bekommen, hat sich Ihr Einsatz gelohnt. Denn Sie erhalten womöglich ein Feedback zu Ihrer Leistung, zu Ihren Fähigkeiten und Soft Skills. Manche Arbeitgeber händigen sogar einen schriftlichen Assessment-Bericht aus. Nutzen Sie die Ergebnisse für Ihre Weiterentwicklung. Prüfen Sie, inwieweit Sie Ihre Bewertung nachvollziehen können und in welchen Bereichen Sie besser werden wollen. Überlegen Sie anschließend, durch welche Maßnahmen Sie das erreichen: Fortbildungskurse? Trainings? Coachings?

Sich selbst präsentieren

Der typische Ablauf

Ein Assessment-Center ist eine Halbtages- oder Tagesveranstaltung, zu der in der Regel mehrere Bewerberinnen und Bewerber gleichzeitig eingeladen werden. Sie dient der Einschätzung der Fähigkeiten und Eigenschaften von Bewerberinnen und Bewerbern. Es wird v. a. in der Personalauswahl eingesetzt, um Bewerberinnen und Bewerber in Arbeitssimulationen und Übungen auf ihre Eignung für eine bestimmte Position zu prüfen. Dazu gehören z. B. Rollenspiele, Gruppenaufgaben und Fallarbeiten sowie häufig auch Leistungstests und Persönlichkeitstests.

Als Bewerberin oder Bewerber müssen Sie also, anders als in einem Vorstellungsgespräch, nicht nur darüber reden, was Sie wie gut können und welche Eigenschaften Sie haben. In Assessment-Centern – die meist speziell für konkret ausgeschriebene Positionen zusammengestellt sind – müssen Sie sich in einzelnen Aufgaben, Übungen und Tests bewähren. Wie Sie einzelne Aufgaben bewältigen und sich dabei verhalten, das beobachten und bewerten Vertreterinnen bzw. Vertreter des potenziellen Arbeitgebers, die als Assessorinnen bzw. Assessoren bezeichnet werden.

Üblicherweise werden Sie vorab über den Ablauf und die Aufgaben im Assessment-Center informiert. Sollte dies nicht oder nur lückenhaft der Fall sein, sollten Sie selbst anrufen und nachfragen, was auf Sie zukommt. Sonst wird Ihnen die Vorbereitung schwerfallen. Die meisten Assessment-Center folgen demselben Muster, der Ablauf ist immer ähnlich und oft beinhalten sie auch ähnliche Aufgaben, Übungen und Tests. Abhängig davon, auf welche Position und in welcher Branche Sie sich bewerben, können Sie mit einem Einzel- oder einem Gruppen-Assessment rechnen.

Im Einzel-Assessment bearbeiten Sie die Aufgaben allein. Dabei werden Sie von einer Person oder von mehreren Personen beobachtet und bewertet. Diese Form des Assessment-Centers ist für höhere Positionen üblich, in denen sich Kandidaten national oder gar international kennen, z. B. für Direktorenpositionen in Banken oder Museen, für Vorstandspositionen in Konzernen oder für Expertenpositionen in

Sich selbst
präsentieren

der Wissenschaft. Einzel- Assessment dauern meist einen halben oder einen ganzen Tag.

Im Gruppen-Assessment treffen Sie auf mehr oder weniger viele Mitbewerber und Mitbewerberinnen. Manche Aufgaben werden Sie zusammen bearbeiten, manche allein. Auch hier stehen Sie ständig unter Beobachtung. Gruppen-Assessments dauern oft einen ganzen Tag oder sogar länger.

Beispiel

Start: 8:30 Uhr (oder 13:30 Uhr)
30 Minuten strukturiertes Einstiegsinterview
15 Minuten Vorbereitung auf eine Präsentationsaufgabe
(Während Sie sich vorbereiten, werten die Assessoren das Einstiegsinterview aus.)
30 Minuten Präsentationaufgabe mit kritischen Nachfragen
15 Minuten Kaffeepause
15 Minuten Vorbereitung auf eine Rollenspielaufgabe
(Während Sie sich vorbereiten, werten die Assessoren die Präsentationsaufgabe aus.)
30 Minuten Rollenspielaufgabe mit kritischen Nachfragen
15 Minuten Kaffeepause (Während der Pause werten die Assessoren die Rollenspielaufgabe aus.)
60 Minuten Vorstellungsgespräch
Schluss: 12:00 Uhr (oder 17:00 Uhr)

Ein Ganztages-Gruppen-Assessment mit sechs Kandidaten kann beispielsweise so ablaufen:

Beispiel

Start: 9:00 Uhr
45 Minuten Begrüßung/Vorstellungsrunde in der Gruppe
15 Minuten Vorbereitung auf eine Gruppendiskussion (Während Sie sich vorbereiten, werten die Assessoren die Vorstellungsrunde aus.)
30 Minuten Gruppendiskussion mit kritischen Nachfragen
15 Minuten Kaffeepause

Sich selbst präsentieren

15 Minuten Vorbereitung auf eine Präsentationsaufgabe (Während Sie sich vorbereiten, werten die Assessoren die Gruppendiskussion aus.)

60 Minuten Präsentationaufgabe im Plenum mit kritischen Nachfragen (10 Minuten pro Kandidatin oder Kandidat)

60 Minuten Mittagspause (Während der ersten 15-Minuten-Pause werten die Assessoren die Präsentationsaufgabe aus.)

Nachmittags finden parallel und für die einzelnen Kandidaten zeitversetzt Einzelinterviews und Leistungstests am Computer statt:

Jede/-r führt zwei je 30-minütige Einzelinterviews.

15 Minuten Kaffeepause

Jede/-r bearbeitet 60 Minuten lang einen Persönlichkeitsfrage-bogen am Computer.

Jede/-r durchläuft 60 Minuten kognitive Leistungstests am Computer.

15 Minuten Kaffeepause

Jede/-r wird zu einem 30-minütigen Abschlussgespräch gebeten

30 Minuten Verabschiedung in der Gruppe

Schluss: ca. 18:00 Uhr

Nach einem Einzel- oder Gruppen-Assessment treffen sich die Vertreterinnen und Vertreter des Auswahlgremiums zur Ergebnisdiskussion, um ihre Beobachtungen und Bewertungen in großer Runde zu diskutieren. Jede einzelne Teilnehmerin und jeder Teilnehmer des Assessment-Centers wird ausführlich besprochen. Welche Kandidaten sind für die zu besetzende Position geeignet, welche nicht? Am Ende kommt es zu einem Ergebnis. Das erhalten die Teilnehmerinnen und Teilnehmer in der Regel einige Zeit später telefonisch oder schriftlich – manchmal auch in Form eines Berichts.

Welche Aufgaben, Tests und Fragen ein Unternehmen für Sie zusammenstellt, hängt von den Aufgaben der angestrebten Position ab. Überlegen Sie sich vor einem Assessment-Center, welche Aufgaben das sind. Studieren Sie die Stellenanzeige und überlegen Sie sich, ob, wann und wo Sie die beschriebenen Aufgaben schon einmal bearbeitet haben. Wie sind Sie dabei vorgegangen? Welche Fähigkeiten und Soft Skills haben Sie dazu eingesetzt? Welche waren erforderlich?

Stellen Sie sich darauf ein, dass genau diese Punkte im Assessment-Center getestet werden.

- **Präsentationsaufgabe:** Sie erhalten ein Thema, möglicherweise Material zu einem speziellen Fall, und Sie müssen nach einer knappen Vorbereitungszeit vor den Assessorinnen und Assessoren und eventuell Ihren Mitbewerberinnen bzw. -bewerbern eine überzeugende Präsentation halten – mit oder ohne Computer, Beamer oder Flipchart.
- **Fallstudien:** Sie erhalten Vorbereitungsmaterial zu einem komplexen Problem aus dem Berufsalltag, das Sie (schriftlich) lösen sollen. Danach müssen Sie Ihr Ergebnis wahrscheinlich den Assessorinnen und Assessoren präsentieren und auf deren Fragen dazu antworten.
- **Gruppendiskussion:** Sie erhalten ein kontroverses Thema, möglicherweise eine Rolle, die Sie einnehmen sollen oder einen Standpunkt, den Sie zu vertreten haben. Darüber müssen Sie in der Gruppe mit den anderen Kandidatinnen und Kandidaten überzeugend diskutieren, Ihren Standpunkt begründen und ein Ergebnis erzielen.
- **Rollenspiel:** Sie erhalten eine Situationsbeschreibung und müssen nach einer knappen Vorbereitungszeit in der Rolle, für die Sie sich beworben haben, z. B. ein schwieriges Mitarbeiter- oder Kundengespräch oder eine Verhandlung führen, evtl. auch eine Beratung durchführen.
- **Postkorbübung:** Sie erhalten einen digitalen Postkorb (die Aufgabe wird am Computer durchgeführt) und müssen in knapp bemessener Zeit zahlreiche unterschiedliche Vorgänge sichten, priorisieren und ihre Bearbeitung organisieren.
- **Kognitive Leistungstests:** Je nach Berufsfeld wird Ihnen eine Auswahl an Tests zum logischen Denkvermögen, zum sprachlogischen Verständnis, zum räumlichen Vorstellungsvermögen, zur Konzentrations- und Merkfähigkeit und zum Allgemeinwissen vorgelegt – üblicherweise auch am Computer.
- **Persönlichkeitstests:** Mit umfangreichen Fragebogen prüft der potenzielle Arbeitgeber, wie Sie sich selbst beschreiben, um z. B. herauszufinden, wie stark Ihre Leistungs- bzw. Führungsmotivation, Ihre Gewissenhaftigkeit, Ihre Teamorientierung, Ihr Durchsetzungsvermögen und Ihre Belastbarkeit ausgeprägt sind.

- **Interviews:** In einem oder mehreren Interviews mit Vertreterinnen bzw. Vertretern aus der Fach- und Personalabteilung werden Sie zu Ihrer Motivation, zu Ihren Qualifikationen, zu Ihren Soft Skills, zu Ihrer Persönlichkeit und zu den Bedingungen einer Anstellung befragt.
- **Selbsteinschätzungsaufgabe:** Die Fähigkeit, sich selbst zu reflektieren und die eigene Persönlichkeit und Verhaltensweise realistisch einzuschätzen, ist für viele Positionen und Aufgaben wichtig. Deshalb werden Ihnen in einem Assessment-Center nach jeder Aufgabe oder zusammenfassend im abschließenden Interview kritische Fragen zu Ihrem Verhalten und dazu, wie Sie sich selbst einschätzen gestellt.

Start-ups und Firmen wie Google, Apple oder McKinsey nennen ihre Auswahltage auch Boot Camp oder Career Day. Die Assessment-Center-Aufgaben, die hier durchgeführt werden, können andere sein, z. B. Outdoor-Gruppenaufgaben. Das Ziel ist das gleiche. Der potenzielle Arbeitgeber will Sie in der Gruppe anderer Kandidatinnen und Kandidaten beobachten und Ihre Fähigkeiten und Soft Skills bewerten.

Die Bewertungskriterien

Bei einer Präsentation zählen Ihre Souveränität, die rhetorischen Fähigkeiten und die Überzeugungskraft. In der Gruppendiskussion oder Gruppenaufgabe sind Kommunikationsstärke, Teamfähigkeit und Ihre Kooperationsbereitschaft gefragt. Im Rollenspiel geht es um Empathie und die Fähigkeit, sich in andere hineinzuversetzen und auf eine neue Situation einzustellen. In der Postkorbübung zählt die Fähigkeit, einen kühlen Kopf zu bewahren, zwischen wichtigen und dringenden Vorgängen unterscheiden zu können und Prioritäten zu setzen. Bei der Selbsteinschätzungsaufgabe zählt, inwieweit die eigene Einschätzung Ihres Verhaltens mit der Fremdeinschätzung der Assessoren übereinstimmt.

Aber bei allen Aufgaben im Assessment-Center spielen für die Firmenvertreterinnen bzw. -vertreter weitere Bewertungskriterien eine Rolle:

- **Kontaktfähigkeit:** Fähigkeit, auf bekannte und unbekannte Personen zuzugehen, Kontakt aufzunehmen, Beziehungen aufzubauen
und diese aufrechtzuerhalten
- **Kooperationsfähigkeit:** Fähigkeit zur Zusammenarbeit mit Kolle-
ginnen und Kollegen durch respektvollen, wertschätzenden
Umgang miteinander
- **Kommunikationsfähigkeit:** Rhetorik, Argumentation, Überzeu-
gungs- und Durchsetzungskraft
- **Konfliktfähigkeit:** Fähigkeit, in Konflikten konstruktiv zu bleiben
und Konfliktsituationen zu entschärfen, statt sie zuzuspitzen
- **Analytisches Denkvermögen:** Fähigkeit, logische Schlüsse zu
ziehen und folgerichtige Handlungen daraus abzuleiten
- **Kreatives Denkvermögen:** Fähigkeit, neuartige und wirksame
Lösungen für Probleme zu entwickeln
- **Zielorientierung:** strukturieres und effizientes, konzeptionelles
Vorgehen und Umsetzung von Problemlösungen
- **Führungsverhalten:** Führungsethik, -verständnis, Führungsstil
und Mitarbeiterorientierung
- **Leistungsmotivation:** Antrieb und Durchhaltevermögen auch
ohne Druck und Kontrolle von außen
- **Gewissenhaftigkeit:** Zuverlässigkeit, Sorgfalt und Verbindlichkeit
in der Bearbeitung von Aufgaben und bei der Zusammenarbeit
mit Kolleginnen und Kollegen
- **Methoden- und Fachwissen:** berufsfeldspezifische Methoden-
und Fachkenntnisse
- **Belastbarkeit:** Handlungsfähigkeit und emotionale Stabilität unter
äußerem (Zeit- oder Aufgaben-)Druck

Sich selbst
präsentieren

EINSTELLUNGSTESTS

Zahlreiche Arbeitgeber führen psychologische Eignungstests mit ihren Bewerberinnen und Bewerbern durch, um Personalentscheidungen abzusichern. Die computergestützte Durchführung und Auswertung der Tests ist sehr einfach, und die Aussagekraft der Tests für einen späteren beruflichen Erfolg meist recht hoch. Deshalb werden Eignungstests branchenübergreifend eingesetzt. Egal ob im Ingenieurbüro mit 20 Mitarbeitenden, im öffentlichen Dienst oder bei einem Pharmariesen: Das Testen – besonders Onlinetests – wird in Zukunft zunehmen. Die klassischen Tests in beruflichen Auswahlverfahren sind kognitive Leistungstests und Persönlichkeitstests.

Kognitive Leistungstests

Der Zusammenhang zwischen Intelligenz und Arbeitsleistung ist in der psychologischen Eignungsdiagnostik schon lange bekannt. Arbeitgeber setzen deshalb bei der Personalauswahl zusätzlich zu Telefoninterview oder Videocall zu Vorstellungsgespräch und zu Assessment-Center auch kognitive Leistungstests ein.

Mit kognitiven Leistungstests lassen sich verschiedene Intelligenzbereiche prüfen:

- **Formal- oder abstrakt-logisches Denkvermögen:** Formallogisches Denkvermögen zeigt sich in der Fähigkeit, vernünftige Schlussfolgerungen ziehen zu können. Abstrakt-logisches Denkvermögen zeigt sich in der Fähigkeit, Nebensächliches und Details auszublenden und Sachverhalte zu verallgemeinern und somit zu vereinfachen.
- **Sprachlogisches Denkvermögen** ist die Fähigkeit, mit Sprache folgerichtig und schlüssig umzugehen.
- **Mathematisch-logisches Denkvermögen** ist die Fähigkeit, mit Zahlen folgerichtig und schlüssig umzugehen.
- **Räumliches Vorstellungsvermögen** ist die Fähigkeit, mehrdimensional zu sehen und zu denken und dadurch Formen und Figuren erkennen zu können.

Sich selbst präsentieren

- **Kreatives Denkvermögen** ist die Fähigkeit, aus etwas Vorhandenem etwas Neues, noch nicht Dagewesenes intelligent zu entwickeln.
- **Allgemeinbildung** umfasst Allgemeinwissen, die Kulturtechniken des Lesens, Schreibens und Rechnens sowie technisches Verständnis.
- **Konzentrationsfähigkeit** ist die Fähigkeit, Aufgaben fokussiert, schnell, sorgfältig und damit effizient zu bearbeiten.
- **Merkfähigkeit** ist die Fähigkeit, Zahlen, Begriffe, Figuren, Symbole, Gesichter, Töne, Gerüche, situative Abläufe und Geschichten im Gedächtnis zu behalten und wiedergeben zu können.

Je nachdem, welche Fähigkeiten für eine Position erforderlich sind, werden Tests aus verschiedenen Bereichen zusammengestellt. Eine Architektin, die Baupläne lesen muss und Modelle erstellen soll, wird z. B. in den Bereichen Kreativität und räumliches Vorstellungsvermögen getestet. Für einen Controller spielen diese Fähigkeiten keine Rolle; für ihn sind das mathematisch-logische Denkvermögen und die Konzentrationsfähigkeit wichtiger. Für die Tätigkeit einer Onlineredakteurin, die viele Texte schreiben muss, spielt das sprachlogische Denkvermögen eine große Rolle. Bewerben Sie sich dagegen im IT-Bereich, können Sie mit umfangreichen Tests zum abstrakt-logischen Denkvermögen rechnen.
Sobald Sie erfahren, dass Sie sich einem kognitiven Leistungstest unterziehen sollen, denken Sie darüber nach, welche Aufgaben im Einzelnen das aus welchen Leistungsbereichen sein könnten. Überlegen Sie, welche kognitiven Fähigkeiten Sie für die angestrebte Tätigkeit benötigen. Müssen Sie sich in Ihrem Berufsfeld z. B. viele Einzelheiten merken und sich gut konzentrieren können? Brauchen Sie eine gute Allgemeinbildung oder die Fähigkeit, neue Dinge kreativ zu entwickeln? Müssen Sie Schaltpläne lesen, sich Dinge im dreidimensionalen Raum vorstellen können oder sehr fit im Umgang mit Zahlen sein? Werden Sie mit Sprache oder eher mit abstrakten Symbolen arbeiten? Wenn Sie wissen, was auf Sie zukommt, sparen Sie kostbare Zeit bei der Bearbeitung, und Sie sind weniger aufgeregt.

Sich selbst
präsentieren

KOGNITIVE LEISTUNGSTESTS

Testbereich	Typische Aufgaben
Formal- oder abstrakt-logisches Denkvermögen	Symbolreihen fortführen Wochentage herausfinden Schlussfolgerungen ziehen Flussdiagramme verstehen Absurde Schlussfolgerungen erkennen Tatsachen und Meinungen unterscheiden
Sprachlogisches Denkvermögen	Wortanalogien finden Wortauswahl treffen Oberbegriffe finden Wortbedeutungen erkennen Buchstabenreihen fortführen
Mathematisch-logisches Denkvermögen	Zahlenreihen fortführen Zahlenmatrizen erkennen
Räumliches Vorstellungsvermögen	Seitenflächen zählen Figuren zusammenfalten Figurenreihen fortführen Figuren zuordnen Figurenfehler entdecken Würfel drehen Visuelle Analogien identifizieren Spiegelbilder wiedererkennen
Kreatives Denkvermögen	Wörter finden Verwendungsmöglichkeiten finden Kreative Sätze bilden Figuren erstellen Logos erfinden Gleichungen aufstellen Eigenschaften benennen Erklärungsmöglichkeiten finden

Sich selbst
präsentieren

Testbereich	Typische Aufgaben
Konzentrations-fähigkeit	Konzentrations-Leistungs-Test (KLT) d2/pd/bq-Test Konzentriert rechnen Ziffern oder Buchstaben zählen Symbole zuordnen Genau beobachten Buchstaben ergänzen Buchstaben einkreisen Zahlen markieren Geometrische Figuren markieren Adressen Original/Abschrift überprüfen
Merkfähigkeit	Begriffe merken Geschichten merken Orientierungsvermögen zeigen Lebenslauf einprägen Stadtplan einprägen Labyrinth einprägen Verkehrsfotos merken Geometrische Figuren merken Zahlen merken Vokabeln in Fantasiesprache merken Zahlenpaare merken Postleitzahlen und Städte merken
Allgemeinbildung	Allgemeinwissen: Politik und Staat, Geschich-te, Wirtschaft, Gesellschaft, Kultur, Naturwissen-schaft und Technik, Geografie und Landeskunde, Personen und Persönlichkeiten, Sport, Computer und Internet, Entdeckungen und Erfindungen Deutsche Sprache: Rechtschreibung, Komma-setzung, Grammatik und Satzgrammatik, Fremd-wörter Praktische Mathematik: Grundrechenarten, Dezimal- und Bruchrechnen, Prozent- und Zins-rechnen, Maße und Gewichte, Kopfrechnen, Textaufgaben Technisches Verständnis: physikalische Zusam-menhänge, mechanisches Verständnis

Die Tests selbst und ihre Auswertung finden am Computer statt, oft auch schon vor einem persönlichen Termin. Dazu erhalten Bewerber bzw. Bewerberinnen per E-Mail einen Link und werden gebeten, die Tests online zu absolvieren. Wer im Ergebnis nicht das erhoffte Niveau erreicht, wird erst gar nicht persönlich eingeladen. So sparen sich Unternehmen und Organisationen viele aufwendige und damit teure Vorstellungsgespräche.

Die Tests sind – egal ob zu Hause oder im Unternehmen – unter Zeitdruck zu absolvieren. Zunächst erhalten Sie eine oder zwei Beispielaufgaben zur Erklärung. Dann werden Sie aufgefordert, einen Start-Button zu drücken und die folgenden Aufgaben so schnell und so sorgfältig wie möglich zu bearbeiten. Dieser Ablauf wiederholt sich so oft, bis Sie alle Testmodule durchlaufen haben. Nach dem Start können Sie den Test nicht mehr unterbrechen.

Planen Sie deshalb – besonders wenn Sie die Tests zu Hause durchführen – genügend Zeit ein und stellen Sie sicher, dass Sie ungestört arbeiten können. Schalten Sie alle Telefone auf stumm. Schließen Sie die Tür und hängen Sie am besten ein Schild auf: »Bitte nicht stören!« Jede kleine Unterbrechung würde Ihnen kostbare Zeit rauben und Ihre Testergebnisse verfälschen. Das könnte Ihre Chancen auf die angestrebte Stelle zunichtemachen. Achten Sie auch auf eine gute Beleuchtung. Führen Sie die Tests dann durch, wenn Sie ausgeschlafen und gut konzentriert sind.

Persönlichkeitstests

Allgemeinwissen, Intelligenz, Kreativität, Konzentrations- und Merkfähigkeit sind wichtige Voraussetzungen für den beruflichen Erfolg. Aber auch die persönliche Einstellung und die soziale Kompetenz spielen in vielen Berufen und generell für die Zusammenarbeit am Arbeitsplatz eine große Rolle. Was für ein Mensch sind Sie? Was treibt Sie an? Wie leistungsmotiviert sind Sie? Welche Eigenschaften und Wesenszüge bringen Sie mit? Das wollen potenzielle Arbeitgeber herausfinden. Außer dem klassischen Vorstellungsgespräch und den aufwendigeren Assessment-Centern setzen viele dazu auch Persönlichkeitstests in Form von (Online-)Fragebogen ein.

Mit Persönlichkeitstests wie dem Bochumer Inventar zur berufsbezoge-
nen Persönlichkeitsbeschreibung (BIP), dem Big-Five-Test (NEO-PI-R),
dem 16 Persönlichkeits-Faktoren-Test (16 PF) oder biografischen
Fragebogen prüfen Arbeitgeber verschiedene Persönlichkeitsbereiche:

- **Die berufliche Orientierung:** Wie stark ausgeprägt sind Ihre
  Leistungs-, Wettbewerbs-, Gestaltungs- und Führungsmotivation?
  Wie engagiert werden Sie voraussichtlich arbeiten? Wie sehr
  messen Sie Ihre Leistungen an den Leistungen anderer? Wie stark
  wollen Sie auf berufliche Rahmenbedingungen Einfluss nehmen?
  Wie wichtig ist es Ihnen, eine Führungsrolle zu erreichen?
- **Das Arbeitsverhalten:** Wie stark ausgeprägt sind Ihre Gewissenhaftigkeit, Ihre Flexibilität und Ihre Handlungsbereitschaft? Wie
  zuverlässig und sorgfältig werden Sie voraussichtlich arbeiten?
  Wie gut können Sie mit Veränderungen und mit Routinen umgehen? Wie lange überlegen Sie, bevor Sie handeln?
- **Die soziale Kompetenz:** Wie stark ausgeprägt sind Ihre Kontakt-
  fähigkeit, Ihre Verträglichkeit, Ihre Teamorientierung, Ihr Durchsetzungsvermögen und Ihr Einfühlungsvermögen? Wie leicht fällt es
  Ihnen, mit anderen in Kontakt zu kommen? Wie freundlich wirken
  Sie auf andere und wie gehen Sie mit anderen Menschen um?
  Wie kooperations- und kompromissbereit sind Sie? Wie gut können Sie sich behaupten? Wie gut gelingt es Ihnen, sich in andere
  hineinzuversetzen?
- **Die psychische Konstitution:** Wie stark ausgeprägt sind Ihre
  Belastbarkeit, Ihr Selbstbewusstsein und Ihre emotionale Stabili-
  tät? Wie gut können Sie mit Stress und Arbeitsdruck umgehen?
  Wie selbstsicher treten Sie auf? Wie schnell lassen Sie sich entmu-
  tigen? Wie schnell schlägt Ihnen etwas auf Ihre Stimmung?

Viele Persönlichkeitstests umfassen mehr als 100 Fragen bzw. Aussagen, bei denen Sie wählen sollen, wie stark sie auf Sie zutreffen oder
auch nicht bzw. wie stark Sie einer Aussage zustimmen oder sie ablehnen. Dabei sollen Sie den Grad der Zustimmung bzw. Ablehnung wählen, der Ihrem Denken und Handeln entspricht. Die Bandbreite reicht
von »sehr starke Ablehnung« über »starke Ablehnung«, »Ablehnung«,
»Zustimmung«, »starke Zustimmung« bis zu »sehr starke Zustimmung«. Sie werden aufgefordert, sich zu entscheiden, auch wenn es
Ihnen schwerfällt, einer Aussage zuzustimmen oder sie abzulehnen.

Achtung klinische oder unseriöse Tests

Auf dem Markt existieren zahlreiche Persönlichkeitstests und nicht alle Arbeitgeber wählen Tests für Bewerberinnen und Bewerber sorgsam aus. Klinisch-psychologische Testverfahren wie das Freiburger Persönlichkeits-Inventar (FPI) oder das Minnesota Multiphasic Personality Inventory (MMPI), der Satzergänzungstest (Testanweisung: »Ergänzen Sie die folgenden Satzanfänge«, beispielsweise »Ich wünschte, ich wäre ...«) oder der Baumtest (Testanweisung: »Malen Sie einen Baum«) haben in der beruflichen Eignungsdiagnostik nichts zu suchen, genauso wenig unseriöse Pseudotests wie Farbtests (»Welche Farbe ist Ihre Lieblingsfarbe?«), Grafologie, Astrologie oder Numerologie. Wenn Sie in Ihrem Bewerbungsprozess dazu aufgefordert werden, solche Tests zu absolvieren, sollten Sie sich gut überlegen, ob Sie das machen. Das Risiko ist sehr hoch, dass Ihr Testergebnis willkürlich zustande kommt.

Beispielaussagen

Ich ziehe eine fachliche Aufgabe einer Führungsaufgabe vor.
Ich muss *nicht* immer der Beste / die Beste sein.
Ich habe den großen Tatendrang, etwas zu bewegen.
Ich bemühe mich immer, mein Potenzial voll auszuschöpfen.
Ich bin ziemlich perfektionistisch veranlagt.
Ich mag Routinetätigkeiten *nicht* besonders.
Mein Motto: Nicht lange denken, sondern handeln.
Ich kann mich schnell und gut auf andere einstellen.
Ich komme immer schnell mit anderen ins Gespräch.
Ich kann mich gut durchsetzen.
Die besten Leistungen erziele ich allein.
Ich komme eigentlich mit jedem gleich gut aus.
Es fällt mir nicht so leicht, auf andere Menschen zuzugehen.
Unter Druck arbeite ich besonders gut.
Wenn jemand mich nicht mag, macht mich das sehr unsicher.
Wenn mir etwas nicht gelingt, probiere ich es noch einmal.
Ich erlebe mich oft als mutlos.

Da viele Persönlichkeitstests sehr viele Fragen enthalten und die Fragen zu den einzelnen Persönlichkeitsbereichen und -merkmalen vermengt sind, ist es schwer, sich zu merken, was man bei früheren Aussagen angekreuzt hat. Das ist beabsichtigt, um Bewerberinnen und Bewerber zu identifizieren, die nicht ehrlich antworten. Wer z. B. auf die Frage »Ich komme immer schnell mit anderen ins Gespräch« mit »sehr starke Zustimmung« antwortet und auf die Frage »Es fällt mir nicht so leicht, auf andere Menschen zuzugehen« ebenso mit »Zustimmung« antwortet, wirft Zweifel sowohl an seiner Kommunikations und Kontaktfähigkeit als auch an seiner Glaubwürdigkeit auf. Im besten Fall werden diese Zweifel in einem persönlichen Gespräch thematisiert; im schlechtesten Fall führen solche Unstimmigkeiten zu einer Absage, v. a. wenn sie gehäuft auftreten.

Außerdem ist es wichtig, bei Fragen aufzupassen, die eine Verneinung enthalten, z. B. »Ich muss *nicht* immer der Beste / die Beste sein.« oder »Ich mache Routineaufgaben *nicht* besonders gern.« Wenn Sie Routineaufgaben mögen und immer der Beste sein müssen, d. h., wenn die Aussage nicht auf Sie zutrifft, dann müssen Sie »Ablehnung« ankreuzen. Müssen Sie wirklich nicht immer der Beste sein und mögen Sie Routineaufgaben wirklich nicht, dann trifft die Aussage auf Sie zu, und Sie kreuzen »Zustimmung« an.

Spätestens wenn Sie erfahren, dass Sie im Bewerbungsprozess einen Persönlichkeitstest absolvieren sollen, sollten Sie sich Gedanken machen: Welche Persönlichkeitsmerkmale sind für die angestrebte Position wichtig? Welche Soft Skills verlangt die Stellenanzeige? Wie schätzen Sie sich selbst im Hinblick darauf ein?
Denken Sie – am besten schon vor Ihrer Bewerbung – darüber nach, wie stark die folgenden Persönlichkeitsmerkmale bei Ihnen ausgeprägt sind und welche Berufsfelder und Positionen zu Ihnen passen:

- Leistungsmotivation
- Wettbewerbsmotivation
- Gestaltungsmotivation
- Führungsmotivation
- Gewissenhaftigkeit
- Flexibilität
- Handlungsbereitschaft

Sich selbst präsentieren

- Kontaktfähigkeit
- Verträglichkeit
- Teamorientierung
- Durchsetzungsvermögen
- Einfühlungsvermögen
- Belastbarkeit
- Selbstbewusstsein
- emotionale Stabilität

Auch berufsbezogene Persönlichkeitstests werden heute am Computer durchgeführt und ausgewertet. Gut möglich, dass Sie noch vor einem ersten Termin per Mail einen Link zu einem Test erhalten. Sorgen Sie für eine ungestörte Testumgebung, in der Sie sich gut konzentrieren können. Persönlichkeitstests finden aber, anders als kognitive Leistungstests, nicht unter Zeitdruck statt. Sie haben zwar nicht endlos dafür Zeit, aber die vorgegebene Zeit reicht erfahrungsgemäß gut aus, um alles zu beantworten. Der wichtigste Tipp für die Bearbeitung eines Persönlichkeitstests: Antworten Sie spontan und ehrlich, so, wie es Ihrem Denken und Handeln entspricht. Denn wenn Sie aufgrund Ihrer Selbsteinschätzung zu einem Vorstellungsgespräch oder zu einem Assessment-Center eingeladen werden, sich dort aber ganz anders geben und ganz anders auftreten, als Sie sich im Persönlichkeitstest beschrieben haben, dann werten die Assessorinnen und Assessoren das als großes Manko.

Vorbereiten können Sie sich auf Persönlichkeitstests – anders als auf die kognitiven Leistungstests – nicht. Denn die Antworten, für die Sie sich entscheiden, sind weder richtig noch falsch. Aber es ist hilfreich, sich im Vorfeld eines Persönlichkeitstests mit den Fragen vertraut zu machen. So gehen Sie entspannter an die Bearbeitung heran, wenn es ernst wird.

JOBMESSEN UND KARRIERE-EVENTS

Der Bewerbungsprozess bis zu einem Vorstellungsgespräch, in dem Sie einen Arbeitgeber zum ersten Mal zu Gesicht bekommen, kann ganz schön langwierig und aufwendig sein. Von der Stellenrecherche über die Bewerbung und die verschiedenen Auswahlstufen mit Telefoninterview oder Onlinetest ist es ein langer Weg. Doch es gibt eine Abkürzung: Jobmessen und Karriere-Events.

Jobmessen sind reguläre Messen, bei denen sich viele unterschiedliche Arbeitgeber an Messeständen den potenziellen Bewerberinnen und Bewerbern präsentieren. Karriere-Events gehen häufig noch einen Schritt weiter und bieten – alternativ oder zusätzlich Bewerbungs-Trainings, Kongresse, Vorträge und spezielle Möglichkeiten zum Netzwerken an. Es gibt zudem Karriere-Events von einzelnen oder mehreren Unternehmen. Dazu werden Schul- und Hochschulabsolventinnen bzw. -absolventen gezielt an einen Standort eingeladen, wo sie durch Führungen, Vorträge und spezielle Ansprechpartner aus allen Unternehmensbereichen die Vielfalt der dort verfügbaren Arbeitsplätze kennenlernen können. Ein Beispiel dafür sind Karriere-Events an Flughäfen, wo Reisebüros, Fluggesellschaften, Flughafenbetreiber und Logistikkonzerne zusammen die Arbeitsmöglichkeiten aufzeigen, die im Zusammenhang mit der Luftfahrt stehen.

Jobmessen und Karriere-Events bieten viele Chancen. Sie können Arbeitgeber persönlich kennenlernen. Sie erhalten einen unmittelbaren Eindruck von ihnen und sie können Personalverantwortliche direkt und persönlich ansprechen. Dem sollte aber eine gründliche Vorbereitung vorausgehen.

Die Vorbereitung

Jobmessen und Karriere-Events werden für zahlreiche Berufsgruppen veranstaltet. Ob Azubi, Fach- oder Führungskraft, ob Young Professional, Trainee oder Jobwechsler, ob Wiedereinsteiger/-in oder Generation 50 plus – wer im Internet nach den Begriffen »Jobmesse« oder »Karriere-Event« sucht, findet sofort zahlreiche Treffer. Doch was dann?

Wollen Sie die Chance auf ein persönliches Gespräch mit einem oder mehreren Arbeitgebern nutzen, sollten Sie systematisch vorgehen:

- Recherchieren Sie nach passenden Jobmessen und Karriere-Events.
- Lesen Sie die Informationen auf der Homepage der Veranstaltung aufmerksam durch.
- Halten Sie das von Arbeitgebern gewünschte Prozedere ein.
- Planen Sie Ihren Veranstaltungsbesuch.
- Sorgen Sie für ein Erscheinungsbild, das dem eines Vorstellungsgesprächs entspricht.
- Bereiten Sie sich auf Gespräche vor.

Unterscheiden Sie zwischen berufsfeldspezifischen und allgemeinen Jobmessen. Auf allgemeinen Jobmessen sind zahlreiche Arbeitgeber aus der Region vertreten, von denen viele nach Auszubildenden oder Studenten für duale Studiengänge sowie nach Fach- und Führungskräften suchen. Veranstaltungen dieser Art finden Sie im Internet, beispielsweise unter:

- www.jobmessen.de/terminkalender
- www.jobsforfuture-mannheim.de
- https://www.marktplatzarbeit.de
- www.jobsuche-regional.com/personalmessen

Auf Fachmessen, z. B. für IT-Berufe oder für Young Professionals, werden Sie hingegen nur Arbeitgeber finden, die Positionen für bestimmte Zielgruppen zu besetzen haben. Dafür treffen Sie hier auch Unternehmen an, die überregional tätig sind. Fachmessen finden Sie unter anderem auf den Websites:

- www.connecticum.de
- www.technik.jobs/veranstaltungen
- www.akademika.de/akademika-die-job-messe.html
- http://digital-talents.berlin

Veranstaltungsinformationen auf der Homepage: Sobald Sie interessante Veranstaltungen gefunden haben, sollten Sie alle Informationen dazu auf der Veranstaltungshomepage aufmerksam lesen:

- Welche Arbeitgeber stellen aus?
- Welche davon sind für Sie interessant?

- Welche Informationen finden Sie über diese Arbeitgeber?
- Gibt es Vorträge oder Workshops?
- Welche davon sind für Ihr Networking wichtig?
- Welche davon sind thematisch wichtig?

Am wichtigsten ist jedoch die Frage, ob Sie als Besucherin oder Besucher einfach erscheinen können, oder ob es ein vorgegebenes Prozedere gibt.

Veranstaltungsprozedere einhalten: Bei manchen Jobmessen, v. a. bei Fachmessen für bestimmte Berufsgruppen, bieten Arbeitgeber den Besucherinnen und Besuchern an, vorab einen Gesprächstermin zu vereinbaren. Das bedeutet: Ohne Gesprächstermin kein Gespräch. Ein Gesprächstermin lässt sich recht einfach via Onlineformular oder per Telefon vereinbaren. Das hat den Vorteil, dass Sie sich gezielt darauf vorbereiten können.

Ihr persönlicher Veranstaltungsplan: Den größten Nutzen aus Ihrem Messebesuch ziehen Sie, wenn Sie sich im Vorfeld einen Veranstaltungsplan entwerfen. Notieren Sie sich dafür die Daten und einige Stichworte zu den folgenden drei Punkten:
- Mit welchen Arbeitgebern werden Sie wann und wo ein Gespräch führen?
- Welche Networking-Gelegenheiten werden Sie wann und wo nutzen?
- Was ist Ihr Ziel des Messetags? Was können Sie erwarten?

Beschränken Sie sich auf drei bis maximal fünf Gespräche und drei bis maximal fünf Networking-Gelegenheiten wie Vorträge oder Workshops pro Tag. Ein Messetag kann sehr anstrengend sein, und Sie sollten bei jedem einzelnen Gespräch einen tadellosen Eindruck hinterlassen, aufmerksam sein. Deshalb ist es sinnvoll, den Messeplan nicht zu voll zu packen. Ihr Ziel kann z. B. der Kurzkontakt zu fünf interessanten Arbeitgebern sein, von denen Sie jeweils eine Visitenkarte erhalten. Es kann auch darin bestehen, drei längere Gespräche mit Arbeitgebern zu führen.
Diese Kontakte bestehen meist darin, sich kurz vorzustellen, einen verbalen Pitch vorzubringen und zu fragen, ob generell Interesse an

Sich selbst präsentieren

Mitarbeitenden mit Ihrem Profil besteht. Wichtig: Es ist heute nicht mehr generell üblich, den anwesenden Personalverantwortlichen auf solchen Messen eine Bewerbungsmappe in die Hand zu drücken. Üblicher ist es, einen USB-Stick zu übergeben, die Unterlagen aus einer Cloud zum Arbeitgeber zu übertragen oder per E-Mail zu senden. Hat ein Arbeitgeber Interesse gezeigt, versenden Sie in den Tagen nach der Jobmesse eine (Initiativ-)Bewerbung. Selbstverständlich weisen Sie dabei auf das »freundliche und interessante Gespräch« auf der Messe hin.

Kleidung und Accessoires: Ein persönliches Treffen auf einem Karriere-Event oder einer Jobmesse ist ein Auswahlgespräch. Wer dabei einen guten ersten Eindruck hinterlässt, hat einen Fuß in der Tür. Wie bei einem Vorstellungsgespräch sind deshalb auch beim ersten persönlichen Treffen auf einer Jobmesse ordentliche Kleidung und passende Accessoires wichtig, wobei sich Ihr Erscheinungsbild an der Branche, dem Unternehmen, am Berufsfeld und der Position, auf die Sie sich bewerben, orientieren sollte. Schauen Sie sich vorher die Homepages der Arbeitgeber an. Wie präsentieren sich deren Mitarbeiter? Gibt es sogar einen Messe-Dresscode?

Vorbereitung auf Gespräche: Denken Sie vor dem Messetag darüber nach, wie ein Gespräch mit Firmenvertretern ablaufen könnte. Das Umfeld unterscheidet sich zwar von dem eines Telefoninterviews, Videocalls oder persönlichen Vorstellungsgesprächs, Ablauf und Fragen sind aber gleich. Nach Begrüßung und Smalltalk wird man Sie nach Ihrer Ausgangssituation fragen. Sie werden also um Auskunft gebeten, was Sie aktuell machen, wonach Sie suchen und warum Sie sich gerade für die Mitarbeit bei ihm interessieren. Auch Sie haben die Chance, Ihre Fragen zu stellen, bevor das Gespräch mit der Verabschiedung und im besten Fall mit einer konkreten, verbindlichen Verabredung über das weitere Vorgehen endet. Bitten Sie dafür um die Visitenkarte Ihres Gesprächspartners. Und lassen Sie sich von der womöglich lockeren Atmosphäre nicht täuschen. Auch Gesprächspartner auf Messen werden sich die Fragen stellen:

- Mag ich Sie?
- Kann ich mir vorstellen, mit Ihnen zu arbeiten?
- Bringen Sie die Fähigkeiten mit, die wir brauchen?
- Passen Sie ins Unternehmen?

Nach der Veranstaltung

Gespräche auf Jobmessen sind wie Vorstellungsgespräche, Telefoninterviews und Videocalls erste Termine mit einem Arbeitgeber. Und wie nach allen ersten Terminen sollten Sie auch nach einem Gespräch auf einer Jobmesse ein Gedächtnisprotokoll erstellen (↗ S. 238). Wenn Sie einen guten Eindruck hinterlassen haben, ist es sehr wahrscheinlich, dass Sie angerufen werden und es zu einem Vorstellungsgespräch im Unternehmen kommt. Dafür rüsten Sie sich mit Ihrem Gedächtnisprotokoll.

Um mit dem Arbeitgeber in Kontakt zu bleiben, können Sie Ihrer Gesprächspartnerin bzw. Ihrem Gesprächspartner am nächsten Tag eine kurze Nachfass-E-Mail schreiben – allerdings nur dann, wenn Sie nicht gebeten wurden, das zu unterlassen. Darin danken Sie für das Gespräch, bekräftigen Ihr Interesse an der Stelle und signalisieren, dass Sie sich auf die Entscheidung freuen. Sollten Sie zugesagt haben, Ihre Unterlagen einzusenden, müssen Sie binnen weniger Tage Wort halten.

Beispielformulierung

Sehr geehrter Herr …,

haben Sie noch einmal vielen Dank für das freundliche und informative Gespräch über Ihr Unternehmen auf der diesjährigen Messe »Jobs For Future« in Mannheim. Gern werde ich mich, wie Sie vorgeschlagen haben, in den nächsten Monaten auf Ihrer Firmenhomepage über offene Stellen informieren. Sollten Sie Bedarf an einem Mitarbeiter mit meinem Profil haben, kontaktieren Sie mich bitte. Im Anhang sende ich Ihnen meine Kurzbewerbung.

Mit freundlichen Grüßen
Vorname Nachname

Signatur

Nach der Veranstaltung können Sie auch noch einmal bewusst reflektieren, was sie Ihnen insgesamt gebracht hat: Welche Kontakte konnten Sie knüpfen? Wie viele Gespräche haben Sie geführt? Hat sich die Jobmesse bzw. das Karriere-Event für Sie gelohnt? Verschaffen Sie sich einen Überblick.

Sich selbst
präsentieren

Kontakt halten

Nach dem ersten Termin

ist der Bewerbungsprozess noch lange nicht vorbei. Sie können Ihre Chancen auf einen Arbeitsvertrag steigern, indem Sie aktiv bleiben. Wie Sie professionell reagieren, wenn dann tatsächlich die Zusage kommt, was es zu beachten gilt, bevor Sie den Arbeitsvertrag unterschreiben und wie Sie mit Absagen umgehen, das erfahren Sie in diesem Kapitel.

Kontakt halten

Ihr erster Termin endet mit den Worten: »Vielen Dank für das Gespräch. Sie hören dann wieder von uns.« Geschafft! Jetzt erst einmal durchatmen und abwarten. Oder doch nicht? Viele Bewerberinnen und Bewerber denken, dass der Bewerbungsprozess nach einem oder mehreren Gesprächen oder Assessment-Centern bei einem potenziellen Arbeitgeber vorbei ist. Doch das stimmt nicht.

NACH DEM ERSTEN TERMIN

Bis hierher haben Sie viel geschafft. Sie haben die passenden Stellenanzeigen ausgewählt. Sie haben aussagekräftige und ansprechende Bewerbungsunterlagen erstellt und auf dem richtigen Bewerbungsweg zu potenziellen Arbeitgebern gesendet. Zudem haben Sie sich in einem oder mehreren persönlichen Gesprächen mit Firmenvertreterinnen bzw. -vertretern selbst präsentiert. Sehr wahrscheinlich sind mit Ihnen nur noch wenige Mitbewerberinnen und Mitbewerber im Rennen um die angestrebte Stelle. Was nun? Im Idealfall ist nach dem ersten Termin vor dem nächsten. Bleiben Sie also aktiv! Sie können immer noch etwas tun, um Ihre Chancen zu steigern.
Bereiten Sie alle weiteren Termine, die Ihnen ein Arbeitgeber anbietet, so akribisch vor wie die ersten. Stützen Sie sich dabei auf Ihr Gedächtnisprotokoll zum jeweils vorausgegangen Termin, damit Sie möglichst nahtlos an das vorige Gespräch anknüpfen und verbindlich auftreten können. Und erstellen Sie auch von allen weiteren Terminen aussagekräftige Gedächtnisprotokolle. Wahrscheinlich wurden mittlerweile schon Detailfragen geklärt. Gerade auf sie kommt es an! Halten Sie alles fest:

- Welcher Eintrittstermin steht im Raum?
- Wie sind Sie in Sachen Gehalt und etwaiger Zusatzleistungen verblieben?
- Was wird bei der Einarbeitung eine Rolle spielen?
- Welche Ansprechpartner im Unternehmen werden für Sie wichtig sein?

- Wie sind Sie mit dem potenziellen Arbeitgeber konkret verblieben?
- Welche Fragen sind noch offen?
- Wie fühlen Sie sich?

Ihre Antworten auf diese Fragen spielen eine wichtige Rolle für Ihr weiteres Vorgehen und, für den Fall einer Zusage, für die Prüfung Ihres Arbeitsvertrages sowie für den Einstieg in der neuen Position.

Normalerweise endet das letzte Vorstellungsgespräch mit einer klaren Aussage Ihres Gesprächspartners oder Ihrer Gesprächspartnerin, dass sich die Firma bzw. Organisation unaufgefordert bei Ihnen melden wird. Falls das nicht der Fall sein sollte, lohnt es sich, eine letzte Nachfass-E-Mail zu schreiben. Denn damit bleiben Sie auch weiterhin im Kontakt. Das kann letztlich entscheidend sein – im Unterschied etwa zu Ihrer letzten Mitbewerberin oder Ihrem letzten Mitbewerber, die bzw. der ebenfalls in der engsten Auswahl ist.
Personalverantwortliche sind vorsichtig und haben Angst vor Fehlentscheidungen. Selbst wenn sie mittlerweile völlig von Ihnen und Ihren Fähigkeiten überzeugt sind, wissen sie noch lange nicht, ob umgekehrt auch Sie von der ausgeschriebenen Stelle überzeugt sind. Die stille Befürchtung bleibt, dass Sie einen angebotenen Arbeitsvertrag ablehnen. So kommt es nicht selten vor, dass eine andere Kandidatin oder ein anderer Kandidat wegen einer kurzen Nachfass-E-Mail den Zuschlag bekommt. Es ist also clever, den Kontakt zu halten und dem Personaler oder der Personalerin anhaltendes Interesse zu signalisieren. Das vermittelt die nötige Sicherheit.
Auch diese letzte Nachfass-E-Mail schreiben Sie in den unmittelbar auf das Gespräch folgenden Tagen. Wieder fassen Sie sich kurz und schlagen einen freundlichen Ton an. Danken Sie für das Gespräch, bekräftigen Sie Ihr Interesse an der Stelle und signalisieren Sie, dass Sie sich auf die Entscheidung freuen.

Sehr geehrte Frau Kraft, sehr geehrter Herr Meier,
auch für das zweite persönliche Gespräch in Ihrem Hause danke
ich Ihnen! Die zusätzlichen Informationen zur Stelle und zu den
Herausforderungen in der Abteilung haben meinen Wunsch
bestärkt, für Sie zu arbeiten. Über die besprochenen Punkte, die
für die Einarbeitung wichtig sind, habe ich mich bereits informiert.
Aufgrund meiner IT-Vorkenntnisse bin ich mir sicher, mich schnell
in die neue Software einarbeiten zu können. Ich freue mich sehr
auf Ihre Entscheidung. Wenn Sie noch offene Fragen klären wollen,
stehe ich gern bereit.

Sehr geehrter Stationsarzt Herr Dr. Weber,
sehr geehrte Stationsleiterin Frau Baum,
vielen Dank für das zweite Gespräch mit Ihnen, für die Stationsfüh-
rung und die zusätzlichen, hilfreichen Informationen zu den
Herausforderungen auf Station. Als Krankenpflegerin mit viel
Erfahrung im Umgang mit älteren Patientinnen und Patienten
kann ich Sie dabei sehr gut unterstützen, und das will ich auch.
Wie besprochen kann ich bei Ihnen am … anfangen. Ich freue
mich sehr, wenn Sie sich für mich entscheiden.

DIE ZUSAGE

Dann kommt sie: die Zusage. Per Anruf oder E-Mail. »Wir freuen uns
Ihnen mitteilen zu können, dass wir uns für Sie als unsere neue Sta-
tionskrankenpflegerin entschieden haben.« Sie haben es geschafft.
Sie haben den Arbeitgeber mit Ihrer professionellen Bewerbung
überzeugt und eine Zusage erhalten. Doch was nun? Wie läuft das mit
dem Arbeitsvertrag? Wollen Sie die Stelle auch wirklich? Haben Sie
vielleicht noch offene Bewerbungen und etwas Besseres in Aussicht?
Wie reagieren Sie professionell auf eine Zusage? Wie lange können Sie
mit Ihrer Entscheidung warten, ohne zu riskieren, dass Sie am Ende
doch ohne neue Stelle dastehen?

Den wichtigsten Tipp zuerst: Trennen Sie Ihre Reaktion – Ihr Verhalten gegenüber dem potenziellen Arbeitgeber – von Ihrer Entscheidung. Sobald Sie eine Zusage und damit ein Arbeitsplatzangebot erhalten, sollten Sie zügig – noch am gleichen oder spätestens am nächsten Tag – zum Telefon greifen und auf das Arbeitsvertragsangebot freundlich und verbindlich reagieren – auch dann, wenn Sie noch nicht entschieden sind, ob Sie den Job tatsächlich annehmen wollen.

Entscheiden

Wenn Sie noch nicht wissen, ob Sie die Stelle tatsächlich annehmen wollen, sollten Sie das den potenziellen Arbeitgeber auf keinen Fall spüren lassen. Zeigen Sie kein Zögern! Das könnte den Arbeitgeber verunsichern. Sie wären nicht die erste Bewerberin, der erste Bewerber, bei dem daraufhin das Vertragsangebot zurückgezogen wird. Rufen Sie deshalb zügig an und vermitteln Sie auch in diesem Fall den Eindruck, dass Sie sich freuen und das Angebot annehmen. Damit verschaffen Sie sich einige Tage Bedenkzeit, denn bis der Arbeitsvertragsentwurf kommt, vergehen üblicherweise ein paar Tage. Wenn der Vertrag dann tatsächlich bei Ihnen auf dem Tisch liegt, haben Sie drei bis fünf Tage Zeit – je nachdem, ob ein Wochenende dazwischen liegt. In dieser Zeit sollten Sie ihn prüfen, unklare Punkte besprechen – und Ihre Entscheidung treffen.
Diese Entscheidung teilen Sie dann dem Arbeitgeber mit. Auf Nachfragen, von wem Sie ein attraktiveres Angebot erhalten haben und was es beinhaltet, müssen und sollten Sie aus Diskretion nicht eingehen. Antworten Sie z. B.: »Bitte haben Sie Verständnis dafür, dass ich darüber nicht sprechen darf.«

Was aber, wenn Sie sich weiter unsicher sind, ob Sie den angebotenen Job annehmen sollen oder nicht? Durch den sofortigen Anruf haben Sie sich einige Tage Bedenkzeit verschafft. Jetzt heißt es, sich alle noch fehlenden Informationen zu besorgen und sich am Ende auf Ihr Gefühl zu verlassen. Denn nur das weist Ihnen den richtigen Weg. Warten Sie nicht zu lange, sonst zieht das Unternehmen sein Angebot vielleicht noch zurück und Sie stehen ohne da.

Kontakt halten

Fragen Sie sich zunächst, aus welchem Grund Sie sich noch nicht entscheiden können. Warten Sie vielleicht noch auf die Rückmeldung in einem anderen Bewerbungsprozess? Würden Unternehmen und Stelle womöglich besser zu Ihnen passen? Oder gibt es bei dem potenziellen Arbeitgeber und der Stelle, für die Sie bereits eine Zusage haben, etwas, das Sie verunsichert? Bei Ihrer Entscheidung kommt es natürlich darauf an, ob Sie dringend eine neue Arbeitsstelle brauchen oder ob Sie sich aus einer ungekündigten und sicheren Anstellung beworben haben. Dann können Sie sich problemlos so lange weiter-bewerben, bis Sie sich wirklich sicher sind.

Wenn Sie dringend eine neue Stelle brauchen, sollten Sie Ihre Ent-scheidung schneller treffen, selbst wenn Sie mitten in einem anderen Bewerbungsprozess auf eine vielleicht noch besser passende Stelle stecken. Sie wissen nicht, ob Sie dort den Zuschlag bekommen. Bevor Sie am Ende ohne Arbeit dastehen, weil das eine Unternehmen auf-grund Ihres Zögerns seine Zusage zurückzieht und das andere Unter-nehmen Ihnen absagt, sollten Sie den angebotenen Arbeitsvertrag annehmen. Es sei denn, es gibt Fakten, die dagegen sprechen, oder Ihr Gefühl rät Ihnen dringend davon ab.

 **Unsicherheit nicht äußern!**
Den potenziellen Arbeitgeber anzurufen und ihm mitzuteilen, dass Sie sich noch nicht ganz sicher sind und noch auf die Entscheidung eines anderen Unternehmens warten wollen, ist keine gute Idee. Er wird sein Angebot sofort zurückziehen.

Weitere Informationen bilden die Grundlage für Ihre Entscheidung. Recherchieren Sie im Internet z. B. bei Arbeitgeber-Bewertungs-portalen wie www.kununu.de. Suchen Sie nach Ihrem potenziellen Arbeitgeber – wenn Sie das nicht schon längst gemacht haben – und schauen Sie, welche Presseartikel oder andere Veröffentlichungen Sie dazu finden. Am wichtigsten ist es aber, sich selbst zu fragen, was im Hinblick auf die neue Stelle besonders wichtig ist und was davon der potenzielle Arbeitgeber bieten kann. Gehen Sie systematisch vor, indem Sie die folgenden Punkte klären:

- Handelt es sich um eine Branche mit Zukunft?
- Ist der potenzielle Arbeitgeber solide und erfolgreich?
- Bietet er berufliche Entwicklungsmöglichkeiten?
- Bietet er Weiterbildungsmöglichkeiten an?
- Taugt die Stelle als Sprungbrett für Ihre weitere Karriere?
- Erwartet Sie ein herausforderndes, abwechslungsreiches Aufgabengebiet?
- Herrscht ein gutes Betriebsklima? Haben Sie einen guten Eindruck von Ihrem oder Ihrer Vorgesetzten sowie den Kolleginnen und Kollegen?
- Sind die Arbeitszeiten flexibel?
- Besteht sogar die Chance, einzelne Wochentage im Homeoffice zu arbeiten?
- Wie lange ist der Arbeitsweg?
- Lässt sich die Stelle gut mit Ihrem Privatleben vereinbaren?
- Hat der Arbeitgeber ein gutes Image?
- Erwartet Sie gute Bezahlung?
- Profitieren Sie womöglich von Extras bei den Sozialleistungen?

Sie sollten sich aber darüber im Klaren sein: Das ideale Jobangebot ist selten. Deshalb müssen Sie klären, was für Sie wirklich wichtig ist. Denken Sie nicht nur an heute und morgen. Überlegen Sie auch, wie sich Ihre Entscheidung in einem halben Jahr oder in einem Jahr auswirken wird. Was wäre in Zukunft ein Zeichen dafür, dass Sie sich richtig entschieden haben – oder falsch? Stellen Sie eine Pro- und Kontraliste auf. Entscheiden Sie am Ende auch nach Ihrem Gefühl: Haben Sie Lust auf das Unternehmen, den Job und die Leute? Haben Sie ein gutes Gefühl, wenn Sie daran denken, die angebotene Stelle anzutreten?

 **Nutzen Sie Ihre Vorstellungskraft**

Bei vielen wichtigen Entscheidungen finden wir zahlreiche gute Gründe, die für ein Angebot sprechen, aber auch zahlreiche gute Gründe, warum wir es ablehnen sollten. Dann wälzen wir die Pros und Kontras hin und her und kommen nicht so recht weiter. In so einem Fall hilft die eigene Vorstellungskraft. Stellen Sie sich einige Abende vorm Einschlafen sehr detailliert vor, wie Sie am nächsten Morgen aufwachen werden und mit Ihrer Morgenroutine als neue Mitarbeiterin oder neuer Mitarbeiter beim jeweiligen Arbeitgeber starten. Wie wird es sein, den neuen Arbeitsweg in die Firma einzuschlagen, am neuen Arbeitsplatz zu sein, die neue Chefin oder den neuen Chef und die neuen Kolleginnen und Kollegen zu treffen und die neuen Aufgaben zu erledigen? Prüfen Sie am nächsten Morgen, mit welchem Gefühl Sie aufwachen. Was sagt Ihr Gefühl? Ja oder nein? Indem Sie sich gedanklich in bestimmte Szenarien hineinversetzen, bekommen Sie ein besseres Gefühl dafür, was wichtig ist.

Die Entscheidung mitteilen

Wenn Sie sich für die zugesagte Stelle entschieden haben, sollten Sie in Ihrem Anruf sehr klar zum Ausdruck bringen, dass Sie die Stelle annehmen.

Beispielformulierung

Guten Tag, Frau Kraft,
ich freue mich sehr, dass Sie sich für mich entschieden haben. Wie Sie geschrieben haben, werde ich den Arbeitsvertragsentwurf, sobald ich ihn habe, gegenlesen und Ihnen dann schnellstmöglich antworten.

Haben Sie sich hingegen definitiv entschieden, dass die Stelle für Sie nicht (mehr) infrage kommt, dann sollten Sie ebenfalls gleich anrufen und Ihre Entscheidung freundlich mitteilen. Das ist eine Frage der Fairness gegenüber dem Arbeitgeber und gegenüber Mitbewerberinnen und Mitbewerbern. Vergessen Sie nicht: Man sieht sich immer zweimal im Leben.

Guten Tag, Frau Kraft,

vielen Dank für den Arbeitsvertrag. Dieser Anruf fällt mir nicht leicht, aber ich wollte Ihnen persönlich und so schnell wie möglich Bescheid geben, damit Sie planen können. Mittlerweile habe ich ein anderes, attraktives Angebot erhalten, das zu meinen beruflichen Plänen und zu meiner aktuellen privaten Situation noch besser passt. Deshalb muss ich Ihnen leider absagen. Es tut mir leid, wenn ich Ihnen damit Arbeit verursache …

Guten Tag, Herr Singer,

soeben habe ich Ihre E-Mail erhalten und gelesen, dass Sie sich für mich entschieden haben. Da wollte ich Sie sofort anrufen und Ihnen sagen, dass ich mich zwar sehr über Ihre Zusage gefreut habe, aber dass ich mich für ein anderes attraktives Angebot entschieden habe. Die Entscheidung ist mir nicht leichtgefallen, da ich einen sehr guten Eindruck von Ihrer Organisation habe. Aber das andere Angebot passt einfach noch besser zu meinen beruflichen Plänen und zu meiner aktuellen privaten Situation. Das wollte ich Ihnen so schnell wie möglich mitteilen, damit Sie weiter planen können.

Der Arbeitsvertrag

Herzlichen Glückwunsch! Sie halten den neuen Arbeitsvertrag in Händen. Doch bei aller Freude sollten Sie den Vertrag, der Ihr zukünftiges Arbeitsleben regeln wird, nicht vorschnell und unüberlegt unterschreiben. Prüfen Sie die Vertragsinhalte genau und klären Sie offene Fragen, bevor Sie Ihre Unterschrift unter dieses wichtige Dokument setzen.

Den Arbeitsvertrag prüfen

Die meisten Arbeitsverträge sind Standardverträge, die den gesetzlichen Bestimmungen des Arbeitsvertragsrechts entsprechen. Dennoch ist es wichtig, dass Sie Ihren Vertrag aufmerksam lesen und prüfen – ein ganz normales geschäftliches Gebaren. Wenn Sie sich ihn genau vorknöpfen, wird der neue Arbeitgeber dies nicht etwa als

Zeichen des Misstrauens werten. Immerhin wird der Arbeitsvertrag im besten Fall Ihre Arbeitsbeziehung für die nächsten Jahre regeln. Prüfen Sie deshalb sorgfältig diese Punkte:

- Wurden alle im Vorstellungsgespräch besprochenen Punkte zum Arbeitsort und Arbeitsbeginn, zu Ihren Aufgaben und Tätigkeiten, Ihrem Gehalt, eventuellen Zusatzleistungen, der Arbeitszeit, zur eventuellen Homeoffice-Regelung, Ihren Urlaubsansprüchen und ggf. auch zu Ihrem Dienstwagen korrekt festgehalten?
- Sind wichtige Punkte wie Befristung, Probezeit, Kündigungsfristen, Arbeitsverhinderung, Wettbewerbsverbot rechtlich zulässig?
- Beinhaltet der Arbeitsvertrag sonstige Vereinbarungen, die Sie nicht einschätzen können?

Wenn Sie sich in einzelnen Punkten ernsthaft unsicher sind, sollten Sie einen Fachanwalt für Arbeitsrecht zu Rate ziehen.

Bei unstimmigen Punkten können und sollten Sie noch einmal im Unternehmen anrufen, um Ihre Fragen zu klären. Greifen Sie wirklich zum Telefon. Bei vertraglichen Dingen ist es immer besser, miteinander zu sprechen. Das führt nicht so schnell zu Missverständnissen wie der schriftliche Austausch.

Beispielformulierungen

Bewerberin: Guten Tag, Frau Kraft, noch mal vielen Dank für den Arbeitsvertrag. Dieser kam vorgestern bei mir an und ich habe ihn mittlerweile gegengelesen. Soweit passt alles für mich. Lediglich bei zwei Punkten habe ich noch eine Nachfrage.

Personalerin: Das freut mich, Frau Gräf. Welche beiden Punkte sind das?

Bewerberin: Erstens: Wir hatten im Vorstellungsgespräch festgehalten, dass ich nach der sechsmonatigen Probezeit bei guter Leistung ab dem siebten Monat eine Gehaltsanpassung in Höhe von 150 € monatlich erhalte. Das möchte ich gern wie besprochen im Arbeitsvertag vermerkt haben.

Personalerin: Das stimmt, Frau Gräf, das hatten wir besprochen. Das muss uns durchgerutscht sein. Bitte entschuldigen Sie. Unsere Arbeitsverträge sind Standardverträge und zusätzliche Vereinbarungen müssen immer extra aufgenommen werden.

Ich werde das veranlassen und Ihnen den korrigierten Vertrag umgehend zukommen lassen. Was ist der zweite Punkt?

Bewerberin: Ich werde übernächste Woche in Lübeck sein, um mir schon einmal Wohnungen anzuschauen. Da wollte ich fragen, ob es für Sie passt, wenn ich den unterschriebenen Vertrag einfach gleich persönlich vorbeibringe.

Personalerin: Das ist eine schöne Idee. Das können Sie gern machen. Rufen Sie einfach kurz davor an und dann kommen Sie direkt in die Personalabteilung zu mir.

Tipp

Besprochene Punkte schriftlich festhalten

Manchmal werden im Vorstellungsgespräch Punkte besprochen, die im Arbeitsvertrag festgehalten sein sollten, z. B. eine Gehaltserhöhung nach der Probezeit, eine erweiterte Homeoffice-Regelung, ein jährliches Weiterbildungsbudget oder die Privatnutzung eines Dienstwagens. Wenn solche Punkte im Arbeitsvertrag anders als vereinbart fehlen, muss dahinter keine böse Absicht stecken. Die meisten Arbeitsverträge sind Standardverträge. Zusätzliche Punkte werden mitunter versehentlich nicht aufgenommen, v. a. wenn eine Person mit dem Vertrag befasst ist, die nicht mit im Vorstellungsgespräch saß. Scheuen Sie sich nicht, beim Arbeitgeber anzurufen und diese Punkte anzusprechen!

DIE AKTUELLE STELLE KÜNDIGEN

Sobald Sie Ihren neuen Arbeitsvertrag unterschrieben haben und Ihnen auch die vom Arbeitgeber unterschriebene Ausfertigung vorliegt, können Sie Ihren aktuellen Arbeitsplatz – soweit Sie sich derzeit in Arbeit befinden – kündigen. Kündigen Sie als Arbeitnehmer Ihren Arbeitsvertrag, nennt man das Eigenkündigung. Dabei gilt es einige Dinge zu beachten, damit Sie rechtlich auf der sicheren Seite sind.

Kontakt halten

Ein unbefristetes Arbeitsverhältnis können Sie jederzeit unter Einhaltung der vertraglichen, tarifvertraglichen oder gesetzlichen Frist kündigen. Ein befristetes Arbeitsverhältnis ist nur dann ordentlich kündbar, wenn dies im Arbeitsvertrag, in einem Tarifvertrag oder einer Betriebsvereinbarung geregelt ist oder wenn Sie triftige Gründe für eine außerordentliche Kündigung haben. Ein triftiger Grund liegt vor, wenn eine Fortsetzung des Arbeitsverhältnisses nicht zumutbar ist, z. B. bei ausbleibendem Gehalt, Gefährdung von Leben und Gesundheit, Mobbing (das ist allerdings schwer nachzuweisen), gravierenden Verstößen gegen das Arbeitszeitgesetz oder Straftaten des Arbeitgebers.

Jede Kündigung bedarf der Schriftform mit eigenhändiger Unterschrift; das regelt § 623 BGB, nicht aber einer besonderen Form. Mündliche Kündigungen und Kündigungen per E-Mail, Telefax, SMS oder WhatsApp sind unwirksam. Kündigungen müssen eigenhändig unterschrieben sein, Kürzel, Scans oder Kopien der Unterschrift reichen nicht aus. Ein Kündigungsgrund muss nicht angegeben werden.

Fassen Sie sich kurz und bleiben Sie höflich. Das gilt v. a. dann, wenn Sie das Arbeitsverhältnis kündigen, weil Sie mit Ihrem Arbeitgeber im Streit liegen. Denken Sie daran, dass Sie noch ein Arbeitszeugnis brauchen.

Beispielformulierung

Sehr geehrter Herr,
hiermit kündige ich meinen bestehenden Arbeitsvertrag ordentlich und fristgerecht zum nächstmöglichen Datum.
Bitte bestätigen Sie mir den Erhalt meiner Kündigung und teilen Sie mir mit, wann der Arbeitsvertrag endet.
Außerdem bitte ich Sie um ein qualifiziertes Arbeitszeugnis.
Für die bisherige Zusammenarbeit und das Vertrauen, das Sie mir entgegengebracht haben, bedanke ich mich herzlich.
Mit freundlichen Grüßen

Kontakt halten

Der rechtswirksame Zugang der Kündigung muss unbedingt sichergestellt sein. Ihr Kündigungsschreiben muss also fristgerecht gegenüber dem zuständigen Empfänger abgegeben sein. Sie können Ihre Kündigung an das Personalbüro, in kleineren Betrieben an den Inhaber persönlich richten. Auch der oder die direkte disziplinarische

Vorgesetzte zählt zum empfangsberechtigten Personenkreis. Oder Sie geben Ihre Kündigung sowohl bei Ihrer oder Ihrem direkten Vorgesetzten als auch in der Personalabteilung persönlich ab. Lassen Sie sich den Empfang schriftlich mit Datum und Unterschrift bestätigen. Die Zusendung der Kündigung mit normaler Post ist zu riskant. Zur Not können Sie Ihre Kündigung per Einwurf-Einschreiben, besser noch durch einen Boten überbringen lassen, der die rechtzeitige Zustellung quittiert. Geben Sie Ihre Kündigung aber nicht zu früh ab; Sie wissen nicht, was noch kommt.

 **Miteinander reden**

Bevor Sie eine Eigenkündigung in der Personalabteilung abgeben, sollten Sie immer mit Ihrer direkten Chefin oder Ihrem direkten Chef sprechen. Das ist ein Gebot der Fairness und des guten Miteinanders. Denken Sie auch daran, dass es diese Person sein wird, die Ihnen ein Arbeitszeugnis ausstellt. Auch weil Sie auf eine gute Beurteilung Ihrer Leistungen und Ihres Verhaltens angewiesen sind, ist ein persönliches Gespräch hilfreich. Wenn sich der- oder diejenige nicht übergangen fühlt, haben Sie bessere Aussichten auf ein wohlwollendes Zeugnis.

DIE ABSAGE – WAS NUN?

Trotz aller Anstrengung und trotz aller Professionalität im Bewerbungsprozess: Wer sich bewirbt, muss mit Absagen rechnen und damit umgehen. Eine Absage kann viele Gründe haben, aber manchmal ist es auch ganz einfach: Es passt einfach nicht. Als Bewerberin oder Bewerber haben Sie bestimmte Dinge im Blick, die wirklich gut gelaufen sind. Aber es gibt immer auch Punkte, die Ihrem Blick verborgen bleiben. Mitunter ist auch schon von vornherein klar, dass eine offiziell ausgeschriebene Stelle mit einem bestimmten internen Bewerber besetzt werden soll. Die Ausschreibung diente nur der Erfüllung gesetzlicher Vorgaben. Und Sie waren von vornherein ohne jede Chance. Das ist bitter, kommt aber vor.

Kontakt halten

Halten Sie sich nicht lange mit einer Absage auf, aber gehen Sie distanziert damit um.

Professionell reagieren

Sie haben Ihr Bestes gegeben und sich nach allen Regeln der Kunst beworben. Alles sah zunächst gut aus und Sie hatten große Hoffnung, dass es mit der Stelle klappen würde. Dann kommt doch eine Absage. Enttäuschung und vielleicht auch Frustration sind da ganz normal. Gerade jetzt ist es wichtig, dass Sie Ihr Auftreten gegenüber dem potenziellen Arbeitgeber von Ihren Gefühlen trennen.

Schlafen Sie eine Nacht oder zwei Nächte über die Absage. Dann rufen Sie im Unternehmen an oder Sie schreiben eine E-Mail und bitten um ein Feedback. Dieser letzte Kontakt kann erfreuliche Auswirkungen haben.

- Sie signalisieren dem Unternehmen, dass Sie professionell mit Enttäuschungen umgehen können – und bleiben dadurch vielleicht sogar noch im Rennen, wenn die bevorzugte Mitbewerberin oder der bevorzugte Mitbewerber absagt.
- Sie erhalten möglicherweise ein Feedback zu Ihrer Bewerbung und Ihrer Selbstpräsentation, das Sie nutzen können, um weitere Bewerbungen zu verbessern.

Außerdem hilft Ihnen der letzte Kontakt, den Bewerbungsprozess auch emotional abzuschließen. Erledigt. Vorbei.

Im Telefongespräch oder in Ihrer E-Mail sollten Sie sich kurz halten und freundlich bleiben. Danken Sie Ihrem Ansprechpartner für den professionellen Ablauf und die interessanten Einblicke in seine Firma oder Organisation. Bedanken Sie sich auch dafür, dass er oder sie sich so viel Zeit für Sie genommen hat. Bitten Sie um einen Tipp, was Sie bei zukünftigen Bewerbungen anders, besser machen können. Zum Schluss können Sie auch noch fragen, ob bei passenden offenen Stellen in Zukunft Interesse an Ihrer Bewerbung besteht.

Ein aussagekräftiges Feedback zu Ihrer Bewerbung werden Sie nur in den seltensten Fällen erhalten, da die meisten Arbeitgeber aus Gründen des Allgemeinen Gleichbehandlungsgesetzes (AGG) davor zurückschrecken. Dieses Gesetz verbietet die Diskriminierung wegen Alters, Geschlechts, Behinderung, sexueller Identität, Religion oder Weltanschauung sowie ethnischer Herkunft.

Abgelehnte Bewerber haben schon einige Prozesse wegen vermeintlicher oder tatsächlicher Diskriminierung angestrengt. Aus Angst vor weiteren Klagen vermeiden Arbeitgeber in aller Regel jegliche Aussage zum Ablehnungsgrund. Das heißt: Sie müssen sich in der Regel mit einer Standardaussage zufriedengeben, die üblicherweise etwa so lautet: »Bitte haben Sie Verständnis dafür, dass wir aus Gründen der Diskretion keine weitere Auskunft geben können, als dass ein anderer Kandidat fachlich noch besser für die Position geeignet war.« Dennoch besteht immerhin eine 50-prozentige Chance, dass Sie zumindest am Telefon Hinweise zu Ihrer Selbstpräsentation oder zu Ihrer Bewerbung erhalten.

Mit einem abschließenden Telefongespräch oder einer abschließenden E-Mail wird man Sie als angenehme Bewerberin oder angenehmen Bewerber in Erinnerung behalten. Und wer weiß – vielleicht waren Sie auf Platz zwei aller Kandidatinnen und Kandidaten und die Person auf Platz eins sagt die Stelle im letzten Moment doch noch ab; das kommt häufiger vor, als Sie vielleicht glauben. Schon wären Sie die Ersatz-Besetzung für die Stelle. Es hätte sich ausgezahlt, dass Sie den Kontakt bis zum Schluss gehalten und sich auch nach der Absage freundlich und verbindlich gezeigt haben. Denn für Arbeitgeber wäre die Hürde, Sie statt andere Bewerberinnen und Bewerber anzusprechen, niedriger.

Weitermachen

Strukturieren Sie Ihr weiteres Vorgehen. Planen Sie die nächsten Schritte. Prüfen Sie selbstkritisch Ihre Bewerbung und Ihr gesamtes Bewerbungsverhalten. Wo und wie können Sie sich noch verbessern?

- Lohnt es sich, das Bewerbungsziel zu überdenken?
- Haben Sie wirklich die richtigen Unternehmen bzw. Organisationen und die passenden Stellen ausgewählt?
- Haben Sie im Vorfeld Ihrer Bewerbung angerufen? Wäre ein Anruf sinnvoll gewesen?
- Haben Sie Ihr Anschreiben individuell auf diesen potenziellen Arbeitgeber zugeschnitten?
- Ist Ihr Lebenslauf kurz, übersichtlich, aussagekräftig und ansprechend aufbereitet?
- Haben Sie Ihrer Bewerbung alle relevanten Nachweise beigelegt?
- Haben Sie Ihre Bewerbung auf dem gewünschten Bewerbungsweg und in der geforderten Form eingereicht?
- Haben Sie im Bewerbungsprozess Kontakt zum Unternehmen gehalten, z. B. den Vorstellungstermin telefonisch bestätigt?
- Haben Sie sich intensiv auf das Vorstellungsgespräch vorbereitet?
- Konnten Sie sich im persönlichen Kontakt überzeugend selbst präsentieren?
- Lohnt es, sich eingehender mit den einschlägigen Tests zu befassen, die in Bewerbungsprozessen eingesetzt werden?
- Haben Sie nach dem Vorstellungsgespräch eine Nachfass-E-Mail geschrieben?

DIE FAHRTKOSTENABRECHNUNG

Die Fahrten zu Vorstellungsgesprächen können in einem Bewerbungsprozess ganz schön ins Geld gehen, zumal nicht alle Unternehmen in nächster Nähe zum Wohnort liegen dürften. Wer sich z. B. bundesweit bewirbt, sollte wissen, wer die Fahrtkosten und gegebenenfalls auch die Übernachtungs- und Verpflegungskosten übernimmt: der einladende Arbeitgeber oder Sie selbst?
Lädt Sie ein Arbeitgeber zu einem Vorstellungsgespräch ein, ist er grundsätzlich zur Übernahme der anfallenden Kosten verpflichtet. Aber es gibt auch Ausnahmen von dieser Regel.

Wann der Arbeitgeber zahlen muss ...

Sie haben Anspruch auf Erstattung der Kosten, die für ein Vorstellungsgespräch anfallen. Dazu gehören neben den Fahrtkosten auch eventuelle Übernachtungs- und Verpflegungskosten. Zur Vermeidung von
Missverständnissen ist es ratsam, offene Fragen dazu gleich bei der
Bestätigung des Vorstellungstermins zu klären, z. B. so: »Eine Frage
habe ich noch, Sie haben in Ihrer Einladung nichts zum Thema Fahrtkosten geschrieben. Was sollte ich beachten, wenn ich mich nächste
Woche auf den Weg nach Hamburg mache?« Eventuell erhalten Sie
sogar gleich beim ersten Gesprächstermin ein Formular, mit dem Sie
Ihre Fahrtkosten abrechnen können. Natürlich gilt es, Augenmaß zu
wahren. Wenn der einladende Arbeitgeber nur einen Katzensprung
von Ihrem Wohnort entfernt liegt, dann sollten Sie die Fahrtkosten
nicht – selbst nach einer Absage nicht – zum Thema machen und sie
auch nicht abrechnen; das würde kleinlich wirken.

... und wann nicht

Ein Arbeitgeber kann den Anspruch auf Erstattung der Kosten für das
Vorstellungsgespräch von vornherein ausschließen. Im Einladungsschreiben zum Vorstellungsgespräch lesen Sie dann z. B.: »Bitte haben
Sie Verständnis dafür, dass wir Kosten, die Ihnen im Zusammenhang
mit Vorstellungsgesprächen bei uns entstehen, nicht übernehmen
können.« Mit diesem Ausschluss müssen Sie alle Kosten tragen – was
je nach Anzahl Ihrer Bewerbungen und Anfahrten ganz schön ins Geld
gehen kann.
Erfahrungsgemäß legen Arbeitgeber in der Einladung zum Vorstellungsgespräch konkret fest, welche Kosten sie später erstatten. Das
können z. B. ausschließlich Reisekosten bis zur Höhe der Fahrtkosten
mit der Bahn zweiter Klasse vom Wohnort zum Ort des Vorstellungstermins sein. Je nach Stelle – meistens bei schwer zu besetzenden und
gehobenen Positionen – werden Arbeitgeber aber auch Anreize
bieten. Dann werden Sie ausdrücklich darüber informiert, dass neben
den Reisekosten auch Hotel- und Verpflegungskosten übernommen
werden. Auch hier gilt: Im Zweifel offene Fragen gleich bei der persönlichen Bestätigung des Vorstellungstermins klären.

Kontakt halten

Ohne vorherige Information darüber, welche Kosten für die Reise zum Vorstellungsgespräch vom potenziellen Arbeitgeber übernommen werden, haben Sie einen gesetzlichen Anspruch auf Erstattung der erforderlichen und erstattungsfähigen Vorstellungskosten gemäß § 670 BGB. Erstattungsfähig sind alle Aufwendungen, die Sie nach sorgfältiger Prüfung für erforderlich halten durften. Die Erforderlichkeit bestimmt sich auch nach der Bedeutung der ausgeschriebenen Stelle und dem üblicherweise gezahlten Entgelt. Erstatten lassen können Sie sich die Kosten für die Anreise mit öffentlichen Verkehrsmitteln zweiter Klasse. Reisen Sie mit eigenem Fahrzeug an, richtet sich der Erstattungsbetrag nach den steuerlichen Bestimmungen über die Abgeltung der Benutzung eines Privatfahrzeugs für Dienstreisen. Derzeit sind das 0,30 € pro gefahrenem Kilometer.

Tipp **Fahrtkosten von der Steuer absetzen**

Sie können Ihre Fahrtkosten zu einem Vorstellungsgespräch, soweit Sie diese selbst zahlen, mit 0,30 € pro gefahrenem Kilometer in Ihrer Steuererklärung als Werbungskosten geltend machen. In Ihrer Einkommensteuererklärung geben Sie unter »Bewerbungskosten« einfach einen Punkt »Fahrtkostenpauschale: x km am [Datum]« an. Als Betrag geben Sie das Ergebnis Ihrer eigenen Berechnung an, z. B.: 150 × 0,30 € = 45,00 € = abzugsfähige Fahrtkosten. Zusätzlich können Sie bei einer Abwesenheit von zu Hause von mehr als 8 Stunden die Verpflegungspauschale von derzeit 14 € und bei Abwesenheit von 0:00 bis 24:00 Uhr 28 €. Waren Sie länger als 24 Stunden unterwegs, können Sie am An- und Abreisetag jeweils weitere 14 € absetzen – auch dann, wenn Sie die sonst geforderte Mindestabwesenheit von 8 Stunden nicht erreichen.

Sollten Sie bei der Agentur für Arbeit arbeitslos gemeldet sein und Arbeitslosengeld erhalten, dann erstattet diese die Fahrtkosten. Darauf haben Sie aber nur Anspruch, wenn der einladende Arbeitgeber die Kostenerstattung ausgeschlossen hat und Sie die Kostenübernahme rechtzeitig vorher beantragen. Informieren Sie sich bei Ihrem Berater über die Höhe der Kostenerstattung und über den Antrag.

Lädt Sie eine Personalvermittlung zu einem Vorstellungsgespräch ein, so ist grundsätzlich deren Auftraggeber, sprich der potenzielle Arbeitgeber, und nicht die Vermittlung selbst zum Ersatz der Kosten verpflichtet. Aber auch hier kann die Kostenübernahme mit der Einladung, also vor dem Gesprächstermin, ausgeschlossen werden. Der Abschluss eines Arbeitsvertrages ist keine Bedingung für den Anspruch auf Kostenerstattung: Sie können die Kosten abrechnen, ob Sie nun die ausgeschriebene Stelle erhalten oder auch nicht. Auch hier gilt: Klären Sie offene Fragen zur Kostenübernahme im Vorfeld mit Ihrer Personalvermittlung, um spätere Missverständnisse oder gar Streitigkeiten zu vermeiden.

Was mache ich, wenn ...?

Beim Bewerben geht es immer um das gleiche Ziel: um einen Arbeitsvertrag für eine neue Stelle. Dazu tauchen Fragen auf, je nachdem, an welchem Punkt Sie in Ihrer Karriere stehen. Welche besonderen Dinge in welchen besonderen Situationen zu beachten sind, erfahren Sie im nächsten Kapitel.

Der Wiedereinstieg nach der Elternzeit, die Bewerbung aus der Arbeitslosigkeit, der Stellenwechsel mit 50 plus, eine Bewerbung mit Behinderung oder chronischer Krankheit und der Umgang mit Lücken im Lebenslauf: Es gibt viele besondere Situationen, in denen Sie bestimmte Dinge beachten müssen, damit Ihre Bewerbung Aussicht auf Erfolg hat.

TIPPS FÜR BESONDERE SITUATIONEN

Viele Stellenausschreibungen scheinen standardisiert und allein auf Bewerberinnen und Bewerber mit einem ebenso standardisierten Lebenslauf zugeschnitten zu sein. Dabei sind Bewerberinnen und Bewerber mit dem Ideallebenslauf oder dem Idealprofil für eine bestimmte Stelle sehr, sehr selten. Die allermeisten können nur einen Großteil der Anforderungen, aber keineswegs alle erfüllen. Und viele sind in einer besonderen Situation, die die Aussicht auf eine Stelle zu verstellen scheint – aber keineswegs unmöglich macht! Jedenfalls dann, wenn der Umgang mit der persönlichen Situation angemessen professionell wirkt.

Wiedereinsteigen nach Elternzeit

Mit Kind denkt man anders. Die Werte, Ziele, Bedürfnisse und Möglichkeiten ändern sich. Je nach Familien-, Karriere- und Lebensmodell ist es für Mütter und Väter schlichtweg nicht mehr möglich, viel mehr als acht Stunden am Tag zu arbeiten. Es wird auch schwierig für sie, Abendveranstaltungen zu besuchen, Schichtdienste zu übernehmen, berufliche Anwesenheitspflichten mit den Kita-Öffnungszeiten in Einklang zu bringen oder auf Dienstreisen zu gehen. Viele Wiedereinsteiger wollen das auch gar nicht mehr.

Nach der Elternzeit einfach wieder zum früheren Arbeitgeber zurückzukehren, ist für viele Mütter oder Väter gar nicht so einfach. Viele

Was mache ich, wenn …?

können oder wollen entweder nur in Teilzeit wieder einsteigen, oder sie stellen ihre bisherige Position infrage. Sie suchen nach einer sinnstiftenden Tätigkeit bzw. nach einem Job, der ihnen richtig Spaß macht.

Wer sich nicht schon vor der Schwangerschaft, vor dem Mutterschutz und der Geburt – am besten zusammen mit der Partnerin oder dem Partner – Gedanken darüber gemacht hat, wie sich Kind und Karriere vereinbaren lassen, sollte spätestens gegen Ende der Elternzeit klären, was sie bzw. er will und kann und was machbar ist.

Machbar heißt: das Berufsziel muss zur ganzen Familie und zum Lebensmodell passen. Auch die Finanzen spielen eine Rolle. Eine Teilzeitstelle oder eine komplette berufliche Neuorientierung muss man sich leisten können. Deswegen ist es für viele sinnvoll, zum bisherigen Arbeitgeber zurückzukehren.

Wiedereinsteigen beim bisherigen Arbeitgeber

Viele Frauen vor der Zeit des Mutterschutzes und viele Frauen und Männer vor der Elternzeit führen ein Gespräch mit ihrem Arbeitgeber. Darin werden die Einzelheiten vereinbart und anschließend schriftlich festgehalten, v. a. die Länge der Elternzeit und die Rückkehr danach. Wenn Sie an einem Wiedereinstieg beim bisherigen Arbeitgeber interessiert sind, können und sollten Sie mit Ihrer Chefin oder Ihrem Chef konkret besprechen, wie Sie während Ihrer Abwesenheit den Kontakt halten können. Art und die Intensität des Kontaktes hängen von der Position und den Aufgaben ab, die Sie vor dem Mutterschutz bzw. der Elternzeit innehatten. Auf gehobenen, qualifizierten Positionen kann es wichtig sein, den Zugang zum E-Mail-Account und zum Intranet des Arbeitgebers zu behalten, um über die wichtigsten Entwicklungen informiert zu bleiben. Auch monatliche telefonische Jour-fixe-Termine mit dem oder der Vorgesetzten können helfen, auf dem Laufenden zu bleiben.

Je näher der Wiedereintritt rückt, desto sinnvoller sind gelegentliche persönliche Treffen mit Kolleginnen, Kollegen und Vorgesetzten. Klären Sie im Vorfeld der Elternzeit Ihre beruflichen Ziele, die Erwartungen Ihres Arbeitgebers und die Anforderungen, die Ihre Position mit sich bringt. Klären Sie, wie viel Kontakt Sie während Ihrer Abwesenheit für sinnvoll und machbar halten. Vergessen Sie nicht: Kinder zu haben, verändert vieles und erfordert Zeit und Energie. Überfordern Sie sich nicht und genießen Sie die Elternschaft.

Wiedereinsteigen bei einem neuen Arbeitgeber

Womöglich entscheiden Sie sich aber auch dafür, nach Ihrer Elternzeit nicht wieder beim bisherigen Arbeitgeber einzusteigen, sondern sich neu zu orientieren. In diesem Fall sollten Sie bei Ihren Bewerbungen einiges beachten, um Ihre Chancen zu steigern. Der wichtigste Punkt: Setzen Sie sich ein realistisches Bewerbungsziel. Fragen Sie sich, was wirklich machbar ist. Diese Fragen helfen Ihnen dabei:

- Arbeitszeit: Teilzeit oder Vollzeit?
- Mobilität: Wie weit und wie lange können Sie täglich pendeln?
- Gehalt: Wie viel müssen Sie mindestens verdienen?
- Ist die Versorgung des Kindes bzw. der Kinder sichergestellt?
- Was machen Sie, wenn ihr Kind krank wird?

Eine Familie zu gründen, heißt Prioritäten zu setzen. Sprechen Sie mit Ihrer Partnerin bzw. Ihrem Partner über Ihr gemeinsames Familien-, Karriere- und Lebensmodell. Für einen oder beide Beteiligten bedeutet ein Kind – zumindest temporär – weniger Zeit und Energie für die Karriere.

Für Arbeitgeber sind v. a. zwei Punkte wichtig: dass Ihre Familienarbeit gut organisiert ist und Ihre Qualifikation. Auf zwei Dinge legen potenzielle Arbeitgeber v. a. Wert:

- Die Versorgung Ihres Kindes (Ihrer Kinder) – auch im Krankheitsfall – sollte sichergestellt sein. Vermitteln Sie die Sicherheit, dass Sie für die Position, die Aufgabe und die Arbeitszeit, für die Sie sich bewerben, zeitlich voll zur Verfügung stehen können und einsatzfähig sind. Falls dies nicht oder nur eingeschränkt möglich ist, spielen Sie mit offenen Karten. Wenn ein Arbeitgeber dafür Verständnis zeigt, dann bildet das eine gute Grundlage für eine längerfristige Anstellung. Wenn nicht, ist es besser, wenn das bereits im Vorstellungsgespräch deutlich wird – auch wenn Ihre Chancen zumindest in der freien Wirtschaft damit geringer sind.
- Sie können darlegen, dass Sie während Ihrer Elternzeit beruflich am Ball geblieben sind, sich z. B. fachlich fortgebildet haben und deshalb auf dem neuesten Stand sind, auch was jüngste Entwicklungen in Ihrem Berufsfeld angeht. Das ist besonders wichtig,

wenn Sie eine längere Elternzeit von mehr als einem Jahr einge-
legt haben. Sollten Sie keine Weiterbildungen absolviert haben,
zeigen Sie sich lernbereit und lernfähig, zu einer intensiven Einarbeitung bereit und akzeptieren Sie die finanziellen Abstriche,
die damit womöglich einhergehen.

Viele Arbeitgeber, selbst Arbeitgeber aus Branchen mit Fachkräfte-
mangel, haben sich noch nicht auf die Herausforderungen junger
Eltern eingestellt, obwohl diese völlig natürlich sind. Deshalb müssen
Sie Ihre Einsatzfähigkeit und Ihre Qualifikation deutlich betonen.
Nutzen Sie dazu die Möglichkeiten aller Phasen des Bewerbungspro-
zesses: das erste Telefonat, das Anschreiben, den Lebenslauf und das
Vorstellungsgespräch.

Beispielformulierung

Herr Meier, Sie werden in meinen Bewerbungsunterlagen sehen,
dass ich nach zwei Jahren Elternzeit wiedereinsteigen will. Deshalb
rufe ich Sie an. Ich möchte Ihnen zwei Dinge versichern. Zum
einen, dass ich mich besonders im letzten Jahr der Elternzeit
vorbereitend auf den Wiedereinstieg im Fachbereich … fortgebildet habe und auf dem neuesten Stand bin. Und zweitens, dass die
Versorgung meiner Tochter durch meinen Partner (meine Partnerin / meine Eltern / Schwiegereltern) sichergestellt ist, auch wenn
sie krank wird. Ich kann Ihnen also gut qualifiziert und voll
einsatzbereit für diese spannende Position zur Verfügung stehen.

Beispielformulierung

Wie telefonisch besprochen möchte ich Ihnen noch einmal
versichern, dass die Versorgung meiner Tochter auch im Krankheitsfall durch meinen Partner jederzeit sichergestellt ist. Für die
spannende Position als … bringe ich außer meinen Qualifikationen in … und meinen Berufserfahrungen in … eine aktuelle
Fortbildung im Bereich … sowie die Bereitschaft zur Fortbildung
im Bereich …, gern auch auf eigene Kosten, mit.

Was mache ich,
wenn …?

Im Lebenslauf genügt ein kleiner Hinweis bei den persönlichen Daten. Unter Ihrem Namen, Ihrem Geburtsdatum und -ort, dem Familienstand und der Zahl sowie dem Alter Ihrer Kinder schreiben Sie einfach: »Versorgung meiner Tochter auch im Krankheitsfall durch den Partner sichergestellt« oder »Versorgung der Kinder auch im Krankheitsfall durch Großeltern sichergestellt«. Fortbildungen während Ihrer Elternzeit oder die Bereitschaft, solche auf sich zu nehmen, heben Sie unter der entsprechenden Rubrik hervor.

Ähnlich wie im ersten telefonischen Kontakt sollten Sie Ihrem Gesprächspartner im Vorstellungsgespräch die Sicherheit vermitteln, dass Sie für die Position, für die Aufgaben und für die Arbeitszeit, für die Sie sich bewerben, ganz zur Verfügung stehen und Ihre Kinder selbst im Krankheitsfall versorgt sind. Außerdem betonen Sie Ihre Lernbereitschaft und -fähigkeit sowie kürzlich absolvierte oder anstehende Fortbildungen, mit denen Sie sich fit für den Wiedereinstieg machen. Ihnen mag das übertrieben und vielleicht auch ungerecht vorkommen. Doch fragt man Arbeitgeber nach ihrer größten Sorge bei der Einstellung von Wiedereinsteigern, dann ist es genau dieser Punkt: dass junge Eltern nicht ausreichend einsatzbereit sind und dass es zudem an aktuellem Wissen für die Position fehlt, auf die sie sich beworben haben.

Moderne Arbeitgeber haben auf die Herausforderungen junger Eltern bereits reagiert. Sie bieten Wiedereinsteigern familienfreundliche Arbeitsplätze mit flexibleren Arbeitszeiten, erweiterten Homeoffice-Regelungen, Betriebs-Kitas und zusätzliche freie Tagen für den Fall einer Erkrankung des Nachwuchses. Sie haben ein Budget speziell für die Weiterbildung von Wiedereinsteigern und ermöglichen sie auch während der Elternzeit. Vielleicht lohnt es sich, speziell nach solchen Arbeitgebern Ausschau zu halten.

Bewerben aus Arbeitslosigkeit

Wer seinen Job verloren hat und vielleicht schon seit mehreren Monaten nach einer neuen Arbeit sucht, dem bzw. der kann es an Motivation mangeln, sich intensiv weiter zu bewerben. Doch genau das ist wichtig, denn bei der Stellensuche aus der Arbeitslosigkeit heraus tickt die Uhr. Arbeitslose müssen sich also ganz besonders anstrengen.

Dazu gehört: Bewerben Sie sich konsequent und systematisch. Verschicken Sie parallel mehrere Bewerbungen und reagieren Sie schnell auf Stellenanzeigen. Machen Sie neben der Stellensuche etwas, das Arbeitgebern zeigt, dass Sie aktiv sind. Übernehmen Sie beispielsweise ein Ehrenamt.

Je länger arbeitslos, desto schwieriger wird es, Arbeit zu finden. Das hat v. a. zwei Gründe: Erstens leidet Ihr Selbstvertrauen – wegen der fehlenden Strukturierung Ihres Tages durch die Arbeit und der fehlenden Möglichkeit, Ihre Fähigkeiten unter Beweis zu stellen. Auch der Mangel an Sozialkontakten und nicht zuletzt das geringe Einkommen (in Form von Arbeitslosengeld) sind nicht gut fürs Selbstwertgefühl. Mit der Zeit nimmt Ihre Überzeugungskraft ab, das zeigt sich in den Bewerbungsunterlagen ebenso wie bei der Selbstpräsentation in Vorstellungsgesprächen. Zweitens fragt sich ein potenzieller Arbeitgeber nach längerer Arbeitslosigkeit unwillkürlich, warum Sie so lange keine Stelle gefunden haben. Er macht sich Sorgen, ob Sie sich überhaupt noch in eine Arbeitsstruktur eingliedern lassen und inwieweit Sie noch leistungsbereit und leistungsfähig sind.

Aus einer Arbeitslosigkeit heraus sollten Sie sich deshalb sehr konsequent und systematisch bewerben. Bestimmen Sie sich konkrete Vorsätze, z. B.: »Dreimal pro Woche recherchiere ich nach Stellenanzeigen. Mein Ziel ist, mindestens zehn passende Stellen zu finden und damit zehn Bewerbungen pro Woche fertigzustellen und zu versenden. Damit will ich bis … mindestens eine Einladung zum Vorstellungsgespräch bekommen, besser zwei.« Erstellen Sie sich einen realistischen Aktionsplan, beispielsweise ein Vier-Stunden-Zeitfenster an jedem Morgen von Montag bis Freitag. In dieser Zeit verfolgen Sie Ihr berufliches Fortkommen. Setzen Sie das, was Sie sich vornehmen, konsequent um. Lassen Sie sich nicht ablenken oder von Absagen demotivieren. Bewerben Sie sich gleichzeitig auf mehrere Stellen. Reagieren Sie, so schnell es Ihnen möglich ist, auf neue Stellenausschreibungen. Bewerben Sie sich bei so vielen potenziellen Arbeitgebern wie möglich (der Hauptgrund, warum Menschen keine Arbeit finden, ist die viel zu geringe Anzahl an Bewerbungen).
Wichtig: Schließen Sie als potenzielle Arbeitgeber auch Zeitarbeitsfirmen nicht aus. Denn Zeitarbeit kann langfristig durchaus zu einem

festen Arbeitsplatz führen. Sie gibt Ihnen die Möglichkeit, in viele Unternehmen bzw. Organisationen hineinzuschnuppern. Zudem gewährleistet Ihnen Zeitarbeit zumindest Ihre soziale Absicherung, also die Einzahlungen in Kranken- und Pflegekasse, Renten- und Arbeitslosenversicherung.

Zeigen Sie, dass Sie aktiv sind

Weil Arbeitslosigkeit destabilisierend wirken und potenzielle Arbeitgeber verunsichern kann, sollten Sie in Phasen der Arbeitslosigkeit, die länger als drei Monate dauern, unbedingt neben Ihren Bewerbungsaktivitäten netzwerken und streuen, dass Sie eine Stelle suchen. Übernehmen Sie außerdem ein Ehrenamt oder andere verantwortungsvolle Aufgaben, z. B. auch in der Familie. Vom ersten Telefonkontakt an mit einem Unternehmen über Ihre Bewerbungsunterlagen bis zum Vorstellungsgespräch können Sie Ihre Ansprechpartner darüber informieren, womit Sie sich parallel zu Ihrer intensiven Arbeitsplatzsuche beschäftigen, z. B.:

- Sie kümmern sich um Ihre Kinder, Ihre pflegebedürftigen Eltern, die Nachbarn, ums eigene Haus.
- Sie machen eine Fortbildung, beschäftigen sich mit Fachliteratur, erlernen autodidaktisch den Umgang mit einer neuen Software.
- Sie haben einen Minijob angenommen, um wenigstens etwas Geld zu verdienen.
- Sie engagieren sich ehrenamtlich, z. B. in der Kirche oder im Verein.

Auf die Frage im Vorstellungsgespräch, was Sie aktuell machen, können Sie dann einfach und überzeugend antworten, z. B.: »Ich suche intensiv nach einer passenden neuen Arbeit und parallel engagiere ich mich stärker als sonst in unserer Gemeinde. Da gibt es gerade im Bereich der Flüchtlingshilfe momentan viel zu tun.«
Im Anschreiben steht ein nachvollziehbarer Satz zu Ihrer aktuellen Situation, z. B.: »Aktuell befinde ich mich in einer beruflichen Veränderungssituation. Neben der Suche nach einer neuen beruflichen Herausforderung sorge ich für meinen pflegebedürftigen Vater.«
In Ihrem Lebenslauf beschreiben Sie die aktuelle Station z. B. als »aktive und intensive Suche nach einem passenden beruflichen Wirkungs-

Was mache ich, wenn ...?

feld«. Erwähnen Sie dabei beispielsweise auch den »Auffrischungskurs in Business-Englisch« oder einen »Computerkurs«.

Mit dieser Art von sinnvollen Aktivitäten auch neben einer länger andauernden Jobsuche vermitteln Sie einem potenziellen Arbeitgeber die nötige Sicherheit. Denn mit dieser Information können Personalverantwortliche Sie besser einschätzen und einordnen. Außerdem hilft Ihnen das Aktivsein selbst, um Ihren Alltag zu strukturieren, um mit Menschen in Kontakt zu kommen, dadurch psychisch stabil zu bleiben und sich entsprechend überzeugend zu präsentieren, wenn es darauf ankommt.

Bewerben mit 50 plus

Egal ob Sie sich freiwillig oder gezwungenermaßen auf eine neue Stelle bewerben: Mit 50 plus ist es selbst bei Fachkräftemangel eine Herausforderung, potenzielle Arbeitgeber davon zu überzeugen, dass es sich lohnt, Sie kennenzulernen.
Bewerberinnen und Bewerber, die älter als 50 Jahre sind, gelten vielen Arbeitgebern als »zu teuer«, »weniger lernbereit und lernfähig«, »stur« und »unflexibel« und »weniger belastbar als jüngere Mitarbeiterinnen und Mitarbeiter«. Kein Arbeitgeber würde zugeben, dass auch er so denkt. Leider ist das aber Realität. Sie werden damit umgehen müssen, wenn Sie auf dem Arbeitsmarkt eine Chance haben wollen. Die Herausforderung besteht darin, potenzielle Arbeitgeber davon zu überzeugen, dass es sich für sie lohnt, Sie einzustellen.

Gehaltsvorstellungen

Recherchieren Sie nach den marktüblichen Gehältern für Stellen wie die, auf die Sie sich bewerben (↗ S. 225). Teilen Sie potenziellen Arbeitgebern mit, dass Sie beim Thema Gehalt realistische, d. h. dem Standort, der Branche, der Unternehmensstruktur, dem Berufsfeld, aber auch der Position, der Verantwortung, den Aufgaben und Ihrer Qualifikation entsprechend angemessene Vorstellungen haben. Signalisieren Sie darüber hinaus Verhandlungsbereitschaft. Das machen Sie mit einer entsprechenden Formulierung im Anschreiben, mit einer marktüblichen Gehaltsangabe im Onlineformular und in der Gehaltsverhandlung im Vorstellungsgespräch. Auch wenn es schwerfällt: Gehen Sie nicht selbstverständlich davon aus, dass Sie auf einer neuen Position genauso viel oder vielleicht sogar noch mehr verdienen als bisher.

Lernbereitschaft und Lernfähigkeit

Zeigen Sie durch regelmäßige Fortbildungen, dass Sie nicht nur lernfähig, sondern auch lernbereit sind. Ihre letzte Fortbildung sollte nicht länger als einige Monate zurückliegen. Das muss keine teure und lange Weiterbildung sein: Ein Englisch- oder Excel-Kurs bei der Volkshochschule, ein eintägiger Kommunikations-Workshop oder ein Fachseminar zu einer technischen Frage bei IHK oder Handwerkskammer genügen, um einem Arbeitgeber zu zeigen, dass Sie fit sind für den Arbeitsmarkt. Selbst ein Erste-Hilfe-Auffrischungskurs erfüllt diesen Zweck, v. a. in Berufen, wo Sie beispielsweise Kinder oder Jugendliche betreuen. Informieren Sie Ihre Ansprechpartnerin bzw. Ihren Ansprechpartner im Ersttelefonat darüber. Erwähnen Sie das in Ihrem Anschreiben. Führen Sie Ihre Weiterbildungen im Lebenslauf auf und teilen Sie Ihren Interviewerinnen oder Interviewern im Vorstellungsgespräch mit, dass Sie sich regelmäßig fortbilden. Das können Sie – wo es passt – ungefragt tun oder als Antwort auf die Frage: »Wann haben Sie Ihre letzte Fortbildung besucht?«

Offenheit

Wie offen sind Sie gegenüber technischen Veränderungen? Wie tolerant gegenüber Vorgesetzten, Kolleginnen und Kollegen unterschiedlicher Generationen und Kulturen? Unsere Arbeitswelt wird von zwei Megatrends bestimmt: Digitalisierung und Diversität. Eine offene und tolerante Einstellung ist wichtig, um mit verschiedenen Menschen zusammenarbeiten zu können und um mit dem technischen Wandel klarzukommen. Zeigen Sie einem potenziellen Arbeitgeber klar und deutlich, dass Sie diese Einstellung mitbringen. Berichten Sie im Vorstellungsgespräch z. B. von Ihrer aktuellen oder zurückliegenden Tätigkeit und dass Sie in Projektteams, im Verkauf oder in der Produktion mit Kolleginnen und Kollegen aus unterschiedlichen Kulturen zurechtkommen und ebenso mit Vertreterinnen und Vertretern verschiedener Generationen.

Flexibilität

Wie flexibel sind Sie, wenn es um die Arbeitszeiten, um den Arbeitsort und um die Arbeitsbedingungen generell geht? Wie beweglich reagieren Sie auf sich verändernde Situationen, Personen und Aufgaben? Signalisieren Sie einem möglichen Arbeitgeber, dass Sie flexibel mit Veränderungen umgehen können. Zeigen Sie ihm Ihre Veränderungsbereitschaft und -fähigkeit. Beispielsweise könnten Sie im ersten telefonischen Kontakt sagen: »Ich bin zeitlich sehr, sehr flexibel, da meine Kinder bereits groß und aus dem Haus sind« oder »In meiner bisherigen Tätigkeit gab es in den vergangenen Jahren zahlreiche technische Veränderungen, mich darauf einzustellen, fällt mir leicht«.

Belastbarkeit

Wie fit sind Sie? Wie viele krankheitsbedingte Fehltage hatten Sie in den vergangenen fünf Jahren? Wie oft bewegen Sie sich? Treiben Sie vielleicht sogar Sport? Wenn Sie uneingeschränkt fit und gesund sind, teilen Sie das einem potenziellen Arbeitgeber mit. Im Lebenslauf ist der richtige Ort dafür z. B. die Kategorie »Stärken«. Fügen Sie beispielsweise folgende Aufzählungspunkte hinzu: »Weniger als fünf Krankheitstage in den vergangenen fünf Jahren« und »Fit und belastbar durch regelmäßigen Sport«.

Sollten Sie jedoch gesundheitlich so eingeschränkt sein, dass es Auswirkungen auf Ihren Arbeitsplatz hat, dann lügen Sie einem potenziellen Arbeitgeber nichts vor. Bewerben Sie sich bei geeigneten Arbeitgebern und gehen Sie im Bewerbungsprozess so offen wie offensiv damit um. Zeigen Sie, wie Sie Ihre Arbeit trotzdem bewältigen und welche Tätigkeiten Sie nach wie vor uneingeschränkt ausüben können. Beispiel: »Trotz einer Schwerhörigkeit kann ich gut telefonieren. Ich brauche dazu lediglich ein Telefon mit Induktionsspule, das üblicherweise aber vom Integrationsamt bezuschusst wird«.

Vielleicht scheinen Ihnen diese Tipps übertrieben oder auch ungerecht. Immerhin verfügen Sie über gut 20 bis 30 Jahre Berufserfahrung und Sie sind ein alter Hase, dem man so schnell nichts vormachen kann. Doch fragt man Arbeitgeber danach, welches ihre größte Sorge bei der Einstellung von älteren Bewerben ist, dann sind es genau diese Punkte, die sie zögern lassen, Bewerberinnen und Bewerber von über 50 Jahren zu einem Vorstellungsgespräch einzuladen und einzustellen.

Wer mit den Sorgen der Personalentscheider offensiv umgeht, deren Bedenken ausräumt statt übergeht, erhöht die eigenen Bewerbungschancen immens.

Da der demografische Wandel in Deutschland nicht aufzuhalten und auch nicht mehr zu übersehen ist, entwickeln mehr und mehr Unternehmen innovative Personalkonzepte, die auf ältere Mitarbeiterinnen und Mitarbeiter ausgerichtet sind. Die Arbeitsmöglichkeiten orientieren sich an der sich im Laufe der Jahre verändernden Belastbarkeit und den Bedürfnissen älterer Bewerberinnen und Bewerber. Das reicht von mitfinanzierten Fitnessangeboten über regelmäßige Gesundheitschecks und Gesundheitskurse wie z. B. »Umgang mit Belastung und Stress« über größere Bildschirme, höhenverstellbare Schreibtische oder Werkbänke und besonders rückenfreundliche Sitzmöbel bis hin zu flexibleren Arbeitszeiten, erweiterten Homeoffice-Regelungen und zusätzlichen freien Tagen. Vielleicht lohnt es sich für Sie, mehr nach solchen Unternehmen Ausschau zu halten.

Bewerben mit Behinderung oder Erkrankung

Bewerben nach einem Burn-out, nach einem Herzinfarkt, mit einer chronischen Erkrankung oder Behinderung – wie kann ich das einem Arbeitgeber bloß erklären? Wer sich mit einem gesundheitlichen Handicap bewerben will, sollte einige Dinge beachten, um seine Chancen zu erhöhen.

Menschen mit Behinderung oder chronischer Erkrankung haben es bei der Stellensuche und im Beruf grundsätzlich nicht leicht. Viele Personalverantwortliche sind behinderten oder chronisch kranken Menschen gegenüber unsicher. Sie befürchten hohe Ausfallzeiten, Schwierigkeiten im Umgang mit Vorgesetzten und Kolleginnen bzw. Kollegen, Leistungseinschränkungen und die besonderen gesetzlichen Hürden bei Kündigungen. Glücklicherweise beschäftigen sich in den letzten Jahren immer mehr Personalverantwortliche intensiv mit den Themen Diversität und Inklusion. Allmählich ist ein Umdenken erkennbar. Dennoch gibt es immer noch Arbeitgeber, bei denen die Vorurteile und Ängste überwiegen. Das müssen Sie bei Ihren Bewerbungen wissen und berücksichtigen. Die Frage lautet im Einzelfall immer: Wie offen können oder müssen Sie mit Ihrem Handicap umgehen? Auf der Suche nach neuen Mitarbeitern achten alle Unternehmen darauf, möglichst qualifizierte und leistungsfähige Bewerberinnen und Bewerber zu rekrutieren. Eine längere Krankheitsphase, eine Behinderung oder chronische Krankheit könnte Zweifel an Ihrer Belastbarkeit und Leistungsfähigkeit wecken. Auch wenn Sie in Ihren Bewerbungen keine falschen Angaben machen sollten – auch um eine spätere fristlose Kündigung aufgrund einer arglistigen Täuschung zu vermeiden –, hängt es stark vom Einzelfall ab, was Sie sagen müssen, können und sollten und was nicht.

Bewerber und Bewerberinnen sind gesetzlich dazu verpflichtet, einen potenziellen Arbeitgeber über eine Behinderung oder chronische Krankheit zu informieren, sofern diese arbeitsplatzrelevant ist. Das gilt etwa, wenn die Leistungsfähigkeit eingeschränkt ist oder Ihre Gesundheit bzw. die Gesundheit anderer beeinträchtigt wäre. Ein Arbeitgeber muss wissen, inwieweit Sie bei der vorgesehenen Tätigkeit eingeschränkt sind. Können Sie etwa wegen eines Herzinfarkts keine große Belastung mehr vertragen, dann sollten Sie im Vorstellungsgespräch auf die Frage »Warum nur Teilzeit?« mit Ihrer eingeschränkten Stressstabilität aufgrund des Herzinfarktes antworten. Bei gefragten Stellen, z. B. als IT-Berater, können Sie darüber verhandeln, wie viele Kunden Sie betreuen, welche Reisen Sie übernehmen können und welche nicht – natürlich alles im Rahmen des Anforderungsprofils (↗ S. 45 ff.). Wenn Ihre Einschränkungen aber nicht arbeitsplatzrelevant sind, müssen Sie auch nicht darüber informieren.

Vorteile herausstellen

Selbstverständlich können Sie über Ihr Handicap informieren, v. a. wenn Sie dadurch sogar Vorteile sehen. Das kann der Fall sein, wenn Sie einen offiziellen Schwerbehindertenausweis haben: Unternehmen ab einer Größe von 20 Mitarbeitern sind gesetzlich dazu verpflichtet, mindestens fünf Prozent der Arbeitsplätze mit schwerbehinderten Menschen zu besetzen oder eine Ausgleichsabgabe zu entrichten. Wenn Ihr Handicap keine Auswirkungen auf Ihre Arbeitsleistung und Arbeitsqualität hat und Sie das einem potenziellen Arbeitgeber auch überzeugend mitteilen, könnten Sie deshalb durchaus bevorzugt eingestellt werden.

Krankheitsbedingte Ausfallzeiten im Lebenslauf

Schwierig wird es, wenn Sie lange Zeit ohne Festanstellung krank waren. Denn dann haben Sie für diese Zeit kein Arbeitszeugnis und im Lebenslauf klafft eine Lücke. Wenn es um zwei bis drei Monate geht, wird das meistens akzeptiert. Bei längeren Ausfallzeiten oder gar fehlenden Angaben werden Personaler misstrauisch; wahrscheinlich laden sie Sie gar nicht erst zu einem Vorstellungsgespräch ein. Für Ihre Bewerbungsunterlagen gilt deshalb: Alle krankheits- oder behinderungsbedingten Lücken benennen Sie im Lebenslauf einfach mit »Berufliche Pause aus privaten Gründen«. Damit stehen Sie zur Pause, geben jedoch erst einmal keinen Grund zur Besorgnis, denn »private Gründe« kann vieles bedeuten, z. B. die Pflege eines Angehörigen, eine lange Reise oder Weiterbildung.

Im Vorstellungsgespräch dürften Sie dann gefragt werden, was sich hinter den »privaten Gründen« verbirgt. Bleiben Sie hier so nah wie möglich an der Wahrheit. Denken Sie jedoch gleichzeitig daran, Ihrem Gesprächspartner Sicherheit zu geben, dass Sie einsatz- und leistungsfähig sind. Wenn wahrheitsgemäß, dann räumen Sie Befürchtungen im Hinblick auf künftige Ausfälle aus dem Weg. Wenn Ihnen ein Personalverantwortlicher oder eine Personalverantwortliche mit großem Argwohn und Misstrauen begegnet, dann ist das Unternehmen vielleicht auch kein geeigneter Arbeitgeber für Sie.

Sie werden mehr Bewerbungen schreiben, Gespräche führen und Zeit investieren müssen als andere, bis Sie ein passendes Unternehmen gefunden haben. Vielleicht lohnt sich, gerade in gefragten Berufen, etwa der Kranken- und Altenpflege, auch der Kontakt zu einer Zeitarbeitsfirma, die Ihnen womöglich mehr Flexibilität bieten kann als ein Krankenhaus oder Pflegeheim. Wenn Sie einen Job erhalten, dann bei einem Arbeitgeber mit einer Unternehmenskultur, die auf Diversität und Inklusion ausgerichtet ist.

TiPP **Die passenden Arbeitgeber**

Es gibt durchaus Arbeitgeber, die gegenüber Menschen mit Behinderung oder chronischer Krankheit besonderes offen sind. Sie wissen,
dass viele dieser Menschen sehr engagiert sind, schließlich müssen
sie ihre Einschränkungen Tag für Tag managen. Recherchieren Sie
im Internet nach solchen Unternehmen. Auf dem Onlineportal
www.myhandicap.de finden Sie umfangreiche Informationen zum
Thema und zudem spezielle Jobbörsen für Menschen mit Handicap.

HEIKLE PUNKTE IM BEWERBUNGS-PROZESS

Alle Arbeitgeber wollen möglichst qualifizierte und leistungsfähige
Bewerberinnen und Bewerber rekrutieren. Alles, wodurch Personalverantwortliche beim Studium Ihrer Bewerbungsunterlagen und durch
Ihr gesamtes Bewerbungsverhalten verunsichert werden könnte, lässt
sie zweifeln, ob Sie leistungsfähig und qualifiziert sind.

Lücken im Lebenslauf

»Was haben Sie in den acht Monaten seit Ihrer letzten Anstellung
gemacht?« Längere Phasen der Erwerbslosigkeit, die im Lebenslauf
nicht erklärt sind, führen schnell zu einer Absage. Sie erhalten dann
gar nicht erst die Chance, sich persönlich vorzustellen. Eine Lücke von
zwei bis drei Monaten wird meistens ohne weitere Erklärung akzeptiert. Bei längeren Lücken jedoch sollten Sie einen potenziellen Arbeitgeber darüber informieren, was Sie in der Zeit gemacht haben.
Das ist leicht, wenn Sie nach dem Hochschulabschluss den Berufseinstieg suchen und dafür mehrere Monate benötigen. Denn Arbeitgeber
wissen, dass der Start ins Berufsleben für Absolventinnen und Absolventen einer Hochschule – gerade mit einem geisteswissenschaft-
lichen Abschluss – nicht einfach ist. Hier schreiben Sie einfach: »Aktive
Stellensuche« oder »Phase des beruflichen Einstiegs« in Ihren Lebens-

lauf. Gleiches gilt, wenn Sie aus einer Arbeitslosigkeit heraus direkt eine neue Arbeit suchen und dafür länger brauchen. Im einen wie im anderen Fall sollten Sie spätestens nach drei Monaten erfolgloser Suche parallel zur Stellensuche zumindest als Minijobber arbeiten, sich weiterbilden oder sich ehrenamtlich engagieren – und das auch im Lebenslauf aufführen und im Vorstellungsgespräch erzählen.

Beispiele

Seit TT.MM.JJJJ	Aktive Stellensuche/Berufseinstieg
	Business-Englisch Sprachkurs
TT.MM.JJJJ–TT.MM.JJJJ	Hochschule X, Studium Y, Abschluss Z
Seit TT.MM.JJJJ	Aktive Stellensuche
	Ehrenamt: Flüchtlingshilfe
TT.MM.JJJJ–TT.MM.JJJJ	Arbeitgeber X, Position Y, Aufgaben Z

Gibt es eine krankheitsbedingte Lücke im Lebenslauf, ist es nicht so leicht, damit umzugehen. Angenommen, Ihre letzte Anstellung endete vor acht Monaten. Seither sind Sie krankheitsbedingt ausgefallen, vielleicht aufgrund eines Burn-outs. Dann können Sie diesen Zeitraum im Lebenslauf als »Berufliche Pause aus privaten Gründen« benennen. Sobald Sie wieder fit sind und aktiv einen neuen Job suchen, steht darüber »Aktive Stellensuche«.

Beispiel

Seit TT.MM.JJJJ	Aktive Stellensuche
TT.MM.JJJJ–TT.MM.JJJJ	Berufliche Pause aus privaten Gründen
TT.MM.JJJJ–TT.MM.JJJJ	Arbeitgeber X, Position Y, Aufgaben Z

Fragt Ihr Gegenüber im Vorstellungsgespräch danach, was diese privaten Gründe waren, unterliegen Sie nicht unbedingt der Informationspflicht (↗ S. 212 f.). Wenn doch, müssen Sie ehrlich antworten. Wenn nicht, dann können Sie sich entweder mit einer Notlüge aus der Affäre ziehen oder einfach die Wahrheit sagen. Seien Sie aber vorsichtig: Nur wenn Sie ganz und gar sicher sind, wirklich alle Zweifel an Ihrer Einsatz- und Leistungsfähigkeit ausräumen zu können, dann kann Ehrlichkeit angebracht sein. Wenn Sie dagegen befürchten müssen, dass die Personalverantwortlichen Sie ablehnen werden, dann sollten Sie sich mit einer Lüge behelfen und als private Gründe z. B. die Pflege eines Familienangehörigen oder eine längere Reise angeben. Aber Achtung: Diese Notlüge steht dann im Raum! Alles, was Sie anschließend sagen, muss kritischer Nachfrage standhalten.

Fehlende Berufserfahrung

Viele Berufseinsteigerinnen und Berufseinsteiger haben beim Karrierestart das gleiche Problem: Ihnen fehlt die von Arbeitgebern geforderte Berufserfahrung. Das ist so und das sollten Sie auch nicht leugnen. Es ist nicht besonders sinnvoll, sich auf Stellen zu bewerben, die ausdrücklich für berufserfahrene Arbeitskräfte ausgeschrieben werden. Besser suchen Sie nach passenden Positionen.

Aber im besten Fall haben Sie bereits während Ihres Studiums erste praktische Erfahrungen gesammelt: in der Freizeit, der Familie, im Rahmen von Praktika, an der Universität, im Nebenjob, in einem Ehrenamt oder in einer praxisbezogenen Bachelor- oder Masterarbeit. Und die Stellenausschreibung fordert nur »erste praktische Erfahrungen«. Überlegen Sie genau, wo Sie – angefangen bei Ihrer Schulzeit bis heute – Praxiswissen erworben haben.

Denken Sie wirklich an alles. Haben Sie den Pausenbrotverkauf in der Oberstufe organisiert? Haben Sie die Teichbau-AG im Ferienprogramm besucht? Waren Sie an der Hochschule als Tutorin oder Tutor aktiv? Haben Sie in der Familie Aufgaben übernommen, etwa den Einkauf für Ihre Großmutter, oder haben Sie Ihrem Vater bei seiner Arbeit geholfen? Haben Sie mit Ferienjobs Geld verdient, waren Sie Werkstudentin oder bezahlter Praktikant? Alle Praxis, die irgendeinen Bezug zur angestrebten Stelle hat, können Sie im Lebenslauf aufführen und im Gespräch erwähnen.

Auch berufserfahrenen Bewerbern und Bewerberinnen kann die eine oder andere geforderte Erfahrung fehlen. Dann lohnt es sich, den zuständigen Personalverantwortlichen oder die zuständige Personalverantwortliche vor der Bewerbung anzurufen. Bringen Sie Ihren verbalen Pitch vor und stellen Sie die entscheidende Frage: »Scheint Ihnen meine Bewerbung sinnvoll?« Wenn die Berufserfahrung eine Muss-Anforderung ist, wird es schwierig. Ist sie jedoch lediglich wün-

schenswert, von Vorteil oder eine ideale Ergänzung, und Sie erfüllen
alle anderen Anforderungen, wird Ihre Bewerbung willkommen sein.

Fehlende Qualifikation

Viele, die lange im gleichen Unternehmen und auf der gleichen Position gearbeitet haben, aber auch viele, die nach einer längeren Fami-
lienpause oder Krankheitsphase wiedereinsteigen wollen, sind nicht
mehr ganz auf dem neuesten Stand, was die am Markt geforderten
Qualifikationen anbelangt. Ob es um eingerostete Sprach- oder Com-
puter-Kenntnisse geht, um fehlende Nachweise von Fähigkeiten in der
Kundenkommunikation oder um Fortbildungsabschlüsse in Projekt-
oder Prozessmanagement: Fehlende Qualifikationen können zur
Absage führen. Bilden Sie sich deshalb regelmäßig fort!
Egal warum Ihnen eine geforderte Qualifikation fehlt: Wenn Sie sich
dennoch auf eine Stellenanzeige bewerben wollen, kommt es darauf
an, ob sie eine Muss- oder eine Kann-Anforderung ist (↗ S. 45 ff.).
Heißt es in der Ausschreibung, die und die Qualifikation sei »vorteil-
haft« oder »wünschenswert«, stehen Ihre Chancen gut. Rufen Sie Ihren
Ansprechpartnerin bzw. Ihre Ansprechpartnerin an, stellen Sie sich
mit Ihrem verbalen Pitch vor und fragen Sie, ob Interesse an Ihrer
Bewerbung besteht, auch wenn Sie noch nicht über die geforderte
Qualifikation verfügen.
Stellen Sie im Verlauf Ihrer Bewerbungsphase fest, dass Sie immer
wieder an den gleichen fehlenden Qualifikationen scheitern, z. B. an
fehlenden Computerkenntnissen, sollten Sie sich diese unbedingt
aneignen – und das besser früher als später.

Fehlende Arbeitszeugnisse

Ob es in der Branche oder dem Land, in dem Sie gearbeitet haben,
unüblich war, ein Arbeitszeugnis auszustellen, oder ob Sie es versäumt
haben, eins anzufordern: Wenn ein Arbeitszeugnis (oder ein einfacher
Nachweis) fehlt, sollten Sie das in Ihren Bewerbungsunterlagen erklären. Sonst könnte die Empfängerin oder der Empfänger Ihrer Bewerbung mutmaßen, dass Sie es absichtlich nicht beigelegt haben, weil es

Was mache ich,
wenn ...?

ein schlechtes Arbeitszeugnis ist. Schreiben Sie deshalb einen kurzen Satz dazu in Ihrem Anschreiben.

Beispielformulierung

Für meine Tätigkeit als XXX bei YYY im Zeitraum von … bis … liegt mir kein Arbeitszeugnis vor.

Wer bereits mehrere Jahre für einen Arbeitgeber tätig ist und noch kein Arbeitszeugnis hat, sollte sich ein Zwischenzeugnis ausstellen lassen. Ein Zwischenzeugnis als Leistungsnachweis sollte nicht älter als zwei bis maximal drei Jahre sein. Spätestens wenn Sie im Laufe Ihrer Bewerbungsphase merken, dass Sie ohne aktuellen Nachweis keine Chancen haben, sollten Sie ein Zwischenzeugnis anfordern – und im Anschreiben darüber informieren.

Beispielformulierung

Ein aktuelles Zwischenzeugnis habe ich bereits angefordert. Sobald ich es erhalte, sende ich es Ihnen gern zu.

Fehlen Ihnen Arbeitszeugnisse, ist es hilfreich, wenn Sie zumindest einen oder besser mehrere Referenzgeber bei früheren Arbeitgebern benennen können. Teilen Sie auch das in Ihrem Anschreiben mit.

Beispielformulierungen

Für meine Tätigkeit als XXX bei YYY im Zeitraum von … bis … liegt mir kein Arbeitszeugnis vor. Auf Wunsch nenne ich Ihnen gern eine Referenzperson, die Ihnen Auskunft über meine Aufgaben und Leistungen geben kann.

Aktuell liegt mir noch kein Arbeitszeugnis vor. Auf Wunsch werde ich dieses sofort anfordern und Ihnen zukommen lassen. Außerdem nenne ich Ihnen gern eine Referenzperson, die Ihnen Auskunft über meine Leistungen geben kann.

Achten Sie in Ihrem Berufsleben darauf, sich von jedem Arbeitgeber ein Arbeitszeugnis, ein Referenzschreiben oder zumindest eine einfache Arbeitsbestätigung ausstellen zu lassen. Darauf haben Sie auch einen rechtlichen Anspruch. Sollten Sie das in der Vergangenheit

Was mache ich, wenn …?

einmal oder mehrere Male versäumt haben, können und sollten Sie versuchen, fehlende Nachweise nachträglich anzufordern. Oft genügt ein freundlicher Anruf oder eine E-Mail an den alten Arbeitgeber und einige Daten und Informationen über Ihre frühere Anstellung.

Teilzeitwunsch

Ob wegen Kindern oder aufgrund der Pflege von Familienangehörigen, ob aus Gründen einer laufenden, intensiven Weiterbildung oder der Work-Life-Balance – wer nur Teilzeit arbeiten kann oder will, sollte sich auch nur auf Teilzeitstellen bewerben. Das ist aber einfacher gesagt als getan. Was, wenn Sie bei der Stellenrecherche lediglich Vollzeitstellen finden?

Einfach beim potenziellen Arbeitgeber anzurufen, sich kurz und knapp mit einem verbalen Pitch vorzustellen, mit offenen Karten zu spielen und den Personaler im besten Fall zu überzeugen, dass es sich lohnt, Ihre Bewerbungsunterlagen entgegenzunehmen, ist der ehrlichste und auch der am meisten Erfolg versprechende Weg.
Sie könnten sich auch bewerben und so tun, als ob Sie in Vollzeit arbeiten wollten. Wenn Sie zum Vorstellungsgespräch eingeladen werden, könnten Sie Ihrem Gesprächspartner eröffnen, dass Sie nur Teilzeit arbeiten wollen, und fragen, ob das möglich ist. Das ist aber keine gute Idee. Damit würden Sie Ihre Gesprächspartner verärgern. Sie würden sich hintergangen fühlen und Ihnen sicher keinen Arbeitsvertrag anbieten.
Sie können sich auch auf eine Vollzeitstelle bewerben, ein halbes Jahr in Vollzeit arbeiten und anschließend – wenn die Voraussetzungen im Unternehmen dafür gegeben sind – einen Antrag auf Teilzeit stellen. Das ist ausgefuchst, aber nicht unmöglich. Jede Arbeitnehmerin bzw. jeder Arbeitnehmer hat grundsätzlich einen Anspruch darauf, in Teilzeit zu arbeiten – und zwar nicht nur während der Elternzeit, der Pflegezeit oder der Familienpflegezeit. Grundlage dafür ist das Teilzeit- und Befristungsgesetz § 8 Abs. 1. Für den Anspruch auf Teilzeit müssen allerdings zwei Voraussetzungen erfüllt sein: Das Arbeitsverhältnis muss bereits länger als sechs Monate bestehen, und der Arbeitgeber muss mehr als 15 Mitarbeiter beschäftigen. Ein Teilzeitwunsch kann

nur aus betrieblichen Gründen abgelehnt werden, die bei Abwägung schwerer wiegen als Ihr Teilzeitwunsch.

Bei dieser Strategie müssen Sie also mindestens sechs Monate auf die Zähne beißen und dann einen Antrag auf dauerhafte Teilzeit stellen. Psychologisch ist das nicht ganz leicht, weil Sie Ihrem Arbeitgeber damit Kummer und Arbeit bereiten und Sie mit dem Antrag auf Teilzeit einen guten Grund anführen müssen, warum Sie plötzlich nicht mehr Vollzeit arbeiten können, obwohl Sie sich doch unter diesen Voraussetzungen auf die Stelle beworben haben und dafür eingestellt wurden. Vielleicht gibt es aber auch noch eine bessere Lösung: Sprechen Sie mit Ihrem Arbeitgeber über die Arbeitszeiten. Vielleicht lassen sich diese ja auch in Vollzeit so gestalten, dass Sie Ihre weiteren Interessen, etwa die Betreuung Ihrer Kinder oder die Pflege von Angehörigen im Wechsel mit anderen Familienmitgliedern doch noch mit Ihrer beruflichen Tätigkeit vereinbaren können.

Kinderwunsch

Viele Frauen im Alter von 20 bis 40 Jahren müssen potenzielle Arbeitgeber davon überzeugen, dass sie nicht sofort nach der Probezeit schwanger werden und Kinder bekommen wollen. Dass sie wegen einer Schwangerschaft gleich wieder ausfallen könnten, macht vielen Arbeitgebern große Sorgen, die Sie als Bewerberin von vornherein ausräumen sollten.

Fragen Sie sich vor einem Bewerbungsprozess selbst, wie Ihre Einstellung zur beruflichen Karriere einerseits und zur Familiengründung andererseits aussieht. Wenn Sie und Ihr Partner sich sehnlichst ein Kind wünschen, sollte die Zuständigkeit für die Kinderbetreuung von Anfang geklärt und die Karriere- und Lebenspläne aufeinander abgestimmt sein.

Bewerben Sie sich bei modernen Unternehmen, die verstanden haben, dass das Kinderkriegen etwas ganz Selbstverständliches, Natürliches ist und dass sie nicht auf junge, gut qualifizierte Frauen verzichten können, bloß weil sie schwanger werden könnten. Moderne Unternehmen bieten ihren Mitarbeitern und Mitarbeiterinnen Möglichkeiten, Familie und Beruf unter einen Hut zu bekommen.

Überzeugen Sie Ihre Ansprechpartner im gesamten Bewerbungsprozess vom ersten Telefonkontakt bis zum letzten Vorstellungsgespräch
davon, dass Ihre Priorität aktuell und in den nächsten Jahren im Beruf
liegt. Das gelingt Ihnen natürlich besser, wenn es stimmt. Falls es nicht
stimmt, ist es meist besser zu lügen. Bewerberinnen und Bewerber, die
ihren Kinderwunsch und die Absicht, Elternzeit zu nehmen, ehrlich zur
Sprache bringen, sind bei der Auswahl meistens im Nachteil.

Alternative: Zeitarbeit

Zeitarbeit ist besser als ihr Ruf. Zeitarbeitsfirmen stellen schon lange
nicht mehr nur gering qualifizierte Mitarbeiterinnen und Mitarbeiter
für gewerbliche Helferberufe zu Niedriglöhnen ein. Zeitarbeitsfirmen
im Gesundheitsbereich arbeiten mit qualifizierten Arbeitskräften
zusammen – vom Krankenpfleger bis zur Leihärztin, Ingenieurdienst-
leister überlassen ihren Unternehmenskunden hochqualifizierte
Ingenieure, und selbst unter Managern gibt es Leiharbeitskräfte. Je
nachdem, an welchem Punkt Sie in Ihrer beruflichen Karriere stehen,
kann Zeitarbeit eine gute Möglichkeit sein, flexibler zu arbeiten, die
gewünschte Teilzeitstelle doch noch zu bekommen oder über den
Umweg der Arbeitnehmerüberlassung wieder in eine Festanstellung
zu gelangen.

Wenn Sie sich bei einem Zeitarbeitsunternehmen bewerben, sollten
Sie dessen Seriosität prüfen:

- Macht die Zeitarbeitsfirma – einschließlich der Personen, mit
  denen Sie zu tun haben, sowie ihres Auftretens, ihres Umgangs
  mit Ihnen, ihrer Angebote, ihrer Unterlagen und ihrer Räumlichkeiten – einen guten, seriösen Eindruck?
- Liegt eine Lizenz der Bundesagentur für Arbeit vor und ist die
  Zeitarbeitsfirma Mitglied im Bundesverband Zeitarbeit (BZA) oder
  im Interessenverband deutscher Zeitarbeitsunternehmen (iGZ)?
  Suchen Sie diese Informationen auf der Unternehmenshomepage.
- Hält der Arbeitsvertrag alle wichtigen Inhalte zu Tätigkeit, Bezah-
  lung, Überstundenvergütung, Fahrtkosten, Spesen, Gleitzeitkonto,
  Urlaub etc. fest?

Was mache ich,
wenn …?

- Entspricht Ihre Eingruppierung in eine Entgeltgruppe Ihrer tatsächlichen Tätigkeit? Wird Ihr Gehalt auch bei Krankheit und vorübergehender Nichtbeschäftigung gezahlt?
- Wird persönliche Schutzausrüstung, Arbeitskleidung und Werkzeug kostenlos zur Verfügung gestellt? Werden Sie umfassend über Gesundheits- und Unfallgefahren am Arbeitsplatz unterrichtet?

Was mache ich, wenn …?

REGISTER

Register